ZACK SCOTT

DAS UNIVERSUM

ZACK SCOTT

DAS UNIVERSUM

DER ILLUSTRIERTE ATLAS DES WELTALLS

Aus dem Englischen
von Justina Engelmann

Einführung

Lange Zeit erschien uns Menschen der Nachthimmel wie ein Wunder. Einst glaubten wir, er sei von göttlicher Natur und getrennt von unserer sterblichen Welt. Heute wissen wir, dass dies nicht der Fall ist, sondern dass der Himmel und wir selbst Teil eines überwältigenden Ganzen sind, das wir Universum nennen.

Seit jeher versuchten wissbegierige Gemüter, dem Verständnis des Kosmos und der Frage nach unserem Platz darin ein Stück näherzukommen. Früher schauten die Astronomen dazu mit bloßen Augen in den Nachthimmel, heute haben wir leistungsfähige Teleskope – einige in Umlaufbahnen hoch über der Erde –, die uns tiefgehende Einblicke ermöglichen. Über Jahrtausende hinweg, in denen wir die Geheimnisse des Universums mehr und mehr aufdecken konnten, ist unsere Technologie enorm vorangeschritten. Dennoch waren die frühen Astronomen für unser Bestreben, die Rätsel des Universums zu lösen, genauso wichtig wie die modernen Teams von Wissenschaftlern, die Teleskope an Bord von Raketen in den Weltraum schießen.

Die Reise in diesem Buch beginnt in unserer unmittelbaren Nachbarschaft mit den Objekten unseres Sonnensystems. Sie sind uns am vertrautesten, über sie wissen wir am meisten. Die Planeten wurden schon von alten Zivilisationen benannt und bereits lange vorher – in vorgeschichtlicher Zeit – verehrte man die lebensspendende Sonne. Es ist daher nicht falsch, zu behaupten, dass uns Menschen eine lange und innige Beziehung mit diesen himmlischen Objekten verbindet. Die Sonne ist der letzte unserer Nachbarn, den wir kennenlernen werden, und gleichzeitig der einzigartigste Himmelskörper im Sonnensystem. Sie ist unser Stern, der uns beständig in Licht und Wärme badet. Nachdem wir alle Planeten und die Sonne besucht haben, verlassen wir die Geborgenheit unseres eigenen Sonnensystems, um andere Sterne, Planeten und Galaxien in größerer Entfernung zu erkunden. Wir erfahren dabei, wie Sterne entstehen und wieder vergehen und lernen den Lebenszyklus des gesamten Universums kennen – was nach dem Urknall geschah und wie es vermutlich seine Existenz beenden wird.

Im Laufe unserer Reise veranschaulichen zahlreiche Beispiele, wie Astronominnen und Astronomen diese Wunder enthüllt haben, von denen der Kosmos nur so wimmelt. Auf den ersten Blick erscheint es absurd, geradezu fantastisch, dass sie überhaupt in der Lage dazu sind, uns so viel über die Sterne zu erzählen. Immerhin sind diese so weit entfernt, dass ihr Licht zum Teil Millionen Jahre braucht, um uns zu erreichen. Mithilfe von Einblicken in die wissenschaftliche Forschung werden jedoch hoffentlich einige der befremdlichen Zahlen und Fakten nachvollziehbarer, die vor allem der Kosmologie zu eigen sind.

Inhalt

Das Sonnensystem

Exoplaneten

Galaxien

Die Sterne

Der Urknall

Das Ende des Universums

”

Die Natur freut sich der Einfachheit.

“

Isaac Newton, 1643–1727

DAS SONNEN-SYSTEM

UNSERE NACHBARSCHAFT

Unser Ausflug ins Universum beginnt in unserer kosmischen Nachbarschaft, dem Sonnensystem. Geformt aus einer kollabierenden Wolke aus Gas und Staub, leuchtete unsere Sonne erstmals vor rund 4,6 Milliarden Jahren auf, während sich die Planeten aus den umgebenden Resten der Wolke bildeten.

Fast die gesamte Menschheitsgeschichte über war uns unser Platz im Sonnensystem oder gar im gesamten Universum nicht bewusst. Wir glaubten, unbewegt im Zentrum von allem zu stehen; getrennt von den Gestirnen, die über den Himmel wandern. Erst zu Beginn der wissenschaftlichen Revolution im 16. Jahrhundert erkannten wir, dass die Sonne das Zentrum der Planetenbahnen bildet und dass sich das Universum nicht um uns dreht. Seither hat sich unser Wissen über den Kosmos exponentiell vermehrt. Das Teleskop, das seit seiner Erfindung stets weiterentwickelt wurde, sowie in neuerer Zeit die Raumsonden, die wir zu fremden Welten schicken können, liefern uns eine Fülle an Informationen, die unseren Horizont fortlaufend erweitern. Ohne diese Technologien wüssten wir nur einen Bruchteil dessen, was wir heute wissen.

Wir starten unsere Planetentour beim sonnennächsten Planeten Merkur. Von dort aus bewegen wir uns nach außen, machen Halt bei den inneren Gesteinsplaneten sowie im Asteroidengürtel und setzen unsere Reise anschließend zu den

riesigen Gasplaneten im äußeren Sonnensystem fort. Unterwegs treffen wir auf Monde, Kometen und Zwergplaneten, bevor wir zur geheimnisvollen Oortschen Wolke im äußersten Bereich des Sonnensystems vordringen. Der letzte Körper, auf den wir beim Verlassen des Sonnensystems zurückblicken, ist die Sonne selbst: Sie spendet allem, was sie umgibt, Licht und Wärme. Aber warum kreisen die Planeten eigentlich um die Sonne? Um dies zu verstehen, müssen wir uns zunächst mit dem Phänomen der Schwerkraft befassen. Sie ist verantwortlich für die Bewegungen der Planeten und Sterne und verleiht dem Universum darüber hinaus seine großräumige Struktur.

Schwerkraft und die Bewegung der Gestirne

Die Schwerkraft (oder Gravitation) ist eine anziehende Kraft, die zwischen allen Objekten des Universums wirkt – sie hält uns am Boden, den Mond auf seiner Bahn und Galaxien zusammen. Die Gravitation ist auf großen Skalen die vorherrschende Kraft, die dem Universum seine Gestalt verleiht; ohne sie hätten sich keine Planeten und leuchtenden Sterne gebildet. Die wissenschaftliche Erforschung der Gravitation begann mit dem italienischen Astronomen Galileo Galilei im späten 16. Jahrhundert. In seinen Fallexperimenten ließ er der Legende nach Kugeln verschiedener Masse vom Schiefen Turm von Pisa stürzen, um ihre Fallgeschwindigkeiten zu messen. Er fand seine Voraussage bestätigt, dass verschiedene Kugeln die gleiche Zeit benötigen, um zu Boden zu fallen. Damit war bewiesen, dass die Masse eines Objekts seine Fallgeschwindigkeit nicht beeinflusst. Isaac Newton, der die Bewegung der Himmelskörper studierte, erweiterte später Galileis Theorie der fallenden Körper, um damit auch die Planetenbewegungen zu beschreiben. Newton nahm an, dass die gleiche Kraft, die Körper zu Boden fallen lässt, auch Planeten und Monde in ihren Umlaufbahnen hält. 1687 veröffentlichte er seine Arbeiten zur Gravitation und den Bewegungsgesetzen in dem Buch *Principia*, einem der wichtigsten Werke in der Geschichte der Wissenschaft.

NEWTONS ALLGEMEINES GRAVITATIONSGESETZ

Newtons Gravitationsgesetz besagt, dass ein Körper auf einen anderen Körper eine anziehende Kraft ausübt und dass diese Kraft von den Massen der Körper und ihrem gegenseitigen Abstand abhängt. Da die Gravitation mit dem Quadrat der Entfernung zwischen den Objekten abnimmt, handelt es sich um ein quadratisches Abstandsgesetz. Es kann mit einer einfachen Gleichung beschrieben werden.

Gravitationskonstante — Masse Körper 1 — Masse Körper 2

$$F = G \frac{m_1 \times m_2}{r^2}$$

Kraft — Abstand zwischen den Schwerpunkten der Körper

DIE BEWEGUNGSGESETZE

Die drei Bewegungsgesetze, die Newton in seinem Buch *Principia* formulierte, beschreiben, wie Körper, die auf sie wirkenden Kräfte sowie ihre Bewegungen miteinander zusammenhängen. Die Gesetze gelten für alle Objekte, von Billardkugeln bis zu Planeten, unter extremen Bedingungen verlieren sie allerdings ihre Gültigkeit. Bei Annäherung an die Lichtgeschwindigkeit, in immensen Gravitationsfeldern oder wenn die Masse eines Körpers kleiner ist als die eines Atoms, müssen andere Theorien herangezogen werden.

1. GESETZ

Ein Körper verharrt in Ruhe oder bewegt sich geradlinig mit konstanter Geschwindigkeit, sofern keine Kraft auf ihn einwirkt.

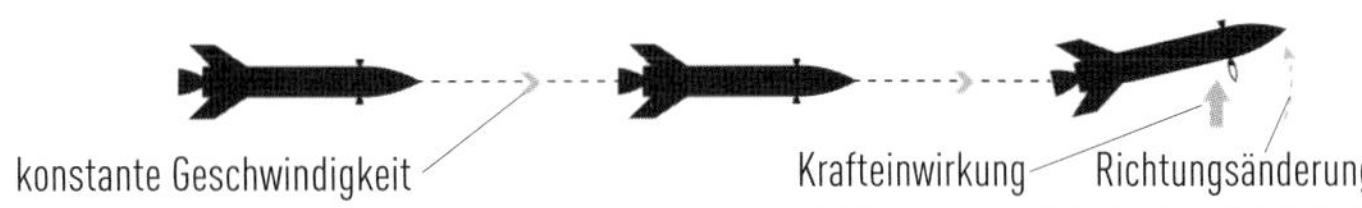

2. GESETZ

Die Kraft auf einen Körper entspricht seiner Masse, multipliziert mit seiner Beschleunigung. Wirkt die gleiche Kraft auf zwei Körper, von denen einer die doppelte Masse des anderen hat, ist die Beschleunigung dieses Körpers halb so groß wie die des masseärmeren.

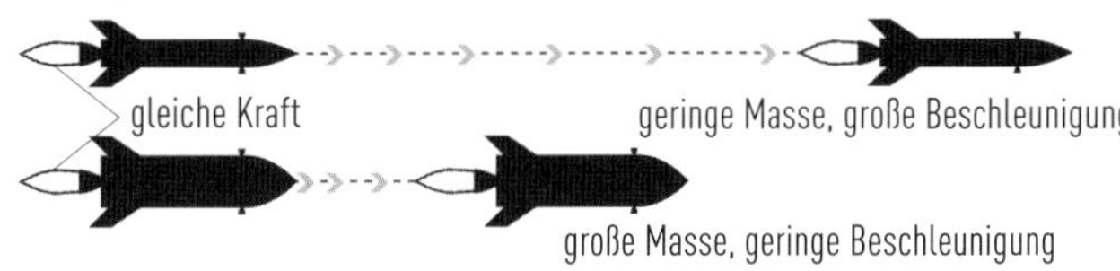

3. GESETZ

Jede „Aktion" erzeugt eine gleich große, entgegengesetzte „Reaktion". Übt ein Körper eine Kraft auf einen zweiten Körper aus, so übt dieser auf den ersten eine ebenso große, entgegengesetzte Kraft aus.

NEWTONS KANONENKUGEL

Um die Bahnen von Himmelskörpern zu erklären, bediente sich Newton eines etwas großräumigeren Gedankenexperiments als Galileis Fallversuche. Er stellte sich eine Kanone auf dem Gipfel eines sehr hohen Berges vor, aus der Kanonenkugeln mit unterschiedlichen Geschwindigkeiten abgefeuert werden.

GERINGE GESCHWINDIGKEIT
Ist die Geschwindigkeit klein, fällt die Kanonenkugel auf die Erde zurück.

KREISBAHNGESCHWINDIGKEIT
Bei einer bestimmten Geschwindigkeit in gegebener Höhe fällt die Kanonenkugel immer weiter und umkreist so die Erde.

GROSSE GESCHWINDIGKEIT
Liegt die Geschwindigkeit zwischen Kreisbahn- und Fluchtgeschwindigkeit (s. u.), beschreibt die Kugel eine elliptische Bahn.

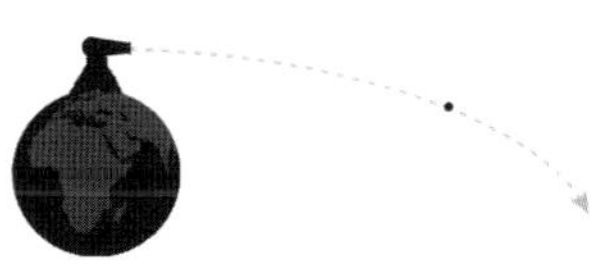

FLUCHTGESCHWINDIGKEIT
Ab der sogenannten Fluchtgeschwindigkeit verlässt die Kanonenkugel den Erdorbit auf einer parabelförmigen Bahn.

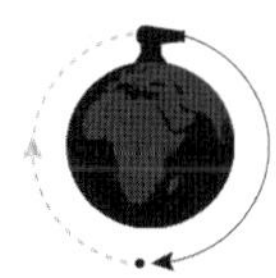

GERINGE HÖHE
Je näher die Kanonenkugel der Erde ist, umso schneller muss sie sich bewegen, um im Orbit zu bleiben.

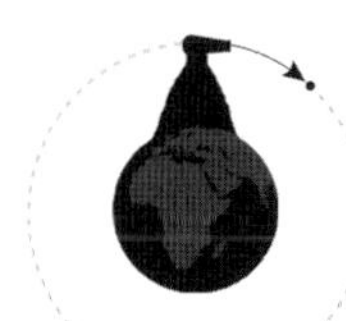

GROSSE HÖHE
Je größer die Entfernung von der Erde ist, umso langsamer muss sich die Kanonenkugel bewegen, um im Orbit zu bleiben.

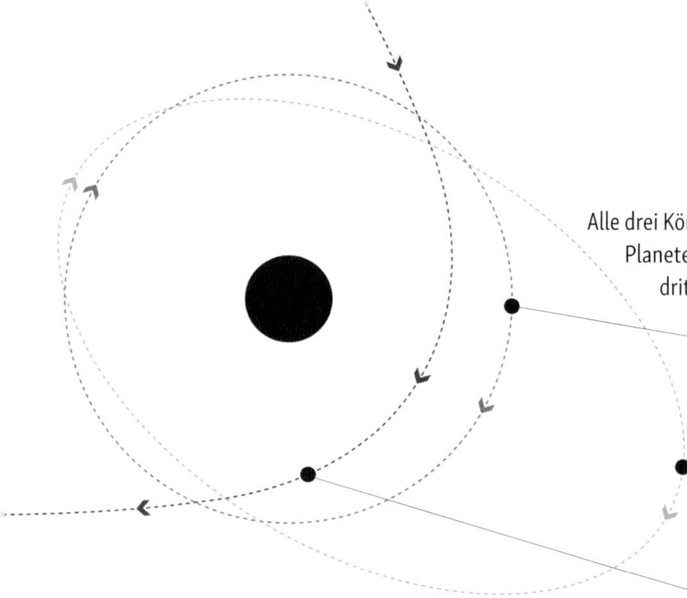

BAHNFORMEN

Alle drei Körper in der Abbildung links werden durch den erheblich massereicheren* Planeten im Zentrum beeinflusst. Zwei von ihnen laufen auf Umlaufbahnen, der dritte wurde durch den Planeten nicht eingefangen, sondern nur abgelenkt.

KREISFÖRMIGE BAHNEN
Viele Umlaufbahnen im Sonnensystem, wie die des Mondes um die Erde, sind fast kreisförmig.

ELLIPTISCHE BAHNEN
Körper auf langgezogenen (oder exzentrischen) Bahnen bewegen sich auf elliptischen Orbits.

PARABOLISCHE/HYPERBOLISCHE BAHNEN
Körper, die nicht gravitativ an den Planeten gebunden sind, folgen offenen Bahnen, sogenannten Parabeln oder Hyperbeln.

KEPLERS GESETZE DER PLANETENBEWEGUNG

Schon vor Newton formulierte der deutsche Astronom Johannes Kepler drei Gesetze, die die Planetenbewegungen um die Sonne beschreiben. Eines davon, das zweite keplersche Gesetz, besagt, dass sich ein Planet, wenn er der Sonne näher kommt, schneller bewegt. Es gibt auch an, wie die Planetengeschwindigkeit auf einer elliptischen Umlaufbahn variiert.
Die Grafik rechts zeigt einen Planeten auf einer elliptischen Umlaufbahn um die Sonne und erläutert Keplers zweites Gesetz: Dargestellt ist, um welche Strecke sich der Planet an verschiedenen Punkten seiner Bahn in einer festen Zeitspanne weiterbewegt. In beiden Fällen benötigt er die gleiche Zeit, um von A nach B zu gelangen, er legt in größerer Entfernung zur Sonne jedoch eine kleinere Strecke zurück; dort bewegt er sich also langsamer. Kepler entdeckte darüber hinaus, dass ein von der Sonne zum Planeten gezogener Fahrstrahl (gestrichelte Linien) in gleichen Zeiten gleich große Flächen überstreicht.

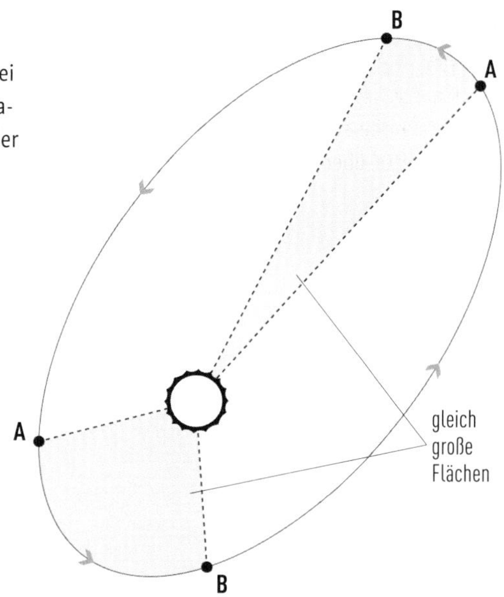

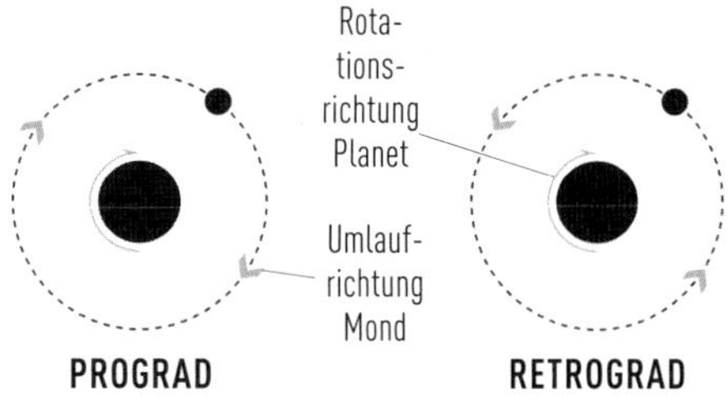

DIE BEWEGUNGSRICHTUNG

Die Begriffe prograd und retrograd definieren die Bewegungsrichtungen von Planeten relativ zur Rotation ihres Muttersterns oder von Monden relativ zur Rotation ihres Mutterplaneten.

* Von hier an wird der Begriff *massereich* nur noch in Bezug auf die Masse und nicht mehr in Bezug auf die physische Größe verwendet. Jupiter ist zwar zum Beispiel nur geringfügig größer als der Saturn, aber wesentlich massereicher.

MEHRERE KÖRPER

Das Verständnis der Gravitation ermöglicht es uns, die Bahnen von Himmelsobjekten und ihre Positionen vorherzusagen. Über längere Zeiträume wird die Genauigkeit allerdings geringer.

Betrachten wir die Gravitationseffekte zwischen zwei Körpern, so lassen sich die auf sie einwirkenden Kräfte theoretisch exakt berechnen. In der Realität ist das aber eher nicht möglich. Der Mond zum Beispiel befindet sich zwar im Umlauf um die Erde, wird aber zusätzlich stark durch die Gravitation der Sonne beeinflusst. Daher ist seine Bahn keine perfekte Ellipse mit der Erde im Zentrum, sondern leicht verzerrt. Tatsächlich wirkt sogar jeder Körper im Sonnensystem sowie der Sog der gesamten Milchstraße auf die Bewegung des Mondes ein.

Angesichts der schieren Anzahl von beteiligten Variablen ist die Vorhersage der Positionen von Monden, Planeten und Sternen also eher wie die Wettervorhersage: gut machbar über kurze Zeitabschnitte, über längere Zeiträume allerdings kniffliger.

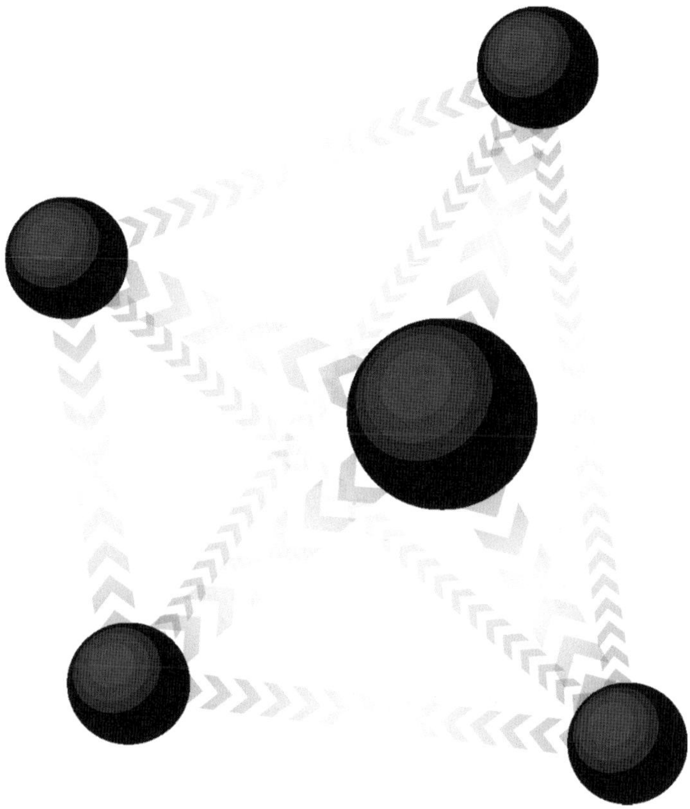

DER SCHWERPUNKT

Den Punkt, den zwei einander umlaufende Objekte umkreisen, bezeichnet man als Schwerpunkt (auch Baryzentrum). Er ist der Massenmittelpunkt der beiden Objekte.

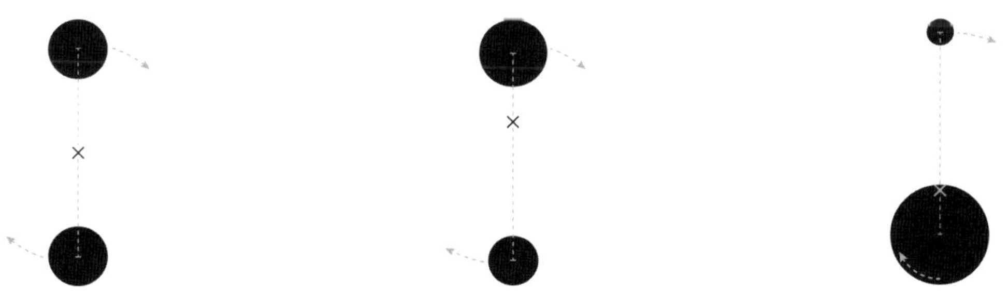

GLEICHE MASSE

Besitzen zwei Planeten die gleiche Masse, so befindet sich der Schwerpunkt genau in der Mitte zwischen ihnen.

DOPPELTE MASSE

Ist der eine Planet doppelt so massereich wie der andere, liegt der Schwerpunkt doppelt so nah am Massenzentrum dieses Planeten.

ERDE-MOND-SYSTEM

Der Schwerpunkt des Erde-Mond-Systems befindet sich im Mittel rund 1700 Kilometer unter der Erdoberfläche.

AKKRETION

Die Gravitation hält die Planeten aber nicht nur auf ihren Umlaufbahnen, sondern ist auch verantwortlich für ihre Entstehung. Am Anfang existierten nur Staub und Moleküle. Mit der Zeit zog die Schwerkraft diese mikroskopischen Partikel zusammen und formte Asteroiden und Planeten, die Sonne und andere Sterne. Das weitere Einsammeln von Material bezeichnet man als Akkretion.

GEZEITENKRÄFTE

Wir wissen bereits, dass die Schwerkraft mit dem Abstand abnimmt. Von zwei einander umlaufenden Körpern werden daher die jeweils näheren Seiten stärker zueinander gezogen als die entfernteren. Ein Mond wird also durch die Schwerkraft eines Planeten auseinandergezogen. Dreht sich der Mond, so weist immer eine andere Seite zum Planeten, er dehnt sich kontinuierlich aus und zieht sich wieder zusammen. Diese geologischen Bewegungen können Beben verursachen und die innere Reibung durch die Gezeitenkräfte heizt den Mond auf und kann zu Vulkanismus führen. Durch Gezeitenkräfte wird die Rotation von Körpern abgebremst; dies war auch bei unserem Mond der Fall, der nun „gebunden" rotiert und der Erde immer dieselbe Seite zuwendet.

Der Einfluss der Gezeitenkräfte ist umso größer, je näher der Mond dem Planeten kommt. Ab einer bestimmten „Nähe", der sogenannten Roche-Grenze, wird der Mond von den ungleichen Gravitationskräften in Stücke gerissen. Die Roche-Grenze ist unter anderem abhängig von den Massen der beteiligten Körper und der physikalischen Beschaffenheit des Mondes.

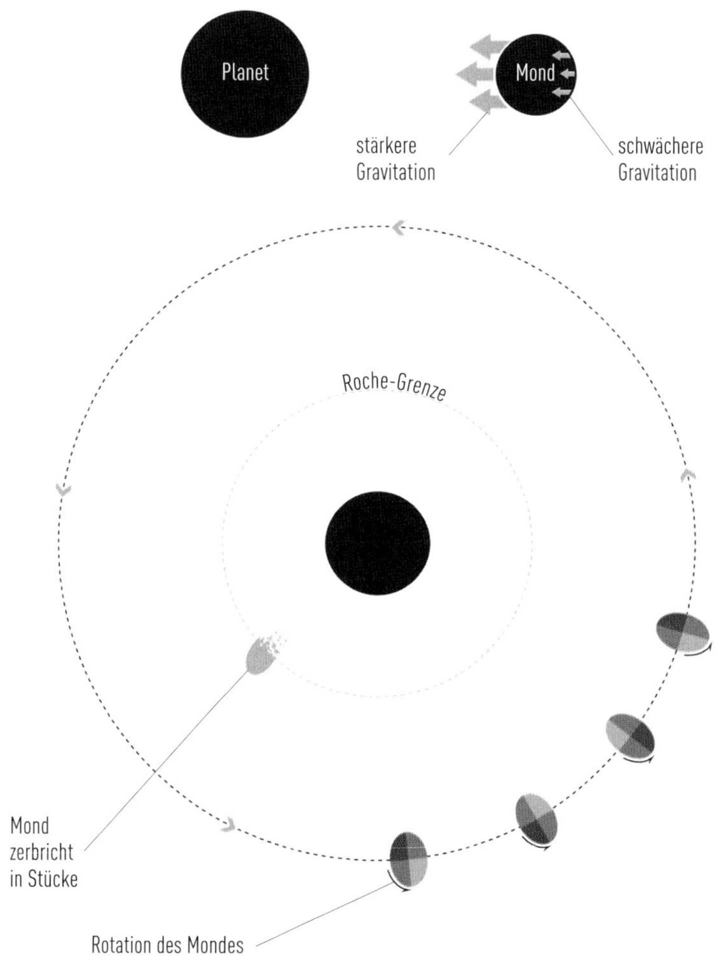

WAS IST EIGENTLICH GRAVITATION?

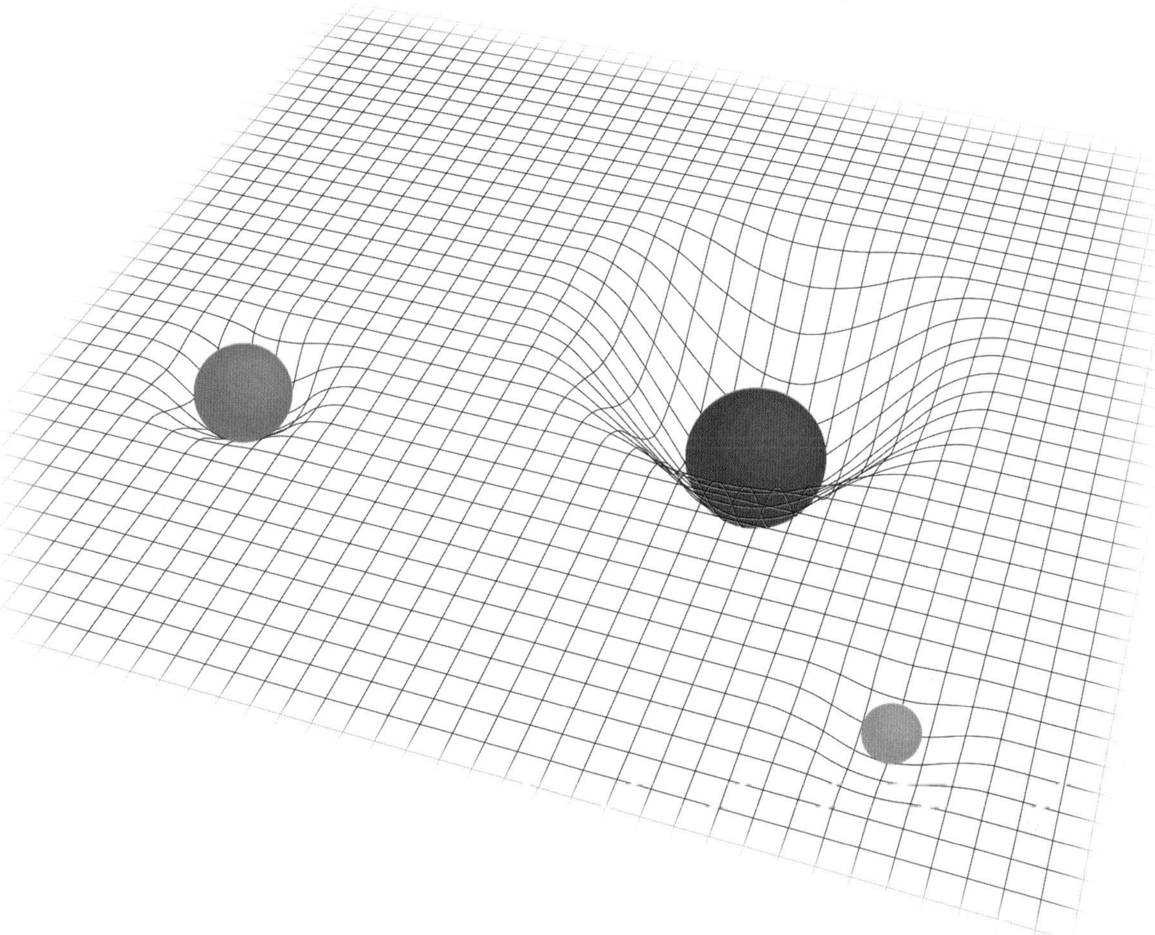

Bisher haben wir uns damit befasst, wie die Gravitation wirkt und wie sie sich bei Himmelskörpern bemerkbar macht – aber was genau verursacht die Gravitation? Eine Antwort auf diese Frage gab es erst, als Albert Einstein im Jahr 1915 seine Allgemeine Relativitätstheorie veröffentlichte, in der er postulierte, dass Massen die „Struktur" des Raumes krümmen.
In seiner Arbeit erklärte Einstein, dass die drei bekannten Raumdimensionen sowie eine vierte (die Zeit) Teil eines Gesamtgefüges sind, der sogenannten Raumzeit. Er schlug vor, dass diese Raumzeit nicht einfach flach oder konstant ist, sondern durch die Anwesenheit von Materie verzerrt wird. In der Abbildung oben wird die Raumzeit durch eine karierte Fläche verbildlicht. Stellen wir uns nun vor, dass sich diese Fläche wie das Sprungtuch eines Trampolins verhält und wir darauf eine Bowlingkugel platzieren: Das Material dehnt sich, wobei es das Gebiet um sich herum deformiert. Wenn nun eine sehr viel kleinere Masse wie beispielsweise eine Murmel an die Bowlingkugel heranrollt, ändert sich ihre Bahn, sodass die Murmel auf die größere Masse zurollt. Dieses Bild veranschaulicht sehr gut, wie größere Körper, etwa Planeten, vorbeifliegende Objekte einfangen, die dann zu ihren Monden werden. Der amerikanische Physiker John Archibald Wheeler fasste die Theorie sehr prägnant so zusammen: „Die Raumzeit sagt der Materie, wie sie sich bewegen soll; die Materie sagt der Raumzeit, wie sie sich krümmen soll."

Merkur

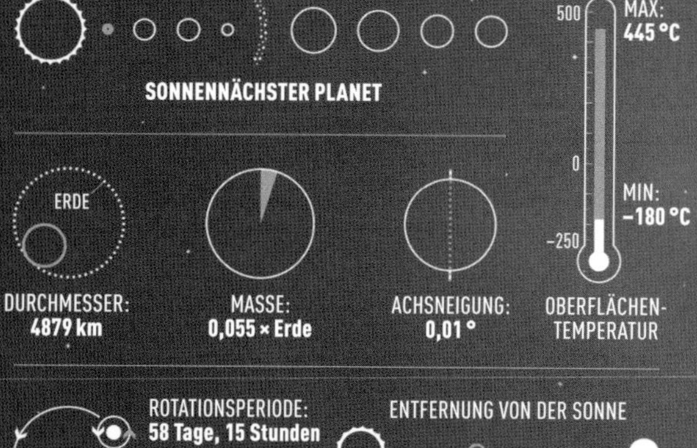
SONNENNÄCHSTER PLANET
ERDE
DURCHMESSER:
4879 km
MASSE:
0,055 × Erde
ACHSNEIGUNG:
0,01 °
500
0
–250
MAX:
445 °C
MIN:
–180 °C
OBERFLÄCHEN-
TEMPERATUR
ROTATIONSPERIODE:
58 Tage, 15 Stunden
UMLAUFPERIODE:
88 Tage, 0 Stunden
ENTFERNUNG VON DER SONNE
0,387 AE
57,91 Millionen km
ERDE

Der erste Planet, den wir auf unserer Reise durch das Sonnensystem passieren, ist Merkur. Er ist klein, hat eine große Dichte und befindet sich so nah an der Sonne, dass er von der Erde aus betrachtet häufig in ihrem Glanz verschwindet. Durch seine geringe Größe und seine sonnennahe Position ist Merkur selbst mit moderner Technologie nicht leicht zu beobachten.

Von der Erde aus scheint der Planet am Himmel hin und her zu flitzen, im Verlauf einiger Wochen taucht er links oder rechts von der blendenden Sonne auf. Wegen der großen Schwerkraft des nahen Tagesgestirns ist er ziemlich flink. Dieses „leichtfüßige Hin- und Herlaufen" brachte dem Planeten den Namen des römischen Götterboten Merkur ein.

Man könnte nun meinen, dass der gesamte Planet wegen seiner Nähe zur Sonne glühend heiß ist. Das ist jedoch nicht der Fall. Denn obwohl er die Sonne in nur 88 Erdtagen umläuft, rotiert er um seine eigene Achse unglaublich langsam – ein Merkurtag dauert ganze 176 Erdtage (und in dieser Zeit umrundet er zweimal die Sonne!). Während dieser langen Tagzeiten kann sich seine sonnenzugewandte Seite auf 430 Grad Celsius aufheizen – heiß genug, um Blei zu schmelzen. Auf der gegenüberliegenden Nachtseite jedoch fällt die Temperatur auf –200 Grad Celsius ab, da die Wärme durch die extrem dünne Atmosphäre des Planeten leicht entweichen kann. Merkurs geringe Masse und seine schwache Gravitation sind kaum in der Lage dazu, atmosphärische Gase festzuhalten. Die geringen Mengen vorhandener „Luft" bestehen hauptsächlich aus Wasserstoff und Helium, die von der Sonne eingefangen wurden, hinzu kommen weniger häufige Elemente, die durch den Sonnenwind und Meteoriteneinschläge aus der Planetenkruste freigesetzt wurden.

Der ganze Planet ist übersät mit Kratern, von denen viele vermutlich in der Zeit des sogenannten Großen Bombardements entstanden sind. Man nimmt an, dass während dieser Zeit (vor etwa 3,9 Milliarden Jahren) eine große Zahl von Asteroiden auf die erdähnlichen Planeten im inneren Sonnensystem niedergegangen ist. Damals war Merkur geologisch aktiv, es gab Vulkane und Becken mit flüssiger Lava, die schließlich abkühlten und zu glatten Ebenen wurden. Die zahlreichen Krater auf Merkurs Oberfläche beweisen, dass der Planet nun schon seit Milliarden Jahren geologisch inaktiv ist – denn wenn sich die Planetenoberfläche regelmäßig erneuern würde, wären diese Strukturen zwischenzeitlich erodiert.

Erstaunlicherweise existieren auf Merkur, dem innersten Sonnennachbar, Wasservorräte in Form von Eis. Diese Vorkommen wurden im Jahr 2008 durch die Raumsonde Messenger entdeckt, indem man die Reflexion von Radarstrahlen an der Oberfläche untersuchte und in einigen der tiefsten Krater in der Nähe der Pole Eis fand. Die Böden dieser Krater sind ständig von der Sonne abgeschirmt und erwärmen sich daher niemals über –160 Grad Celsius. Man vermutet, dass die Eisablagerungen durch Kometen auf den Planeten gelangt sind. Beim Einschlag auf einen Planeten verdampfen die großen Wassermengen, die in Kometen enthalten sind, und für kurze Zeit nach einer solchen Kollision war Merkur umhüllt von einer Atmosphäre aus Wasserdampf. Ein Teil des Dampfes, der auf die Oberfläche fiel, landete in den ewig dunklen und kalten Kratern, kondensierte und wurde zu einer Eisschicht, die dort auf immer verbleibt.

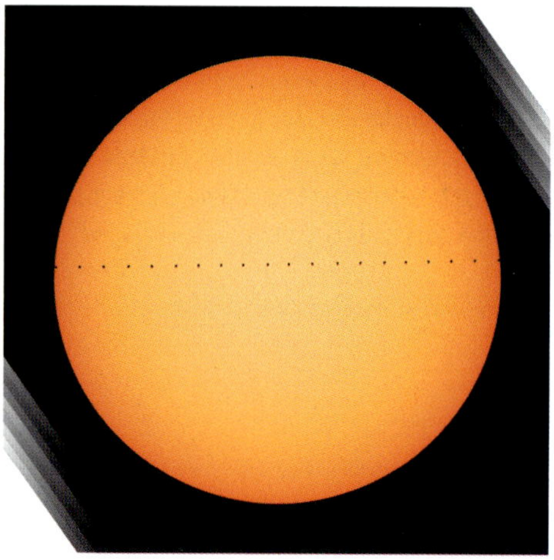

Dieses Kompositbild wurde vom NASA-Satelliten Solar Dynamics Observatory am 11. November 2019 aufgenommen. Es zeigt Merkur jeweils im Abstand von 21 Minuten während seines 5½-stündigen Transits.

MERKURTRANSITE

In der Abbildung links ist die winzige Silhouette von Merkur zu erkennen, der zwischen uns und der Sonne hindurchläuft. Man bezeichnet dies als *Transit*. Im Mittel erfolgen Merkurtransite alle sieben Jahre. Der erste Transit, der mit einem Teleskop beobachtet wurde, ereignete sich im Jahr 1631. Anhand seiner Beobachtungen konnte der französische Astronom Pierre Gassendi damals als Erster den Durchmesser eines anderen Planeten genau bestimmen.

GROSSER EISENKERN

Merkur besitzt wie die Erde einen Eisenkern. Während der Erdkern aber nur 17 Prozent des Gesamtvolumens unseres Planeten ausmacht, sind es bei Merkur 55 Prozent – der Merkurkern ist also im Verhältnis viel größer. Man vermutet, dass in früherer Zeit ein Gesteins- oder Eiskörper mit Merkur kollidiert ist, wodurch seine äußeren Schichten in den Weltraum abgesprengt wurden.

Einschläge auf Merkur sind tendenziell heftiger als auf der Erde, nicht nur weil es keine Atmosphäre gibt, die die Planetenoberfläche schützt, sondern auch, weil sich Merkur durch seine Sonnennähe deutlich schneller bewegt. Kollisionen erfolgen deshalb häufig mit höheren Geschwindigkeiten.

VERGLEICH DER KERNGRÖSSEN

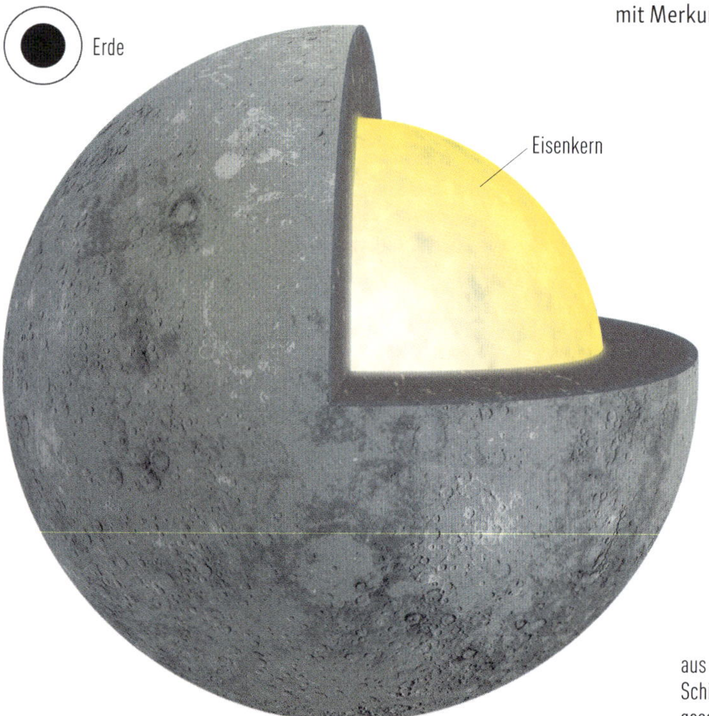

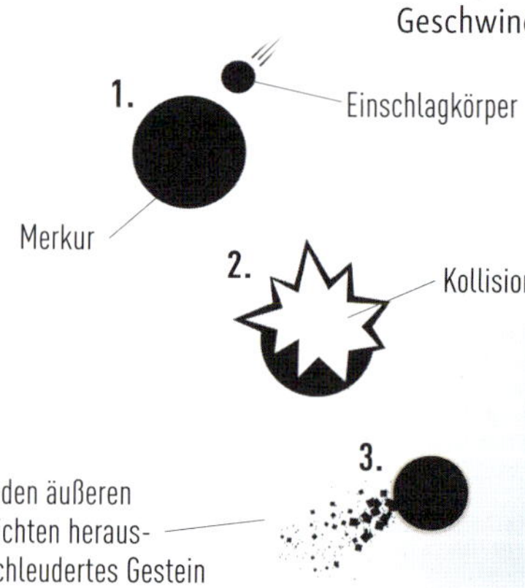

GENEIGTE BAHN

Die Umlaufbahn von Merkur ist die von allen Planeten am stärksten geneigte. Nur kleinere Körper wie der Zwergplanet Pluto und andere Objekte im Kuiper- und Asteroidengürtel laufen auf noch „schieferen" Bahnen.

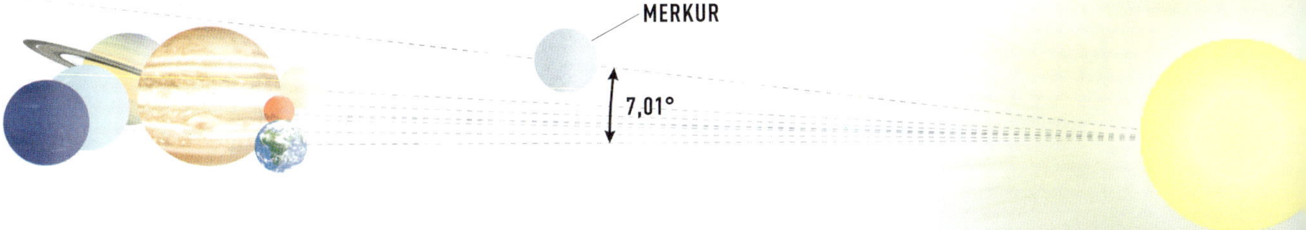

ELLIPTISCHER ORBIT

Abgesehen von den kurzen Jahren und den außergewöhnlich langen Tagen unterscheidet sich die Merkurbahn noch in einer weiteren Hinsicht von denjenigen der restlichen Planeten: Merkur hat die am stärksten elliptische (und damit die exzentrischste) Umlaufbahn. Das bedeutet, dass seine Bahn am wenigsten kreisförmig ist. Bei einer perfekt kreisförmigen Bahn ist die sogenannte Exzentrizität null, während sie bei sehr langgestreckten, schmalen Bahnen gegen eins geht. Merkurs Exzentrizität liegt bei 0,21, wodurch die Differenz zwischen seinem Perihel (dem kleinsten Sonnenabstand) und seinem Aphel (der größten Sonnendistanz) beträchtlich ist.

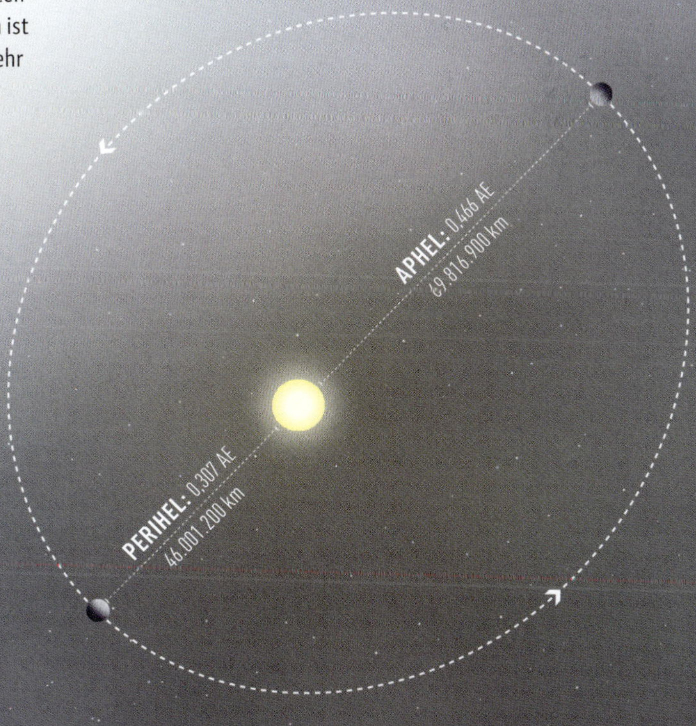

Venus

Die Venus ist der zweite Planet von der Sonne aus, sie ist unsere innere Nachbarin. Nach Sonne und Mond strahlt sie als dritthellstes Objekt am Himmel und ist häufig kurz vor Sonnenaufgang oder kurz nach Sonnenuntergang sichtbar. Vor der typischen Kulisse eines rot gefärbten Himmels assoziierte man das strahlend weiße Leuchten des Planeten in früheren Zeiten mit Schönheit – Venus trägt daher den Namen der römischen Göttin der Liebe und Schönheit. Doch der Schein kann trügen.

Der Glanz der Venus ist nämlich nur oberflächlich, hervorgerufen durch eine dicke Wolkenschicht, die einen Großteil des Sonnenlichts reflektiert. Wie wir sehen werden, täuscht die äußere Erscheinung des Planeten; unter ihrer Maske ist Venus ein höllischer Ort.

Die Venuswolken bestehen nicht aus Wasser, sondern aus Schwefelsäure, die die dämmrige Welt darunter in ein schwaches gelbliches Licht tauchen. Jegliche Sonnenstrahlung, die es durch die Wolken hindurch schafft, bleibt in der dichten Atmosphäre gefangen. Hohe Konzentrationen von CO_2 in der Venusluft erzeugen den stärksten Treibhauseffekt im ganzen Sonnensystem. Obwohl sie fast doppelt so weit von der Sonne entfernt ist wie Merkur und damit nur ein Viertel seiner Sonneneinstrahlung erhält, sind die Oberflächentemperaturen auf der Venus höher. Die unfassbare Hitze in der unteren Atmosphäre führt dazu, dass der saure Regen aus den Wolken vollständig verdampft, bevor er die Oberfläche erreicht.

Die detailreichsten Informationen über die Venusoberfläche hat uns das sowjetische Raumfahrtprogramm Venera beschert. Im Rahmen dieser Missionen gelang 1970 die erste Landung einer Raumsonde auf der Venus und damit die erste Landung auf der Oberfläche eines anderen Planeten überhaupt. Insgesamt zehn Venera-Sonden setzten erfolgreich auf der Venus auf; jede von ihnen wurde beim Fallschirmflug durch die obere Atmosphäre durch Orkane mit Windgeschwindigkeiten von 300 Stundenkilometern schwer gebeutelt. Die Sonden gingen auf rissigen Platten schwarzen Vulkangesteins nieder und funktionierten in der feindlichen Umgebung nur maximal zwei Stunden, in denen sie ihre Daten zur Erde funkten. Die Venusatmosphäre ist nahe der Oberfläche durch den enormen Luftdruck sehr dicht; fast wie eine Flüssigkeit schleift sie Gestein und Staub mit sich. Durch diese dicke „Luft" konnten die Sonden im schwachen Umgebungslicht nur wenige Kilometer weit sehen, Radarabtastungen enthüllten später weit mehr Informationen über die großflächige Landschaft.

Rund drei Viertel des Planeten sind mit vulkanischen Formationen bedeckt, zum Beispiel mit glatten, erstarrten Lavaebenen und Tausenden Vulkanen, von denen über 100 an ihrer Basis mehr als 100 Kilometer Durchmesser haben. Sehr wahrscheinlich ist die Venus immer noch vulkanisch aktiv, worauf das Schwefelvorkommen in der Atmosphäre und die sichtbaren Vulkankrater hinweisen. Die meisten Einschlagkrater auf der Venus sind in einem gut erhaltenen Zustand, woraus wir schließen können, dass die Oberfläche des Planeten vermutlich in jüngerer Zeit „erneuert" wurde und ältere, stärker verwitterte Krater durch vulkanische Asche und Lava verschüttet wurden. Abgesehen von den Vulkanen, der Hitze, dem immensen Druck, den heftigen Stürmen, der giftigen Luft und Wolken aus Säure gibt es vermutlich noch Blitze und Donner – als Zugabe sozusagen.

Möglicherweise war die Venusatmosphäre der irdischen einst sehr ähnlich und es gab reichlich flüssiges Wasser auf der Oberfläche. Der zusätzliche Wasserdampf in der Luft verstärkte jedoch den Treibhauseffekt, bis schließlich ein kritischer Punkt überschritten war: Die Temperatur nahm immer schneller zu, wodurch weiteres Wasser verdampfte – die globale Erwärmung hatte sich verselbstständigt.

ZWEITER PLANET VON DER SONNE AUS

500
465 °C
0
−250

ERDE

DURCHMESSER:
12.104 km

MASSE:
0,815 × Erde

ACHSNEIGUNG:
2,64 °

OBERFLÄCHEN-
TEMPERATUR

ROTATIONSPERIODE:
243 Tage, 0 Stunden

UMLAUFPERIODE:
224 Tage, 17 Stunden

ENTFERNUNG VON DER SONNE

ERDE

0,723 AE
108,2 Millionen km

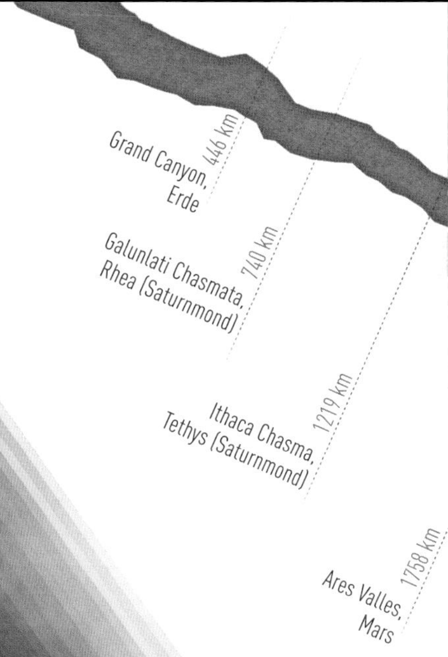

VERBORGENE GEFAHREN

Unter ihrem schönen Wolkenschleier versteckt die Venus ihre alptraumartige Natur. Hier sind einige Bedrohungen aufgelistet, die der Planet birgt.

BLITZE

GIFTIGE WOLKEN
aus Schwefelsäure

VULKANE

GIFTIGE ATMOSPHÄRE
96,5 % Kohlendioxid, die restlichen 3,5 % zum größten Teil Stickstoff

HOHE TEMPERATUR
Mit einer durchschnittlichen Oberflächentemperatur von 465 °C ist Venus der heißeste Planet im Sonnensystem.

HOHER DRUCK
Der Atmosphärendruck auf der Planetenoberfläche ist 92-mal so hoch wie der auf der Erde. Er entspricht einem Druck in 900 Metern Meerestiefe.

ROLLENDE STEINE
Winde in Oberflächennähe fegen Staub durch die Gegend und lassen Steine über den Boden rollen.

BALTIS VALLIS

Baltis Vallis ist ein fast 7000 Kilometer langer Canyon auf der Venus, der zwischen 800 Meter und 3,2 Kilometer breit ist. Man vermutet, dass einst Lava darin floss. Er ist der längste bekannte Kanal im ganzen Sonnensystem.

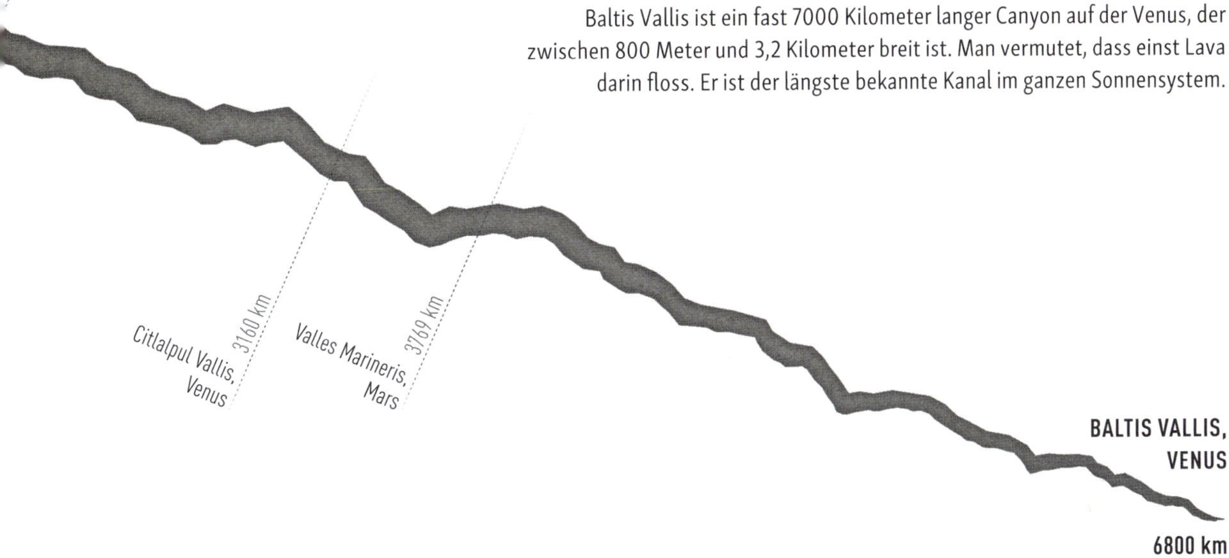

ALBEDO

Die *Albedo* eines Planeten ist ein Maß dafür, wie viel Licht er reflektiert. Ein schwarzer Körper, der nichts reflektiert, hat eine Albedo von null; ein Objekt dagegen, das alles zurückwirft, hat eine Albedo von eins. Die Nähe der Venus zur Sonne und zur Erde sowie ihre hohe Albedo führen dazu, dass sie uns als hellster Planet erscheint.

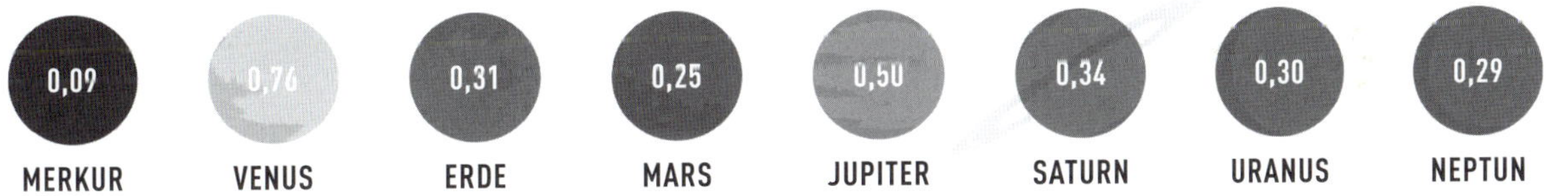

„SCHWESTERPLANET“ DER ERDE

Wegen ihrer ähnlichen Größe, Masse und Position innerhalb des Sonnensystems wird die Venus häufig als Schwesterplanet der Erde bezeichnet. Wie wir jedoch gesehen haben, enden die Ähnlichkeiten damit bereits.

Erde

24

Als Nächstes erreichen wir die Erde, den dritten Planeten von der Sonne aus. Sie ist unsere Heimat, unser Paradies im Weltraum. Die Erde besitzt riesige Ozeane aus Wasser und ist damit einzigartig unter den Planeten des Sonnensystems; und sie ist der einzige Ort, von dem wir wissen, dass er Leben beherbergt.

Die Erde ist zusammen mit den anderen Gesteinsplaneten vor rund 4,6 Milliarden Jahren entstanden, als sich das Sonnensystem bildete. Die jungen Planeten waren zunächst nicht fest, sondern durch zahlreiche Einschläge aufgeschmolzen. Mit der Zeit kühlten ihre Oberflächen aus und es bildeten sich feste Krusten. Da die Erde der größte Gesteinsplanet ist, besitzt sie die meiste innere Wärme – genug, um Konvektionsströmungen innerhalb des Erdmantels anzutreiben. Trotz der geringen Geschwindigkeiten waren diese hinreichend stark, um die Erdkruste in Platten aufzubrechen, die bis heute aneinander reiben. Wasser gelangte durch Kometeneinschläge sowie Plattenbewegungen und vulkanische Aktivität auf die Oberfläche. Es entstanden die ersten Ozeane und als sich Treibhausgase und Wasserdampf ansammelten, bildete sich auch die Atmosphäre. Durch diese entscheidende Entwicklung konnte der Planet seine Wärme konservieren und die Ozeane froren nicht zu.

Abgesehen von der kostbaren Atmosphäre schützt uns auch das Erdmagnetfeld vor den Gefahren des Weltraums. Es bildete sich ungefähr eine Milliarde Jahre nach Entstehung der Erde durch das Absinken schwererer Elemente (hauptsächlich Eisen) zum Erdkern. Tief im Zentrum verfestigte sich der Eisenkern trotz der Hitze aufgrund des immensen Drucks. Weiter außen ist der Druck geringer und so bleibt das Eisen flüssig und wirkt wie ein riesiger Dynamo. Diese Strömung aus Eisen (das elektrisch leitfähig ist) erzeugt das magnetische Feld, das weit in den Weltraum hinausreicht und uns vor schädlicher Strahlung schützt. Ohne dieses Feld würde der Sonnenwind die Atmosphäre mit sich reißen und der Planet gefrieren.

Es gibt Hinweise darauf, dass das Leben auf der Erde bereits eine halbe Milliarde Jahre nach ihrer Entstehung aufkam. Dieser Zeitraum mag sich lang anhören, doch in Maßstäben der Evolution ist er winzig: Kaum waren die Ozeane da, entstand auch schon fast das Leben! *Wie* genau, bleibt rätselhaft, aber wir wissen, dass es mit einfachen Mikroorganismen begann, die ihren Energiebedarf aus heißen, mineralreichen Tiefseequellen deckten. Im Verlauf von rund einer Milliarde Jahren bildeten sich dann schrittweise Organismen heraus, die Kohlendioxid nutzen und über Fotosynthese Sauerstoff herstellen konnten. Diese winzigen Wesen ließen den Sauerstoffgehalt schließlich so weit ansteigen, dass sich komplexere, sauerstoffatmende Kreaturen entwickeln konnten. Hier auf der Erde gibt es Leben in Hülle und Fülle: anfangs nur einfachste, einzellige Organismen, aus denen ein breites Spektrum an Lebewesen hervorging, von Bakterien und Pilzen bis zu Pflanzen und Tieren. Man nimmt an, dass es auf der Erde einst über fünf Milliarden Arten gegeben hat.

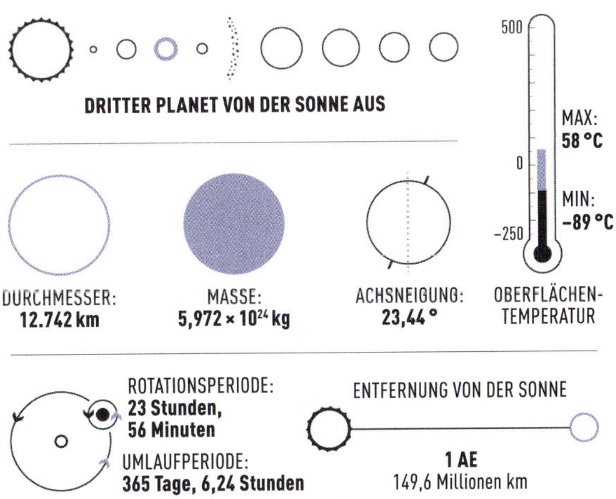

BLAUER PLANET

Wasser ist auf der Erde im Überfluss vorhanden, es bedeckt 71 Prozent ihrer Oberfläche. Unsere Erde ist der einzige bekannte Planet, auf dem Wasser in festem, flüssigem und gasförmigem Zustand vorkommt.

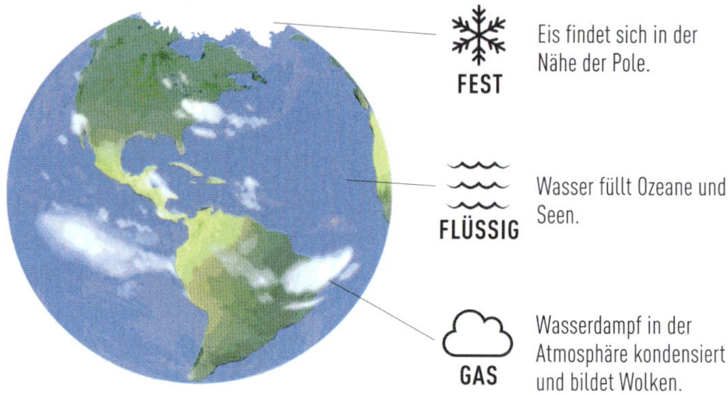

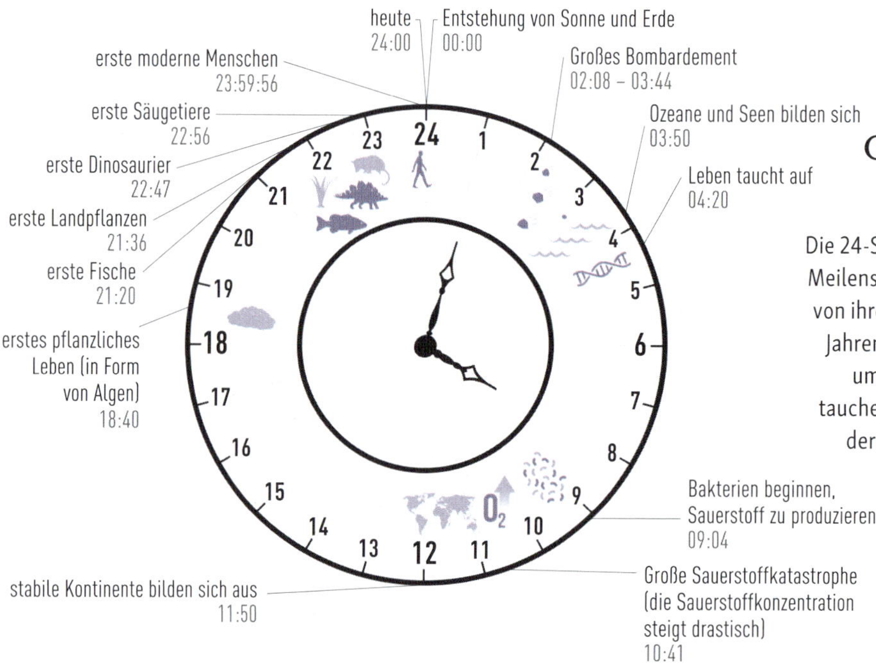

GESCHICHTE DER ERDE

Die 24-Stunden-Uhr links zeigt wichtige Meilensteine in der Geschichte der Erde von ihrer Entstehung vor 4,6 Milliarden Jahren um 0 Uhr bis zum heutigen Tag um 24 Uhr. Menschliche Vorfahren tauchen erst in der letzten Minute auf, der moderne Mensch erscheint vier Sekunden vor Mitternacht.

TEKTONISCHE PLATTEN

Die Erdkruste setzt sich aus sieben Hauptplatten und zahlreichen kleineren zusammen. Die Plattengrenzen bezeichnet man je nach Bewegungsrichtung als divergent, konvergent oder transform (wenn sie aneinander vorbeigleiten).

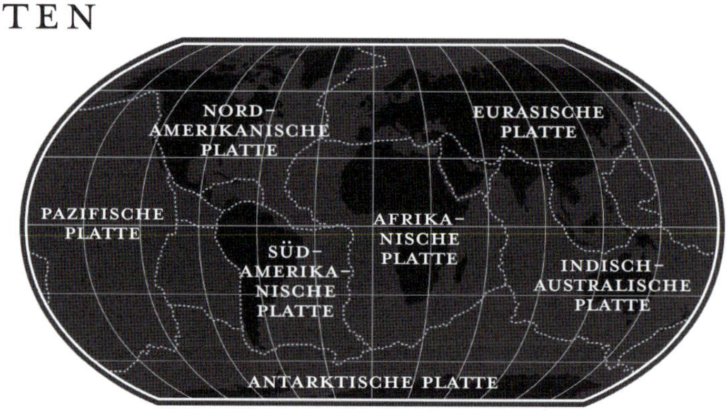

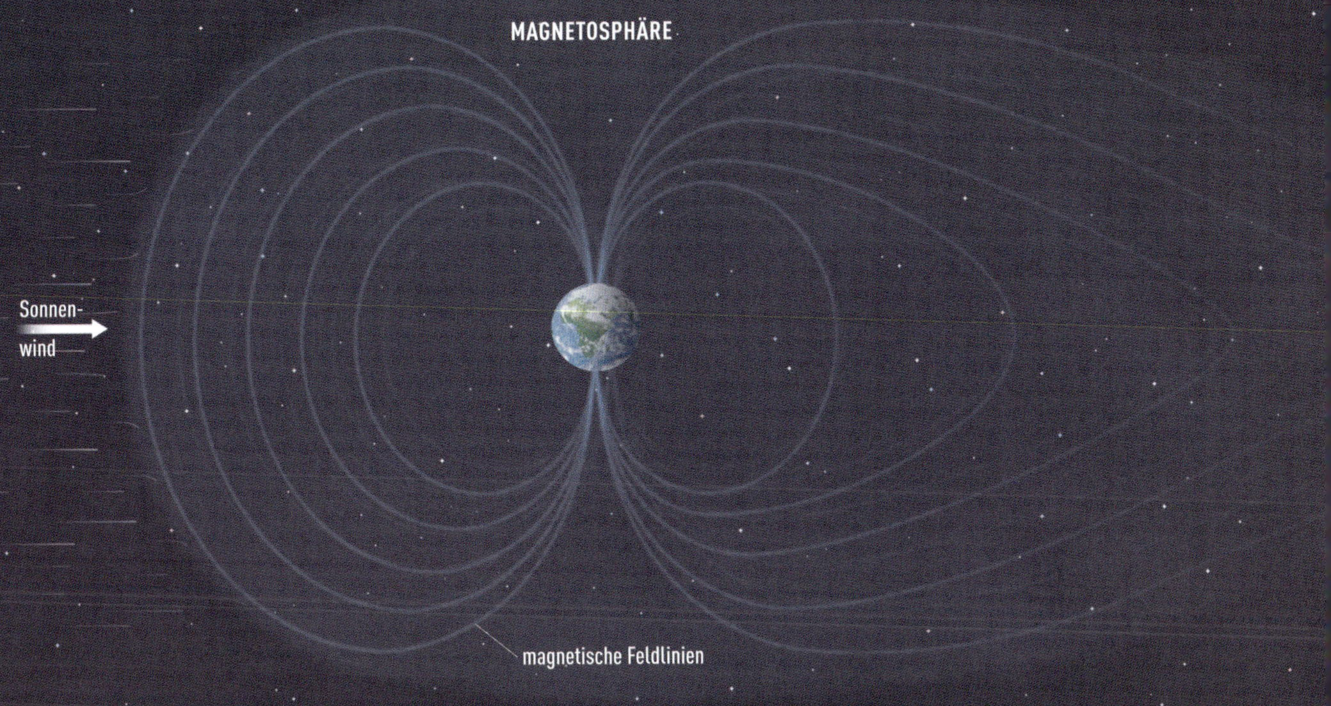

MAGNETOSPHÄRE

Die Erdmagnetosphäre ist der Bereich im Weltraum, der durch das Magnetfeld der Erde beeinflusst wird. Das Feld schützt uns vor dem Sonnenwind, indem es Ionen und Elektronen vom Planeten weglenkt. Auf der Tagseite der Erde wird die Magnetosphäre durch den entgegenkommenden Sonnenwind zusammengepresst, auf der Nachtseite zieht sie der Wind in die Länge.

JAHRESZEITEN

Die Neigung der Erdachse in Bezug auf die Ebene ihrer Umlaufbahn beträgt 23,4 Grad. Dadurch erhalten Teile des Planeten abhängig von der Jahreszeit mehr beziehungsweise weniger Sonnenlicht. Auf diese Weise ergibt sich eine relativ ausgewogene Wärmeverteilung: Keine Region heizt sich übermäßig auf, was zu einer guten Bewohnbarkeit des Planeten führt.

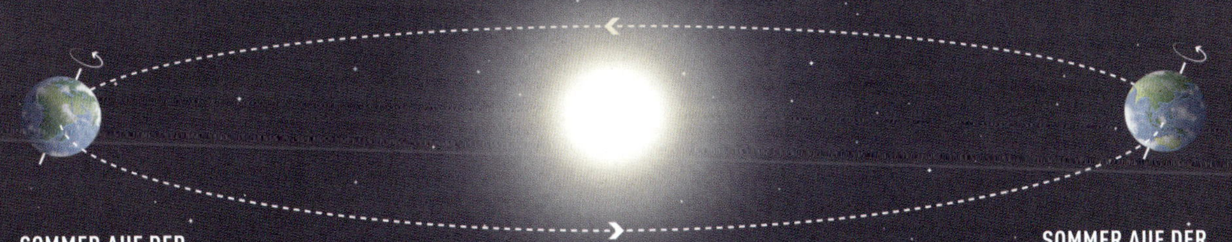

Kometen

Angekommen an unserem Heimatplaneten nehmen wir uns einen Moment Zeit, um einige der kleineren Objekte unseres Sonnensystems ins Visier zu nehmen; viele dieser sogenannten Kleinkörper können nämlich potenziell unseren Weg kreuzen. Als Kleinkörper werden alle Objekte im Sonnensystem bezeichnet, die keine Planeten, Zwergplaneten oder natürlichen Satelliten von Planeten sind. Die ersten davon, die wir uns anschauen, sind Kometen.

Der feste Kern eines Kometen besteht hauptsächlich aus Wassereis, das durchsetzt ist mit kleinen Gesteinspartikeln und Staub. Diese „schmutzigen Schneebälle" haben Durchmesser zwischen mehreren Hundert Metern und Dutzenden von Kilometern, sind unregelmäßig geformt und stammen aus den äußersten Bereichen unseres Sonnensystems. In solch riesigen Entfernungen kann man derart kleine Objekte von der Erde aus nicht sehen, durch äußere Schwerkrafteinflüsse können sie aber so umgelenkt werden, dass sie Kurs auf die inneren Planeten nehmen. Bei Annäherung an die Sonne erwärmt sich ein Komet und etwa auf Höhe des Asteroidengürtels ist die Wärme so groß, dass er beginnt „auszugasen". Der Kern verliert an Masse und es entsteht eine dünne Atmosphäre um den Kometen, die man *Koma* nennt. Sie lässt den Kometen für uns sichtbar werden. Die helle Koma hat eine unscharfe Kontur und bildet durch das Bombardement von Sonnenstrahlung und Sonnenwind einen von der Sonne weggerichteten Schweif aus. Koma und Schweif werden größer und heller, während sich der Komet der Sonne weiter nähert. Auf Höhe der Marsbahn wird der Sonnenwind allmählich stark genug, um der Koma einen so großen Teil zu entreißen, dass sie wieder kleiner wird und sich dafür der Schweif verlängert. Meist bildet sich auch ein zweiter Schweif aus, der aus Staub besteht, der beim Ausgasen des Kometen mitgerissen wird. Diese feste Materie wird durch den Sonnenwind nicht so stark beeinflusst wie der gasförmige Schweif, der immer kerzengerade und exakt von der Sonne weggerichtet ist. Der Staubschweif hingegen ist gekrümmt: Da er von der Sonnenstrahlung mit geringerer Geschwindigkeit „weggeblasen" wird als das Gas vom Sonnenwind, ist er geringfügig in die Richtung gebogen, aus der der Komet kam.

Anders als bei den Planeten sind die Umlaufbahnen von Kometen stark elliptisch; sie machen eng um die Sonne herum kehrt und schießen anschließend zurück in entferntere Regionen des Sonnensystems. Dadurch leuchten sie nur ein paar Wochen lang, bevor sie wieder Tausende von Jahren in Dunkelheit verbringen, sobald ihre Koma verschwindet. Klassifiziert werden sie nach ihrer Umlaufperiode: Kurzperiodische Kometen haben eine Umlaufzeit von weniger als 200 Jahren, langperiodische Kometen bis zu mehrere Millionen von Jahren. Kometen mit kürzeren Umlaufzeiten kreisen nahe der Planetenebene, langperiodische Kometen weisen in zunehmendem Maße zufällige Bahnneigungen auf, da sie durch die Schwerkraft der Planeten weniger beeinflusst werden. Es gibt auch Kometen, deren Bahnelemente (Geschwindigkeit, Neigungswinkel) dergestalt sind, dass sie die Sonne nur einmal umrunden, bevor sie aus dem Sonnensystem hinauskatapultiert werden. Diese „Abenteurer" besitzen hyperbolische Bahnen – sie entschwinden in den interstellaren Raum und kehren niemals wieder.

Nach zahlreichen Vorbeiflügen an der Sonne verlieren Kometen letztendlich ihr Wasser. Diese erloschenen Kometen leuchten nicht mehr und werden kleinen Asteroiden immer ähnlicher. Trotz ihres endlichen Lebens sind Kometen aber keine Mangelware: Man vermutet, dass etwa eine Billion kometenartiger Körper draußen in der Oortschen Wolke (S. 68) darauf warten, ihre Reise zur Sonne anzutreten.

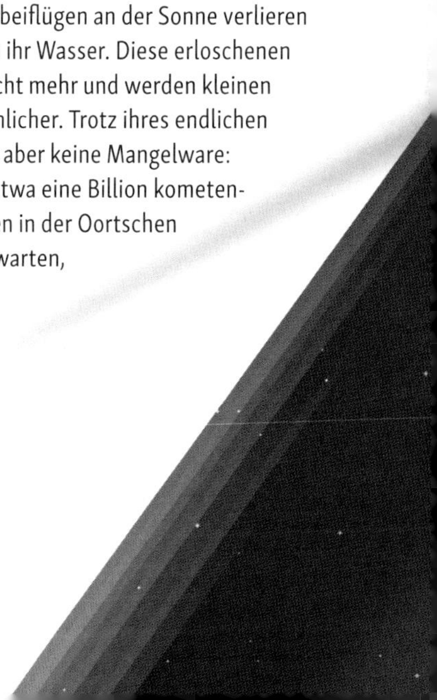

ERDE
KOMETEN-
BAHN

ANATOMIE EINES KOMETEN

Hier sind die Bestandteile eines Kometen abgebildet. Die genauen Abmessungen variieren, die angebenenen Werte sind aber recht typisch.

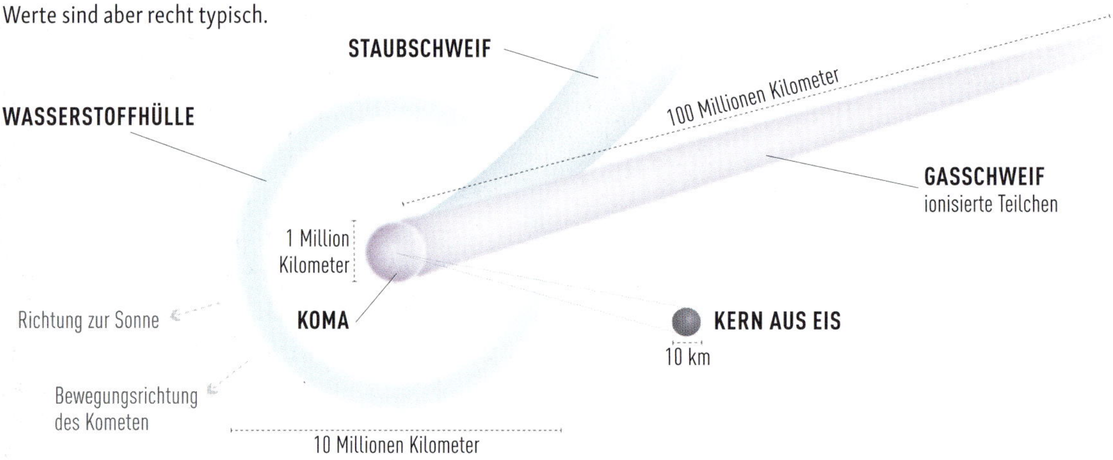

VERHALTEN VON KOMETEN

Die Grafik unten verdeutlicht, wie ein Komet die Sonne typischerweise umrundet und in welche Richtungen seine Schweife dabei zeigen.

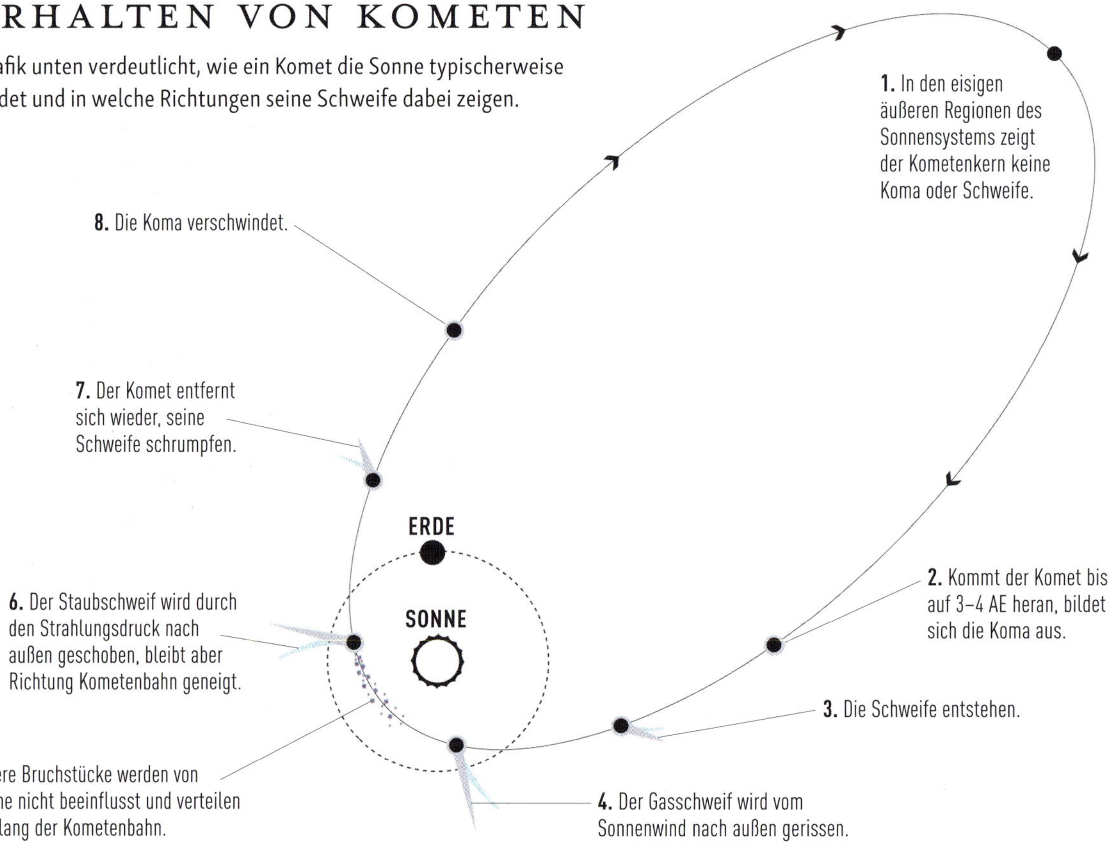

Dieses Bild des Hubble-Weltraumteleskops zeigt Fragmente von Shoemaker-Levy 9 vor ihrem Einschlag. Der runde dunkle Fleck oben links auf Jupiter ist der Jupitermond Io, der vor dem Planeten herläuft.

KOSMISCHE KOLLISIONEN

1993 wurde der Komet Shoemaker-Levy 9 entdeckt, doch anders als alle bis dahin bekannten Kometen bewegte er sich nicht um die Sonne. Der Komet war vielmehr durch die enorme Schwerkraft von Jupiter rund 20 Jahre zuvor eingefangen worden und die Berechnungen zeigten, dass er in die Atmosphäre des Planeten stürzen sollte. Bei der Beobachtung stellte sich heraus, dass der Kern durch die Nähe zu Jupiter in etliche Fragmente mit weniger als zwei Kilometer Größe zerbrochen war.

Die Gewissheit, dass der Komet auf den Planeten einschlagen würde, eröffnete den Astronomen die einmalige Gelegenheit, bodengebundene und Weltraumteleskope auf Jupiter auszurichten. Im Juli 1994 schlug das erste Fragment ein, gefolgt von 20 weiteren in den folgenden sechs Tagen. Bei allen Einschlägen wurden Feuerbälle mit Temperaturen über 23.000 Grad Celsius aufgezeichnet und heißes Gas stieg fast 3200 Kilometer über die Wolken auf. Der größte Einschlag erfolgte am dritten Tag; er setzte die Energie von rund sechs Millionen Megatonnen TNT frei und hinterließ einen riesigen dunklen Fleck mit 12.000 Kilometern Durchmesser (fast so groß wie die Erde). Obwohl der Gasplanet die Fragmente problemlos schluckte, blieben die Einschlagstellen monatelang sichtbar.

BEKANNTE KOMETEN

Rund 7000 Kometen wurden inzwischen identifiziert und es werden immer neue entdeckt. Hier sind einige bekannte:

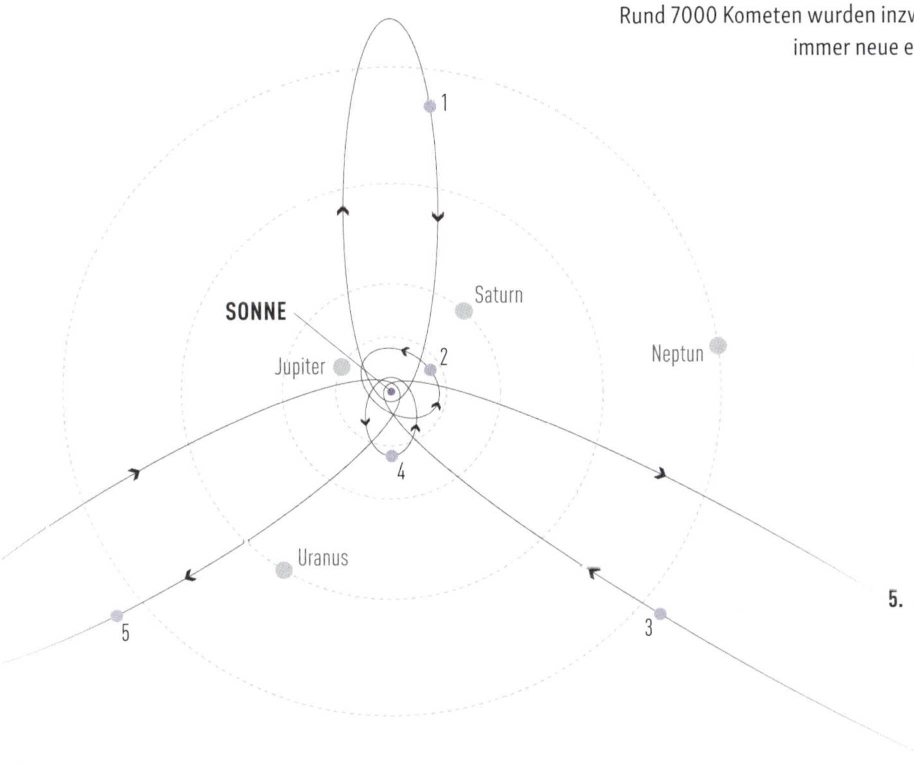

1. 15 km — **1P/HALLEY** Periode: 75,3 Jahre

2. 3,4 km — **17P/HOLMES** Periode: 6,9 Jahre

3. 20 km — **153P/IKEYA-ZHANG** Periode: 366,5 Jahre

4. 8 km — **19P/BORRELLY** Periode: 6,8 Jahre

5. 26 km — **109P/SWIFT-TUTTLE** Periode: 133,3 Jahre

Meteoroide, Meteore und Meteoriten

Neben den Kometen gibt es unzählige kleinere Körper, die überall im Sonnensystem verstreut sind. Der Asteroidengürtel beherbergt – wie der Name schon sagt – die Mehrzahl der Asteroiden des Sonnensystems; ihn erreichen wir jedoch erst, wenn wir Mars passiert haben. Hier beschäftigen wir uns mit Meteoroiden, kleinen Körnchen und Gesteinsbrocken, die den interplanetaren Raum bevölkern.

METEOROIDE

Es gibt drei Haupttypen von Meteoroiden: solche aus Stein, aus Eisen sowie Exemplare aus Stein und Eisen. Ihre Größe rangiert zwischen kaum sichtbaren Körnchen bis hin zu metergroßen Brocken. Kleinere Partikel bezeichnet man als Mikrometeoroide oder interplanetaren Staub. Die meisten Meteoroide sind Fragmente von Asteroiden oder Kometen, bei einem kleinen Teil handelt es sich um herausgeschleuderte Trümmer von Planeten oder Monden.

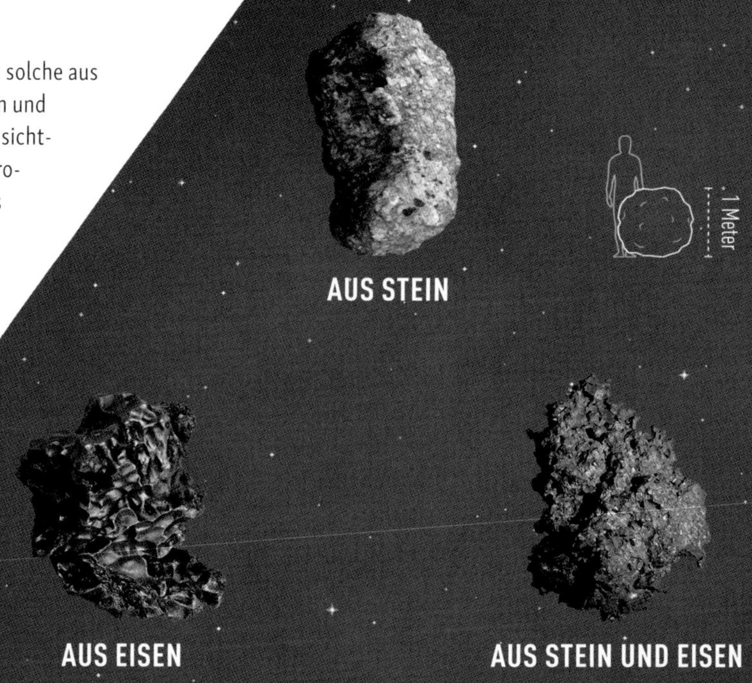

METEORE

Man bezeichnet einen Meteoroiden als *Meteor* (oder Sternschnuppe), wenn er sichtbar in unserer Atmosphäre aufblitzt. Meteoroide dringen meist mit Geschwindigkeiten von über 70.000 Kilometer pro Stunde in die Erdatmosphäre ein und verursachen eine enorme Aufheizung der Luft sowie ein kurzes Aufleuchten.

Sogenannte Meteorschauer werden von Teilchen verursacht, die von Kometen stammen. Kometen erzeugen bei ihrer Reise um die Sonne eine Staubspur hinter sich, die sich über ihre gesamte Bahn erstrecken kann. Kreuzt die Erde auf ihrer Bahn einen solchen Meteoroidenstrom, erleben wir einen „Schauer“.

METEORITEN

Die meisten Meteore verglühen in der oberen Atmosphäre und lösen sich oberhalb von rund 50 Kilometern vollständig auf. Ist ein Meteor jedoch groß genug (schwerer als ca. 30 Kilogramm, abhängig vom Material), verbrennen beim Ritt durch die Atmosphäre nur seine äußeren Schichten. Der zentrale Rest, der schließlich auf den Boden trifft, wird als *Meteorit* bezeichnet.

WELTVERÄNDERNDE EINSCHLÄGE

Obwohl die Erdatmosphäre Schutz vor kleineren Trümmerteilen aus dem Weltraum bietet, schaffen es einige Objekte doch bis nach unten. Man schätzt, dass jährlich 500 Meteoriten die Erdoberfläche erreichen, von denen 99 Prozent unbemerkt bleiben. Die meisten von ihnen stürzen in die Ozeane, gehen in unbewohnten Gebieten oder tagsüber – und damit schlechter sichtbar – nieder. Überraschenderweise gibt es jedoch trotzdem fast jährlich einen Einschlag, bei dem die ungeheure Energie einer Hiroshima-Atombombe freigesetzt wird. Doch selbst der Großteil dieser enormen Einschläge verläuft unbemerkt. Die Einschlagskörper *(Impaktoren)* explodieren häufig mit einem hellen Blitz und Donnergrollen hoch oben in der Atmosphäre und nur kleinere Fragmente erreichen den Boden.

Über die gesamte Erdgeschichte hinweg gab es zahlreiche Einschlagsereignisse. Die größten Impaktoren können das Schicksal unseres Planeten – oft in katastrophaler Art und Weise – beeinflussen, mit Folgen für Geologie, Klima und Leben. Infolgedessen können viele Horrorszenarien eintreten: Aufgeschmolzenes Gestein und eine Glutwolke schießen in die Atmosphäre und verteilen sich vom Einschlagsort aus; Material wird in den Weltraum geschleudert, um anschließend als Regen über dem ganzen Planeten niederzugehen und glühend vom Wiedereintritt in die Atmosphäre Waldbrände zu entfachen oder Schockwellen, die den ganzen Planeten durchlaufen und Erdbeben, Vulkanausbrüche und Tsunamis auslösen. Zusätzlich entsteht am Einschlagsort natürlich ein gigantischer Krater. Glücklicherweise werden Einschläge mit zunehmender Impaktorgröße immer seltener und so wurden wir – bisher zumindest – verschont.

Natürlich wird nicht nur die Erde von Brocken aus dem Weltraum bombardiert, sondern das gesamte Sonnensystem ist voll von Spuren unzähliger Kollisionen. Die anderen Gesteinsplaneten (und Monde) bezeugen das sogar noch deutlicher. Venus mit ihrer dicken Atmosphäre ausgenommen, konservieren sie ihre kosmischen Wunden viel besser als die Erde. Da sich die Kruste unseres Planeten ständig verschiebt und Regen seine Oberfläche erodiert, versteckt die Erde ihre Verletzungsgeschichte gut, aber dennoch nicht vollständig.

CHICXULUB-KRATER

Vermutlich ist dies der Ort, an dem das Ende der Dinosaurier besiegelt wurde. Der Chicxulub-Krater misst 150 Kilometer im Durchmesser und liegt auf der Halbinsel Yucatán. Heutzutage befindet er sich zum größten Teil unter Wasser, begraben unter Hunderten Metern Sand und Sedimenten; oberhalb des Meeresspiegels sind nur wenige sichtbare Kraterstrukturen übrig. Seine Entstehung verdankt er einem Körper mit mindestens elf Kilometern Durchmesser, der dort vor 66 Millionen Jahren einschlug. Dem darauffolgenden Massensterben fielen 75 Prozent aller Arten zum Opfer.

VREDEFORT-KRATER

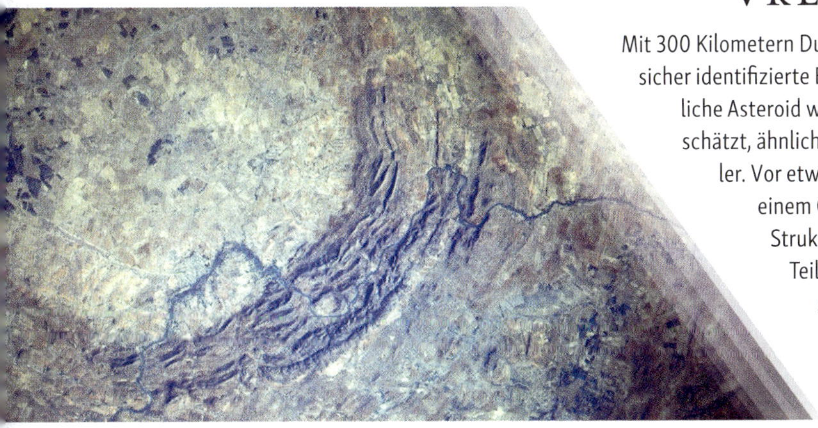

Mit 300 Kilometern Durchmesser ist der Vredefort-Krater der größte sicher identifizierte Einschlagskrater auf der Erde. Der verantwortliche Asteroid wird auf zehn bis 15 Kilometer Durchmesser geschätzt, ähnlich wie der Chicxulub-Impaktor, aber viel schneller. Vor etwas mehr als zwei Milliarden Jahren schlug er in einem Gebiet des heutigen Südafrika ein, die meisten Strukturen sind bereits verwittert. Geblieben ist ein Teilring von Hügeln mit 70 Kilometern Durchmesser im Inneren des Einschlagsgebiets. Aus dem Weltraum ist die Vredefort-Struktur leichter zu erkennen – das Bild links wurde vom Space Shuttle aus aufgenommen.

BARRINGER-KRATER

Der Barringer-Krater (oder Meteorkrater) ist bedeutend kleiner als die bereits erwähnten, der Einschlag hat vermutlich regional erheblichen Schaden verursacht, allerdings nicht global. Trotzdem ist er einer Erwähnung wert, denn wegen seines hervorragenden Zustandes war er der erste identifizierte Einschlagskrater auf der Erde. Der 1200 Meter große und 170 Meter tiefe Krater befindet sich in Arizona (USA), wo die trockenen Wüstenbedingungen seine Struktur vor starker Erosion bewahrt haben.

Der Mond

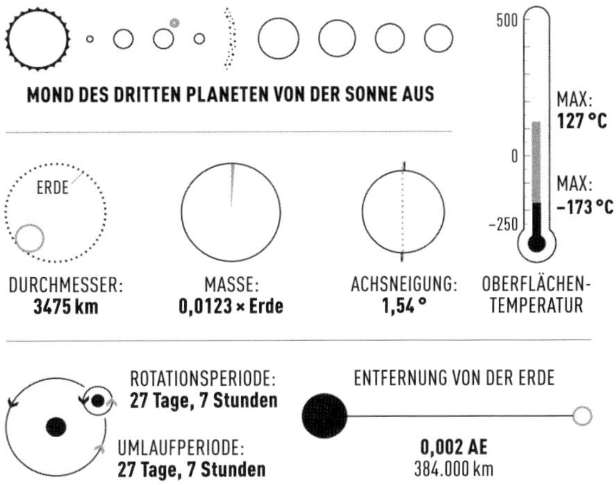

Bevor wir zu den restlichen Planeten vordringen, legen wir einen kurzen Stopp bei unserem Mond ein. Er umläuft die Erde in einer Distanz von 384.400 Kilometern und ist damit nur einen kosmischen Steinwurf entfernt. Der Mond ist der einzige fremde Himmelskörper, den wir Menschen bisher betreten haben.

Unser Mond ist überhaupt der erste Mond, der unseren Weg kreuzt, seit wir unsere Reise im Zentrum des Sonnensystems begonnen haben. Sowohl Merkur als auch Venus befinden sich für einen natürlichen Satelliten zu nah an der Sonne: Wäre die Mondentfernung zu ihnen zu groß, würde der Mond von der Sonne eingefangen und ins Inferno gerissen, wäre der Abstand zu klein, würden ihn die Gezeitenkräfte der Planeten zerreißen.

Unser Mond entstand vermutlich kurz nach der Geburt des Sonnensystems – etwa 100 Millionen Jahre später –, als ein Körper von der Größe des Planeten Mars unsere junge Erde mit einem Streifschuss traf. Der verheerende Einschlag sprengte Materie aus den äußeren Erdschichten und dem Impaktor in den Orbit, die sich nach und nach zusammenballte und den Mond formte. Bei seiner Entstehung betrug die Entfernung des Mondes von der Erde nur rund ein Drittel seiner heutigen Distanz. Seitdem ist er von uns weggedriftet und tut es auch heute noch, aktuell mit einer Rate von etwa vier Zentimetern pro Jahr. Zudem rotierte der junge Mond ursprünglich schneller als heute; Gezeitenkräfte haben nach und nach seine Drehung verlangsamt, bis sie schließlich seinem Umlauf um die Erde entsprach. Als Ergebnis wendet der Mond heute der Erde immer dieselbe Seite zu, wir sehen nur das vertraute „Mondgesicht".

Ein weiteres bekanntes Merkmal sind die Mondphasen, die Änderung seiner Erscheinung, wenn unterschiedliche Teile während seines Umlaufs um uns erleuchtet sind. Von einem Vollmond zum nächsten dauert es rund 29,5 Tage. Die Mondphasen sind die Basis vieler alter Kalender in der Welt und auch unsere 30-Tage-Monate sind abgeleitet vom Mondzyklus.

In Relation zu seinem Mutterplaneten ist unser Mond der größte Mond im ganzen Sonnensystem. Im direkten Vergleich mit den anderen Monden belegt er immerhin Platz fünf. Seine Schwerkraft hat daher eine deutliche Wirkung auf die Erde, besonders auffällig ist das beim Meeresspiegel. Die Mondgravitation verursacht sowohl auf der mondzugewandten als auch auf der mondabgewandten Seite Aufwölbungen in den Erdozeanen. Die Erde dreht sich unter diesen Wasserbergen hindurch und so kommt es an jedem Ort in 24 Stunden zweimal zu Ebbe und Flut.

Durch den Einschlag, bei dem der Mond entstanden ist, wurden die beteiligten Körper von Urerde und Urmond auf über 1000 Grad Celsius erhitzt. Aufgrund seiner geringen Größe kühlte der Mond als Erster aus, wobei der letzte seiner Vulkane vor über einer Milliarde Jahre ausbrach. Dennoch ist er geologisch nicht völlig tot. Da seine Entfernung von der Erde wegen seiner leicht elliptischen Umlaufbahn variiert, verändern sich – gepaart mit fluktuierenden Gezeitenkräften von der Sonne – ebenfalls die Gravitationskräfte auf ihn. Dadurch hebt sich die Mondoberfläche alle 27 Tage um zehn Zentimeter, was zu Spannungen unter seiner Oberfläche führen kann. Sie lösen sich durch Mondbeben, die jedoch deutlich seltener und schwächer sind als Beben auf der Erde. Mondbeben wurden im Rahmen des Apollo-Programms durch Seismometer auf der Mondoberfläche nachgewiesen.

ZUSAMMENSETZUNG DES MONDES

Im Vergleich zur Erde ist der Eisenkern des Mondes sehr klein – passend zur Einschlagstheorie seines Ursprungs. Laut dieser Theorie riss der „Wums" der Kollision Material aus den äußeren Erdschichten in den Orbit, der Kern unseres Planeten blieb dabei intakt. Der Mond besteht daher größtenteils aus den siliziumreichen Gesteinen, die im Erdmantel und der Erdkruste vorkommen, und enthält nur wenig Eisen.

VERGLEICH DER KERNGRÖSSEN

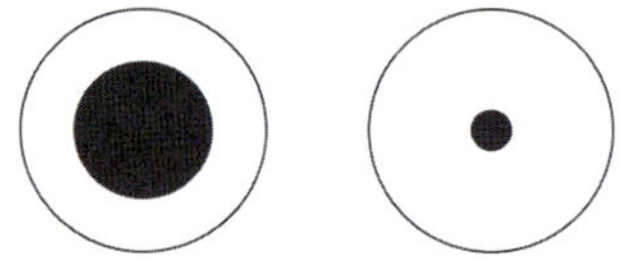

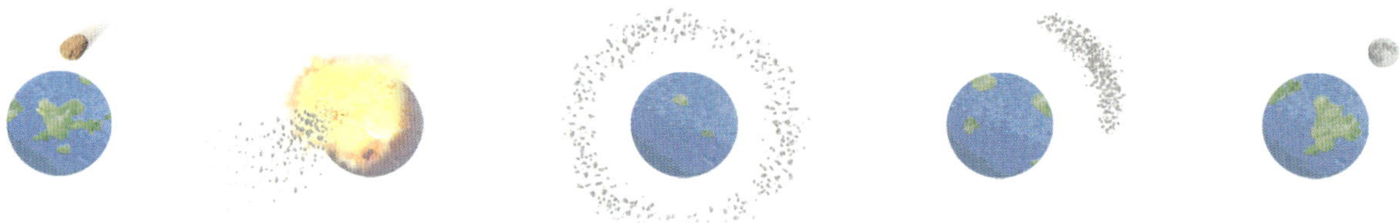

ERDGEZEITEN

Da die Schwerkraft mit zunehmendem Abstand abnimmt, ist sie an verschiedenen Stellen umlaufender Körper unterschiedlich groß. Wir wissen bereits (S. 14), dass feste Körper durch Gezeitenkräfte auseinandergezogen werden können. Bedeckt eine Flüssigkeit die Oberfläche eines Planeten wie bei der Erde, erzeugen die Gezeitenkräfte um den Planeten Ebbe und Flut.

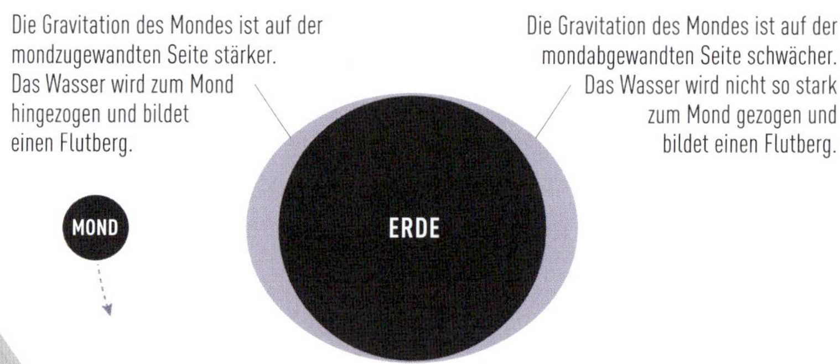

ERKUNDUNG

Unser Mond ist bisher der einzige fremde Himmelskörper, den wir besucht haben. Im Rahmen des Apollo-Programms in den 1960ern und 1970ern entsandte die NASA sechs bemannte Missionen, wobei die auf dem Mond verbrachte Zeit mit jedem Besuch länger wurde. Zuletzt blieben zwei Astronauten mehr als drei Tage auf dem Mond.

MONDPHASEN

Die inneren, kleinen Monde in der Abbildung unten zeigen, wie verschiedene Mondregionen beim Umlauf um die Erde beleuchtet werden. Die großen, äußeren Darstellungen zeigen, wie wir den Mond dabei von der Erde aus sehen.

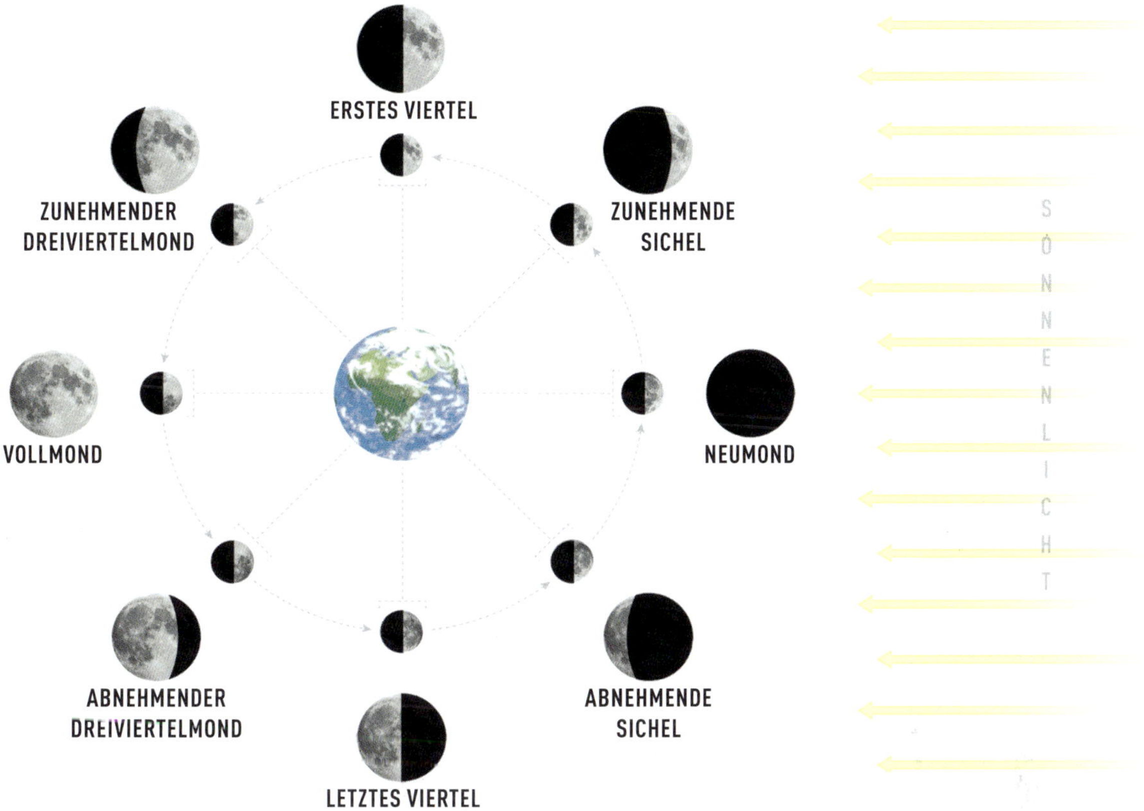

KRATER

Die Krater auf dem Mond und den anderen Körpern im Sonnensystem sind alle nahezu rund. Das mag seltsam erscheinen, denn wenn Einschlagkörper unter jedem Winkel auftreffen können, könnte man annehmen, dass sie Streifen auf der Oberfläche hinterlassen, wenn sie in den Boden rasen. Tatsächlich jedoch lässt die enorme Hitze beim Einschlag den Meteoriten und das lokale Gestein verdampfen. Die plötzliche Freisetzung von Gas unter der Oberfläche verursacht eine Explosion, die einen symmetrischen Krater erzeugt, der um ein Vielfaches größer ist als der Impaktor.

Auf dem Mond gibt es keine Atmosphäre, sodass selbst kleinste Objekte nicht abgebremst werden. Der Prozess der Kraterbildung beginnt, wenn der Impaktor auf den Boden trifft.

Der Impaktor dringt unter die Oberfläche und wird samt dem Untergrund, auf den er trifft, stark komprimiert. Der größte Teil verdampft und verursacht eine Explosion, durch die Material ausgeworfen wird.

Bei einem hinreichend großen Impaktor kann sich je nach Schwerkraft ein Zentralberg ausbilden. Er entsteht durch geschmolzenes Gestein, das nach dem ursprünglichen Einschlag zurückschnellt.

Die Gesteinsschmelze sinkt Richtung Kratergrund, die Wände stürzen nach innen und können abgestufte Kraterwälle hinterlassen. Bei größeren Kratern kann auch der verbleibende Zentralberg abgestuft sein.

Minimonde

Wir kennen Tausende Asteroiden, die auf ihrer Bahn um die Sonne die Erdumlaufbahn kreuzen. Gelegentlich werden solche Körper durch die Schwerkraft des Erde-Mond-Systems eingefangen und gelangen auf instabile Umlaufbahnen. Man schätzt, dass sich stets ein oder zwei waschmaschinengroße Objekte und rund 1000 Körper von der Größe eines Tennisballs in einem temporären Orbit um die Erde befinden.

Minimonde begleiten uns selten länger als ein Jahr. Wenn sie ihre verschachtelten Bahnen um die Erde geschlungen haben, werden die meisten von ihnen in eine Umlaufbahn um die Sonne zurückgeschleudert, während der Rest auf die Erde gelenkt und zu Meteoren wird.

Die Monde in unserem Sonnensystem

An dieser Stelle sind alle bekannten Monde unseres Sonnensystems aufgelistet. Gut möglich, dass – während wir unsere Reise durch das Sonnensystem fortsetzen – weitere Monde um die großen Gasplaneten gefunden werden.

SATURN: 146
URANUS: 28
NEPTUN: 16
PLUTO: 5
ZWERGPLANET

Mars

Mars ist der vierte Planet von der Sonne aus und der letzte Gesteinsplanet, den wir passieren. Sein rötlicher Farbton wird durch eisenhaltigen Staub auf seiner Oberfläche hervorgerufen. Da die Farbe an Blut erinnert, trägt er den Namen des römischen Kriegsgottes. Obwohl seine Farbgebung so anders und sein Durchmesser nur halb so groß ist wie der unseres Heimatplaneten, ist Mars der erdähnlichste Planet im Sonnensystem.

Es scheint, dass der „rote Planet" sein Dasein ähnlich wie die Erde begonnen hat: Der junge Mars besaß eine dichte Atmosphäre und sehr viel Wasser. Offenbar hatte er einst wie die Erde eine starke Magnetosphäre, die ihn von gefährlicher Strahlung abschirmte. Vor rund vier Milliarden Jahren verschwand das Magnetfeld jedoch nahezu vollständig. Heute wissen wir, dass die ursächlichen zirkulierenden Bewegungen im flüssigen Eisenkern des Planeten versiegten – warum, ist bisher nicht vollständig geklärt. Mit dem Abhandenkommen der Marsmagnetosphäre ging auch der Verlust seiner nun ungeschützten Atmosphäre einher, die Moleküle wurden durch den Sonnenwind in den Weltraum gerissen. Durch den geringen Luftdruck wiederum konnte kein flüssiges Wasser mehr auf seiner Oberfläche existieren, was zu der trockenen, kalten Welt führte, die wir heute vom Mars kennen. Gegenwärtig entspricht die Stärke des Magnetfelds auf dem Mars durchschnittlich weniger als einem Prozent der Stärke des Erdmagnetfeldes und bietet somit wenig bis keinen Schutz.

Obwohl der Mars der Erde nicht so nahe kommt wie die Venus, wäre er ein besseres Reiseziel für Erkundungen – die Bedingungen dort sind weniger lebensfeindlich als die höllischen Zustände auf unserem Schwesterplaneten. Zudem gibt es auf dem Mars auch Wasser, allerdings nicht in flüssiger Form. Das meiste ist in den Eiskappen an den Polen eingeschlossen und einiges befindet sich als Dampf in der Atmosphäre. Auf der Oberfläche gibt es zahlreiche Hinweise darauf, dass hier einst Wasser floss: Rinnen, Seebecken, Trockentäler und Kanäle – alles längst ausgetrocknet – beweisen, dass der Planet früher ein völlig anderer Ort war, womöglich eine blaue Perle wie unsere Erde. An ruhigen Tagen ziehen hin und wieder zarte, zirrusartige Wolken aus Eiskristallen über die inzwischen öde Landschaft, doch das Wetter auf dem Mars ist wechselhaft. Staubstürme, von lokalen Ereignissen bis hin zu gewaltigen Stürmen, die den gesamten Planeten einhüllen, sind recht häufig. Allerdings sind sie schwer vorherzusagen und diese veränderlichen atmosphärischen Bedingungen machen es Wissenschaftlerteams schwer, die Abstiegsgeschwindigkeiten von Raumsonden zu berechnen. Daher schlagen sie zum Teil auf der Marsoberfläche auf, anstatt wie geplant sanft zu landen.

Eine weitere Ähnlichkeit zwischen Mars und Erde ist die Zusammensetzung der Atmosphäre. Die Marsluft besteht aus Kohlendioxid, Stickstoff und Argon, alles Stoffe, die sich auch in unserer Atmosphäre finden. Aber anders als auf unserem Planeten enthält die Luft nahezu keinen Sauerstoff; unsere reichliche Versorgung mit diesem Gas wird durch fotosynthesetreibende Pflanzen bereitgestellt, von denen es auf dem Mars keine gibt. Durch die dünne Marsatmosphäre verliert der Planet auf seiner Nachtseite schnell Wärme. Die Länge eines Marstages ist mit 24 Stunden und knapp 40 Minuten sehr ähnlich wie bei uns, die Temperaturen erreichen tagsüber maximal 20 Grad Celsius, stürzen aber nachts bis auf −140 Grad Celsius ab – mindestens 50 Grad Celsius weniger als am kältesten Punkt in der Antarktis.

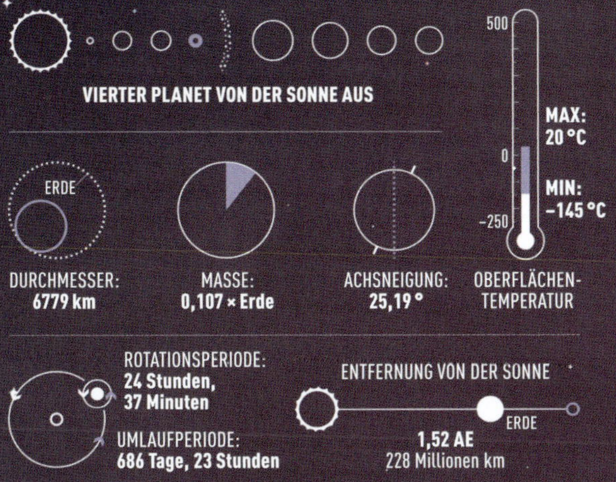
VIERTER PLANET VON DER SONNE AUS
500
0
-250
MAX:
20 °C
MIN:
-145 °C
ERDE
DURCHMESSER:
6779 km
MASSE:
0,107 × Erde
ACHSNEIGUNG:
25,19 °
OBERFLÄCHEN-
TEMPERATUR
ROTATIONSPERIODE:
24 Stunden,
37 Minuten
UMLAUFPERIODE:
686 Tage, 23 Stunden
ENTFERNUNG VON DER SONNE
ERDE
1,52 AE
228 Millionen km

EIS AUF DEM MARS

Die Neigung der Marsachse ist nicht allzu verschieden von der der Erdachse, weshalb es auf dem Mars ähnliche Jahreszeiten wie bei uns gibt. Wie die Erde besitzt er Eiskappen, die im Sommer schrumpfen und im Winter anwachsen, wobei die südliche Eiskappe die größere von beiden ist. Könnte flüssiges Wasser auf dem Mars existieren, wäre die in dieser Polkappe vorhandene Eismenge ausreichend, um den gesamten Planeten mit einem elf Meter tiefen Wasserozean zu bedecken.

WINTER AUF DER NORDHALBKUGEL

nördliche Polkappe größer

WINTER AUF DER SÜDHALBKUGEL

südliche Polkappe größer

OLYMPUS MONS

Vulkanische Strukturen sind auf dem Mars weit verbreitet und Lavaflüsse und -ebenen sowie die größten Vulkane des Sonnensystems sind auf seiner Oberfläche noch klar erkennbar. Obwohl seit der letzten größeren vulkanischen Aktivität mindestens zwei Millionen Jahre vergangen sind, herrscht Uneinigkeit darüber, ob es nicht doch noch weitere geben könnte.

Der größte Vulkan auf dem Mars heißt Olympus Mons. Er ist fast 2,5-mal so hoch wie der Mount Everest und damit der gewaltigste Berg, den wir auf einem Planeten im Sonnensystem kennen. Vulkane können auf dem Mars größer werden als auf der Erde, da die Schwerkraft dort geringer ist. So können sich größere Magmakammern sowie längere und weiter verteilte Lavaflüsse bilden. Da es auf dem Mars keine Plattentektonik gibt, brechen Vulkane darüber hinaus Millionen Jahre lang an der gleichen Stelle aus. Auf der Erde entstehen vulkanische Gebirgsketten meist als Resultat von Krustenverschiebungen.

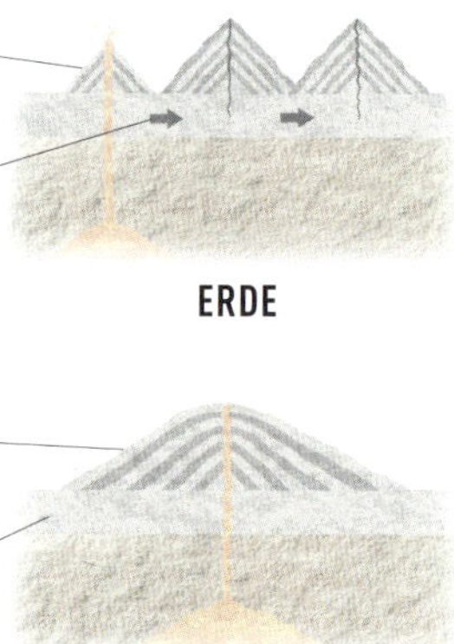

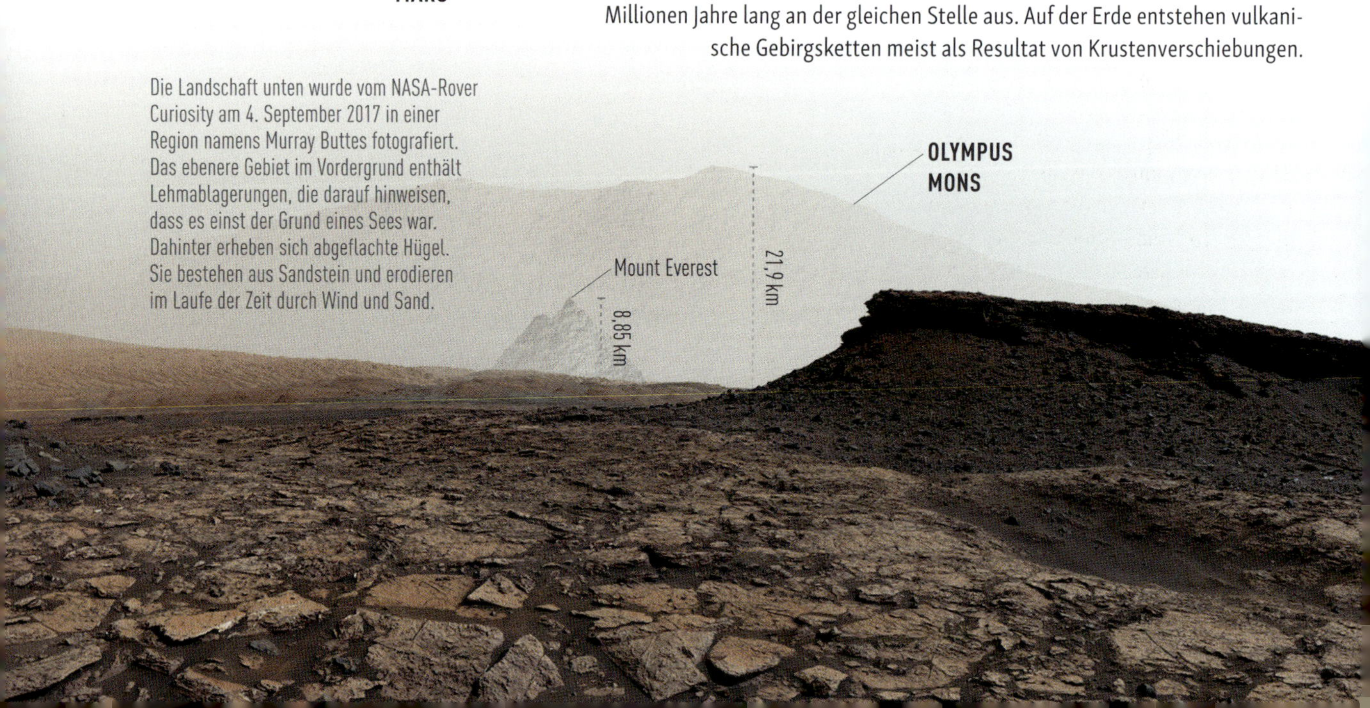

Die Landschaft unten wurde vom NASA-Rover Curiosity am 4. September 2017 in einer Region namens Murray Buttes fotografiert. Das ebenere Gebiet im Vordergrund enthält Lehmablagerungen, die darauf hinweisen, dass es einst der Grund eines Sees war. Dahinter erheben sich abgeflachte Hügel. Sie bestehen aus Sandstein und erodieren im Laufe der Zeit durch Wind und Sand.

DIE MARSMONDE

Mars besitzt zwei Monde, Phobos und Deimos, die beide klein und unregelmäßig geformt sind. Möglicherweise waren sie ursprünglich Asteroiden, die dem Mars so nahe kamen, dass sie durch seine Schwerkraft eingefangen wurden. Phobos, der größere von beiden, umkreist den Planeten in weniger als 10.000 Kilometern über der Oberfläche, wobei er zusätzlich alle 100 Jahre um zwei Meter tiefer sinkt. Irgendwann in der Zukunft wird er die Roche-Grenze erreichen und in Fragmente zerbrechen, die dann ein Ringsystem bilden könnten wie bei Saturn.

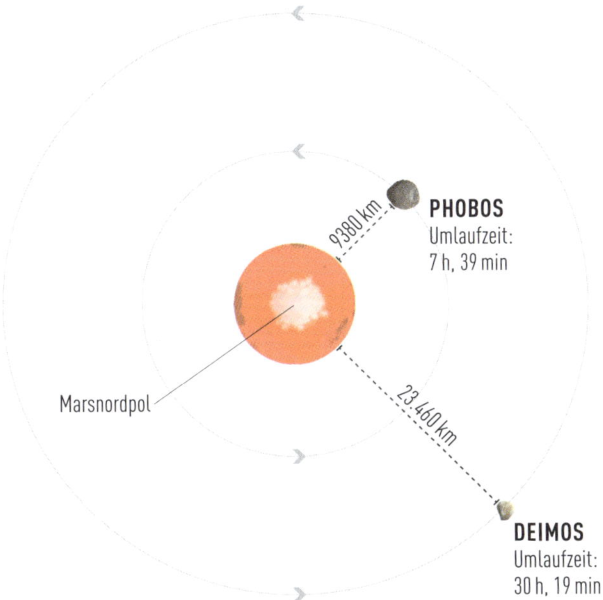

PHOBOS

DEIMOS

Phobos und Deimos sind die Namen der Söhne von Ares, dem griechischen Kriegsgott. Gemeinsam mit ihrem Vater zogen sie in den Kampf und verkörperten Angst (Phobos) und Schrecken (Deimos).

STAUBWOLKEN

Neben den häufig auftretenden Staubtornados, die über die Marsoberfläche fegen, kommt es auch regelmäßig zu größeren Staubstürmen. Die Staubwolken können eine Höhe von einem Kilometer erreichen und den ganzen Planeten umspannen. Solche Stürme können Wochen oder Monate andauern, sie dämpfen das Licht auf der Marsoberfläche und verschleiern unsere Sicht auf den Planeten.

Oberflächenstrukturen sichtbar

Oberfläche durch Sturm verschleiert

(Fotos aufgenommen vom Hubble-Weltraumteleskop)

Asteroidengürtel

ZWISCHEN DEM VIERTEN UND FÜNFTEN PLANETEN VON DER SONNE AUS

ENTFERNUNG VON DER SONNE

ERDE

2,7 AE – 478 Millionen km

Im späten 18. Jahrhundert begannen Astronomen, nach einem Planeten im Bereich zwischen Mars und Jupiter Ausschau zu halten. Nach und nach entdeckten sie dort kleine Körper, die um die Sonne kreisen, für Planeten jedoch zu klein sind. Bis Mitte des 19. Jahrhunderts wurden immer weitere Objekte gefunden, woraus die Astronomen schlossen, dass diese Region des Sonnensystems nicht von einem Planeten, sondern von locker verstreuten Trümmern und Schutt bevölkert sein muss.

Die Vermutung, dass ein Planet zwischen Mars und Jupiter existieren sollte, stammt ursprünglich aus dem Jahr 1596 vom deutschen Astronomen Johannes Kepler. Er nahm an, dass die Lücke zwischen den beiden Planeten zu groß war. Die Abstände zwischen allen damals bekannten Planeten folgten einer mathematischen Formel, bekannt als Titius-Bode-Gesetz. Es besagt, dass jeder Planet doppelt so weit von der Sonne entfernt ist wie der vorhergehende. Die Jagd auf den „fehlenden" Planeten wurde beflügelt durch die Entdeckung von Uranus im Jahr 1781, denn seine Sonnenentfernung entsprach fast perfekt der mathematischen Vorhersage. Das neu gewonnene Vertrauen in das Titius-Bode-Gesetz motivierte Astronomen nun, die Suche nach dem theoretisch vorhergesagten Planeten zu starten.

Das erste Objekt, das im heute sogenannten Asteroidengürtel entdeckt wurde, war Ceres im Jahr 1801. Wenig überraschend ist es der größte Körper dort; im Vergleich zu den Planeten ist Ceres jedoch ziemlich mickrig. Nur ein Jahr später wurde mit Pallas ein weiteres Objekt gefunden, das die Sonne in ähnlicher Distanz umläuft. Durch die damaligen Teleskope präsentierten sich diese Objekte als winzige Lichtpunkte, ähnlich den weit entfernten Sternen. Tatsächlich war die einzige Eigenschaft, die sie von Sternen unterschied, die hohe Geschwindigkeit, mit der sie sich über den Himmel bewegten. Wegen dieser scheinbaren Ähnlichkeit zu Sternen verwenden wir das Wort *Asteroid*, es stammt aus dem Griechischen und bedeutet „sternähnlich". Fünf Jahre nach der ersten Sichtung von Pallas waren zwei weitere der größten Gürtelobjekte gefunden worden. Mit der Fähigkeit, immer kleinere Objekte aufzuspüren, wuchs auch die Liste bekannter Asteroiden – heute sind über eine Dreiviertelmillion erfasst.

Trotz der schieren Anzahl von Asteroiden ist der Asteroidengürtel nicht so dicht bevölkert, wie es populärwissenschaftliche Darstellungen vorgaukeln. Der gesamte Gürtel besitzt nämlich nur vier Prozent der Masse unseres Mondes und diese Masse ist über ein sehr großes Gebiet verstreut. Die Wahrscheinlichkeit eines Zusammenstoßes zwischen einem Asteroiden und einem Raumschiff, das den Gürtel passiert, ist geringer als eins zu einer Milliarde.

Vermutlich enthielt der Asteroidengürtel in der Frühzeit des Sonnensystems rund 1000-mal soviel Material wie heute. Aufgrund der Nähe zum Riesenplaneten Jupiter konnten die Stein- und Metallfragmente nicht zusammenwachsen und eigenständige Welten wie die weiter innen liegenden Planeten formen. Der gigantische Schwerkrafteinfluss von Jupiter führte zu deutlich heftigeren Kollisionen innerhalb des Gürtels und verhinderte das Verschmelzen zu größeren Körpern häufig durch Zerbrechen. Bisweilen schleudert Jupiter auch Asteroiden aus dem Gürtel heraus, wodurch sich dessen Masse stetig verringert.

Es sei erwähnt, dass das Titius-Bode-Gesetz und seine Übereinstimmung mit einigen Planetenpositionen heute als reiner Zufall betrachtet wird. Der 1846 entdeckte Neptun passte nämlich absolut nicht mehr in diese Reihe.

ASTEROIDEN ZWISCHEN MARS UND JUPITER

Die meisten Asteroiden kreisen im Hauptgürtel und benötigen vier bis fünf Jahre für einen Sonnenumlauf. Darüber hinaus gibt es zwei Asteroidengruppen auf der Umlaufbahn von Jupiter – die eine läuft dem Planeten um 60 Grad voraus, die andere folgt ihm im gleichen Abstand. Man nennt sie Trojaner. Gelegentlich kann ein Asteroid durch Jupiters Schwerkraft von seinem Orbit im Hauptgürtel abgelenkt und zu einem erdnahen Asteroiden werden. Meist verbleiben solche Körper nur wenige Millionen Jahre in ihrer Umlaufbahn, bevor sie mit einem Planeten oder der Sonne kollidieren.

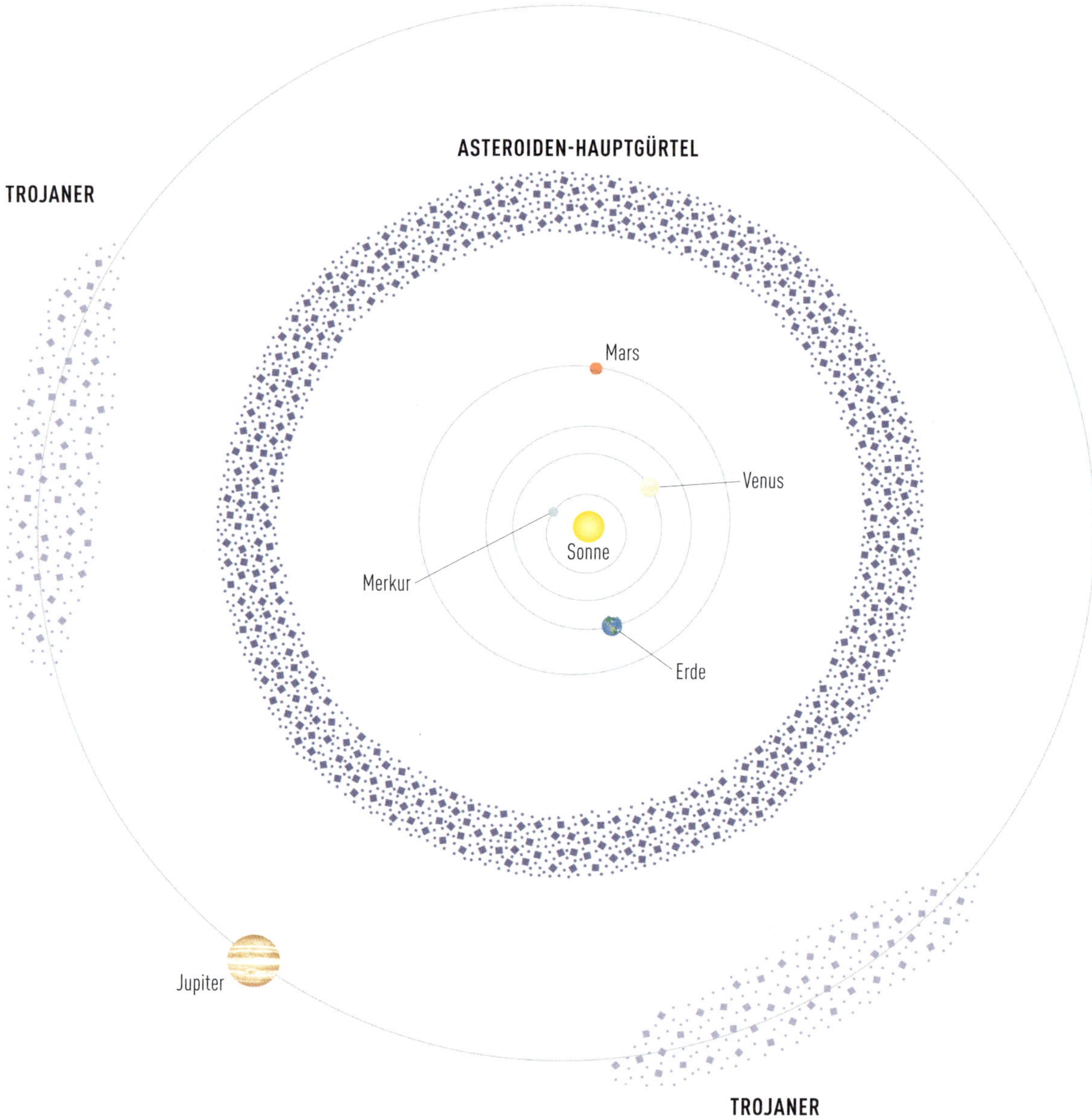

DIE GRÖSSTEN ASTEROIDEN

Die Schwerkraft von Ceres (dem größten Körper im Asteroidengürtel) ist groß genug, um sich selbst eine runde Form zu verleihen. Ceres ist daher als Zwergplanet klassifiziert. Asteroiden sind ab ungefähr 600 Kilometern Durchmesser rund, der Wert variiert abhängig von ihrer Zusammensetzung etwas.

ENTWICKLUNG VON ASTEROIDEN

Für astronomische Verhältnisse treten Kollisionen im Asteroidengürtel häufig auf und können verschiedene Szenarien zur Folge haben.

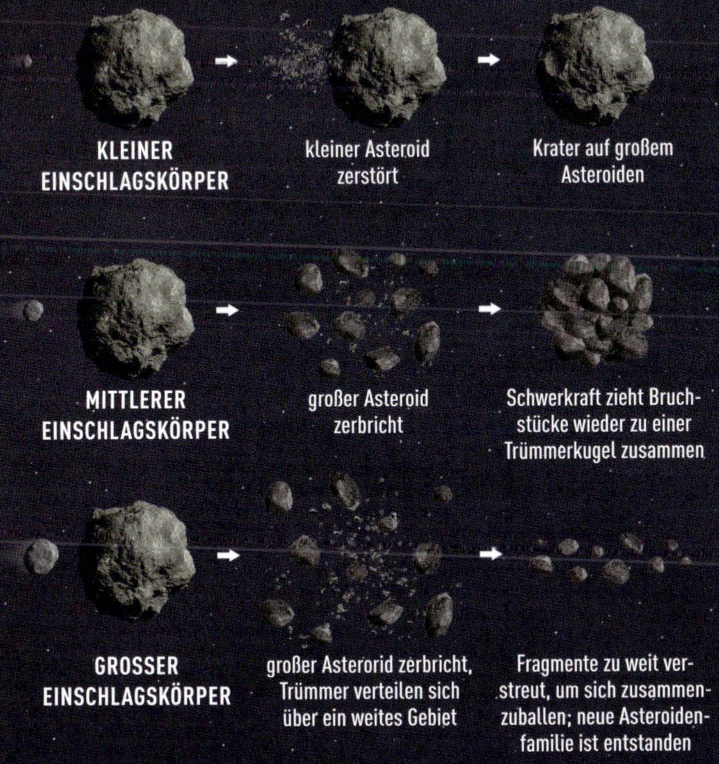

Erreicht ein Asteroid eine gewisse Größe, wird er durch radioaktive Elemente in seinem Inneren aufgeschmolzen. Schwere Elemente sinken zum Zentrum, während sich leichteres Material darüber ansiedelt und Mantel und Kruste bildet.

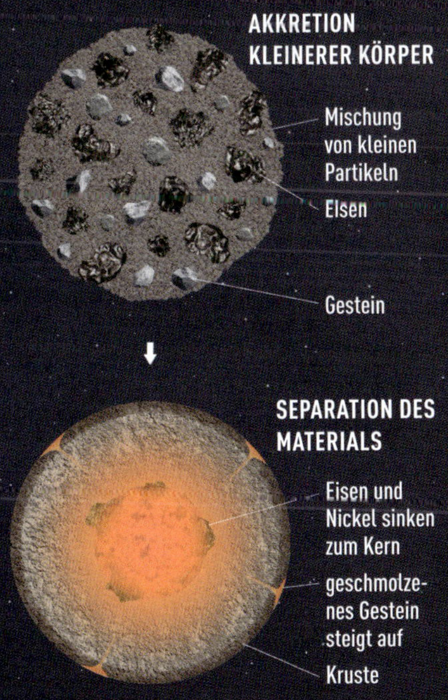

Jupiter

Wir lassen den Asteroidengürtel nun hinter uns und begeben uns in das äußere Sonnensystem zum mächtigen Jupiter. Seine Masse entspricht fast dem 2,5-Fachen der Masse aller anderen Planeten zusammen und er ist so groß, dass die Erde 1300-mal hineinpassen würde. Genau wie sein Namenspatron der Herrscher über die römischen Götter war, so ist Jupiter der König der Planeten.

In seinen hellsten Phasen ist Jupiter nach Mond und Venus das leuchtkräftigste Objekt am Nachthimmel, weshalb er den Menschen schon in vorgeschichtlicher Zeit bekannt war. Heute wissen wir, dass der Riesenplanet zahlreiche Monde hat; aktuell kennen wir 95, von denen 79 allerdings weniger als zehn Kilometer Durchmesser haben. Auf der anderen Seite gehören Jupiters größte Monde, die sogenannten Galileischen Monde, zu den größten im Sonnensystem; sie waren die ersten Objekte, bei denen man erkannte, dass sie einen anderen Körper als die Sonne umlaufen.

Bewegen wir uns von den Mondorbits Richtung Planet, so zeigt sich, dass Jupiter keine feste Oberfläche besitzt. Zunächst erreichen wir wirbelnde Wolkenbänder, die den gesamten Planeten umspannen. Die Wolkenschicht besteht hauptsächlich aus Wasserstoff und Helium, angereichert mit Spuren komplexerer Gase, und ist mit einer Dicke von 50 Kilometern relativ dünn. Darunter wird die dominierende Wasserstoffatmosphäre zunehmend dichter, bis sie schließlich eher flüssig als gasförmig ist. Offenbar existiert im Planeteninneren ein diffuser Kern aus Gestein und Wasserstoff. Temperatur und Druck sind in der Nähe dieser Region so hoch, dass Wasserstoffatome ihrer Elektronen beraubt werden und sich wie ein flüssiges Metall verhalten. Die elektrische Leitfähigkeit des metallischen Wasserstoffs und seine Bewegungen um den Kern erzeugen ein Magnetfeld, das 14-mal so stark wie das Erdmagnetfeld ist.

Ungeachtet der enormen Hitze in Kernnähe liegen die Temperaturen an der „Oberfläche" des Planeten unter -100 Grad Celsius. In dieser Entfernung von der Sonne empfangen Körper nur einen winzigen Bruchteil ihrer Strahlung. Jupiter

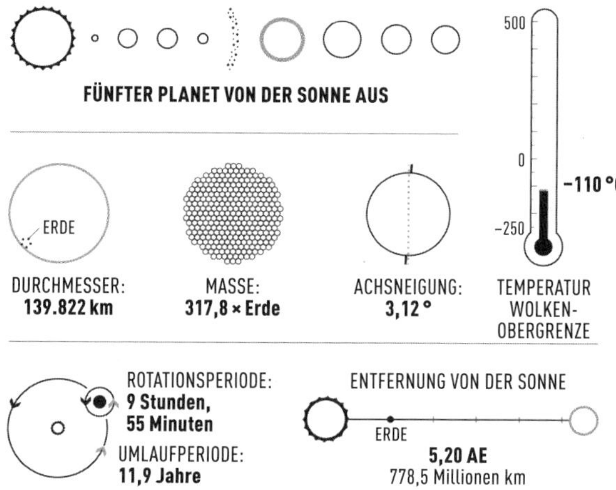

strahlt sogar 1,7-mal mehr Wärme ab, als er von der Sonne erhält, was zu einem allmählichen Auskühlen des Planeten führt. Dieser Prozess verursacht ein langsames Planetenschrumpfen um rund zwei Zentimeter pro Jahr.

Ein weiterer Rekord ist die Rotationsgeschwindigkeit von nur neun Stunden und 55 Minuten; Jupiter hat damit den kürzesten Tag im Sonnensystem. Die hohe Geschwindigkeit erzeugt durch die nach außen wirkende Fliehkraft eine deutliche Wölbung um den Planetenäquator. Da die Rotationsachse des Planeten nahezu senkrecht auf der Ebene seiner Umlaufbahn steht, gibt es keine merklichen Jahreszeiten.

Obwohl Jupiter ein sehr großer Planet ist, ist er immer noch weit von einem Stern entfernt; er müsste 80-mal so massereich sein, um zu einem Roten Zwerg zu werden, der kühlsten und schwächsten Art von Sternen. Erst dann sind Drücke und Temperaturen hoch genug, um im Inneren Kernfusionsreaktionen starten zu lassen.

53

DIE GALILEISCHEN MONDE

Im Jahr 1610 konnte Galileo Galilei nach Verbesserungen an seinem Teleskop als erster Mensch die Jupitermonde beobachten. Obwohl der Planet so viele Monde hat, wurden weitere erst ab 1892 entdeckt. Die Galileischen Monde zählen (abgesehen von Sonne und Planeten) zu den größten Objekten im Sonnensystem.

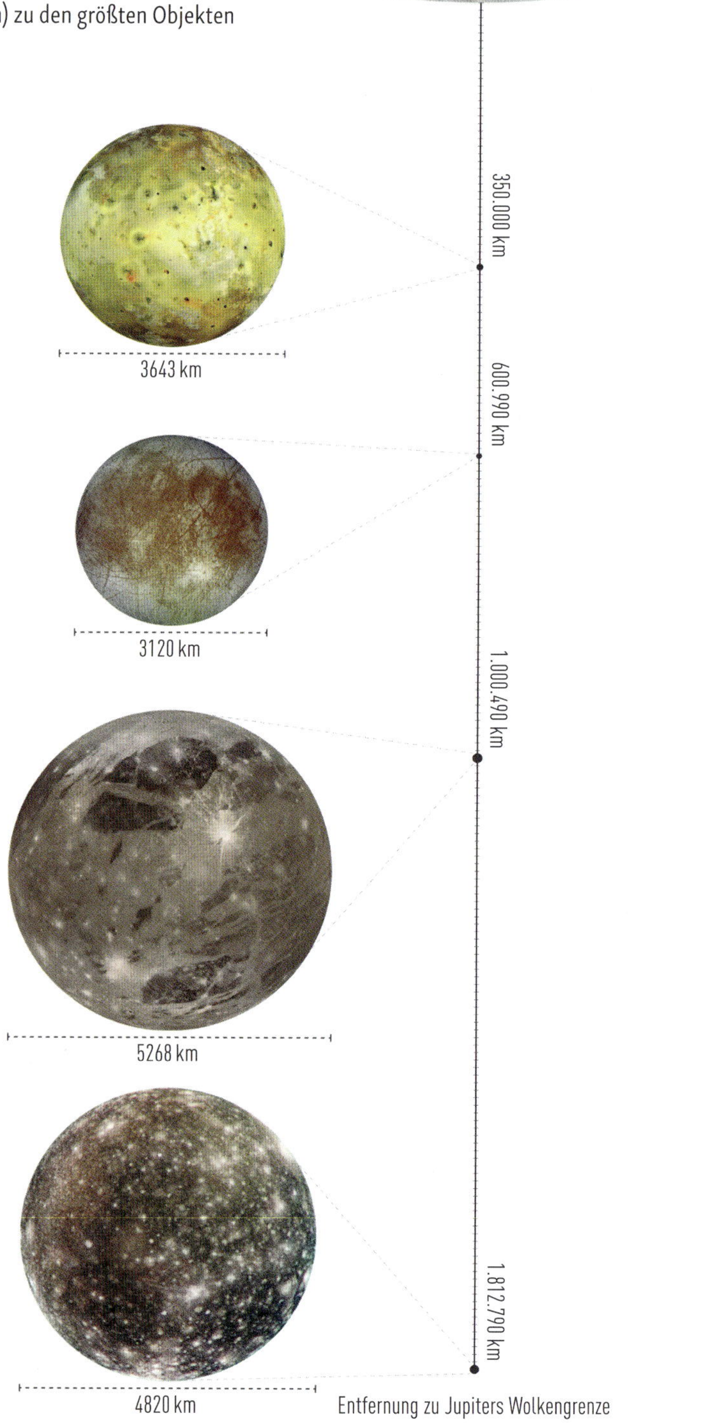

IO

Als innerster der Galileischen Monde wird Io von den Gezeitenkräften seines Mutterplaneten und der anderen großen Monde regelrecht durchgeknetet. Spannungen, Hitze und Drücke, die sich in seinem Inneren aufbauen, machen ihn zum geologisch aktivsten Körper im Sonnensystem: Io besitzt über 400 Vulkane.

EUROPA

Europa hat die glatteste Oberfläche aller großen Körper im Sonnensystem. Die Kruste besteht aus Eis (in den dunkleren Regionen ist der Mineraliengehalt höher) und man nimmt an, dass darunter – durch die innere Wärme des Mondes – ein Ozean aus flüssigem Wasser existiert.

GANYMED

Dieser Mond ist der größte im ganzen Sonnensystem, er ist sogar größer als der Planet Merkur. Als einziger bekannter Satellit besitzt er ein eigenes Magnetfeld, das vermutlich wie bei der Erde durch einen flüssigen Eisenkern erzeugt wird.

KALLISTO

Die Oberfläche von Kallisto zeigt keinerlei Hinweise auf Vulkanismus und ist damit eine der ältesten im Sonnensystem mit unzähligen Kratern. Geologische Merkmale wie Berge oder Lavaebenen existieren nicht, nur Krater über Krater.

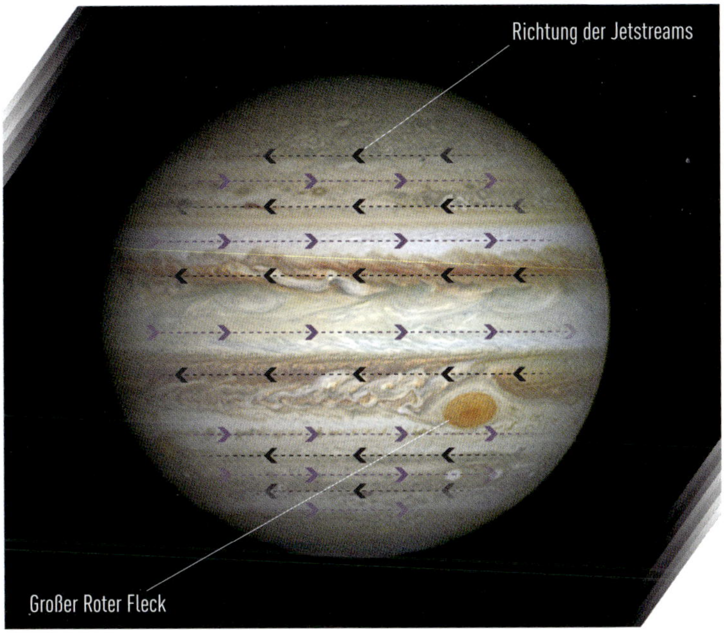

JETSTREAMS

Die turbulenten Wolken des Planeten haben Geschwindigkeiten bis zu 360 Kilometern pro Stunde. Die helleren Streifen werden Zonen genannt, die dunkleren Bereiche bezeichnet man als Bänder. Die helle Farbe wird durch Eiskristalle in aufsteigenden Wolken erzeugt.

DER GROSSE ROTE FLECK

Dieser dauerhafte Sturm auf Jupiters Oberfläche ist wie der Planet selbst gigantisch. Der Große Rote Fleck ist knapp doppelt so groß wie die Erde, seine Ausdehnung nimmt jedoch zurzeit um mehr als 900 Kilometer pro Jahr ab. Die Ursache für dieses Verhalten ist bis heute nicht bekannt.

DAS JUPITER-SONNE-SYSTEM

Jupiter ist so massereich, dass der Schwerpunkt von Sonne und Jupiter außerhalb der Sonne liegt, fast 50.000 Kilometer über ihrer Oberfläche.

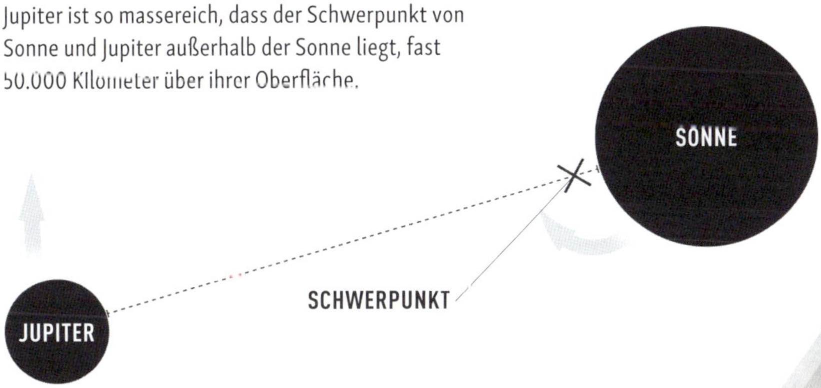

NAHAUFNAHME

Das Bild rechts wurde von der NASA-Sonde Juno am 29. Oktober 2018 während ihres 16. nahen Vorbeiflugs an Jupiter aufgenommen. Das Foto zeigt das nord-nord-gemäßigte Band (kurz: NNTB) hoch im Norden des Planeten. Aus einer Distanz von etwas mehr als 7000 Kilometern zeigen sich Myriaden wirbelnder Wolken im Detail.

Saturn

SECHSTER PLANET VON DER SONNE AUS

DURCHMESSER: 116.464 km

MASSE: 95,16 × Erde

ACHSNEIGUNG: 26,73 °

TEMPERATUR WOLKENOBERGRENZE: –160 °C

ROTATIONSPERIODE: 10 Stunden, 33 Minuten

UMLAUFPERIODE: 29 Jahre, 6 Monate

ENTFERNUNG VON DER SONNE: 9,58 AE, 1,434 Milliarden km

Der zweite Gasriese, Saturn, ist das Juwel unseres Sonnensystems. Seine spektakulären Ringe unterscheiden ihn gänzlich von den anderen Planeten und er scheint förmlich durch den Raum zu schweben. Doch diese erhabene Leichtigkeit beschränkt sich nicht allein auf seine Erscheinung: Obwohl die Erde 764-mal in ihn hineinpassen würde, beträgt seine Masse nur das 95-Fache unseres Heimatplaneten.

Saturn ist der fernste Planet, den wir seit alters her kennen. Er bewegt sich viel langsamer über den Himmel als die restlichen Planeten. Vermutlich wurde er deshalb Saturn genannt, denn für die Römer war dieser Gott das Pendant zum griechischen Gott Chronos, dessen Name übersetzt Zeit bedeutet. Davon abgeleitet sind Begriffe wie „Chronologie" und „Chronometer".

Saturns berühmte Ringe wurden zum ersten Mal 1610 von Galileo Galilei beobachtet, der sie als „Henkel" beschrieb. Er vermutete, er habe einen Körper mit zwei Monden beobachtet, auf jeder Seite des Planeten einen, die ihn auf engen Bahnen umrunden. Mit den begrenzten Möglichkeiten seines einfachen Teleskops waren keine genaueren Aussagen möglich. Erst 1656 gelang es dem niederländischen Astronomen Christiaan Huygens mit besserer Ausrüstung, die Strukturen als Ring um den Planeten zu identifizieren. Nach weiteren 20 Jahren führten erneute Teleskopverbesserungen zu der Entdeckung, dass der Saturnring kein einheitliches Gebilde ist, sondern aus mehreren Ringen besteht. Ursprünglich dachte man, die Ringe seien feste, starre Materiebänder, Giovanni Domenico Cassini vermutete allerdings als Erster, dass sie aus kleinen Partikeln bestehen. Bis heute ist nicht klar, wie die Saturnringe entstanden sind, es gibt allerdings zwei führende Theorien: Die erste wurde ursprünglich von Édouard Roche im 19. Jahrhundert vorgeschlagen. Demnach sind die Ringe Überbleibsel eines zerstörten Saturnmondes, der dem Planeten zu nahe kam und durch Gezeitenkräfte zerrissen wurde. Nach der anderen Hypothese handelt es sich um Material, das von der Teilchen- und Staubwolke übriggeblieben ist, aus der sich der Planet gebildet hat. Innerhalb der Ringe kreist eine Handvoll kleiner Satelliten eng um den Planeten, die man als Hirtenmonde bezeichnet. Die Schwerkraft dieser kleinen Monde hält die Ringe zusammen – daher der Name. Diese Monde sind nur ein kleiner Teil von Saturns (derzeit bekannten) 146 Monden, von denen die meisten jenseits des sichtbaren Ringsystems kreisen.

Saturns Zusammensetzung ähnelt der von Jupiter: Der Planet besteht hauptsächlich aus Wasserstoff mit etwas Helium sowie vermutlich einem festen, felsigen Kern im Zentrum. Auch der Saturnkern ist umgeben von metallischem Wasserstoff, allerdings weniger als bei Jupiter – das dadurch hervorgerufene Magnetfeld hat nur ein Zwanzigstel der Jupiterstärke. Obwohl Saturn im Wesentlichen aus dem gleichen Material wie Jupiter besteht, hat er eine viel geringere Dichte. Jupiters immense Schwerkraft komprimiert sein Material außerordentlich stark. Saturn hat weniger Masse und daher eine geringere Schwerkraft – das Material kann sich mehr ausdehnen. In Summe führt das dazu, dass er der Planet mit der geringsten Dichte im ganzen Sonnensystem ist.

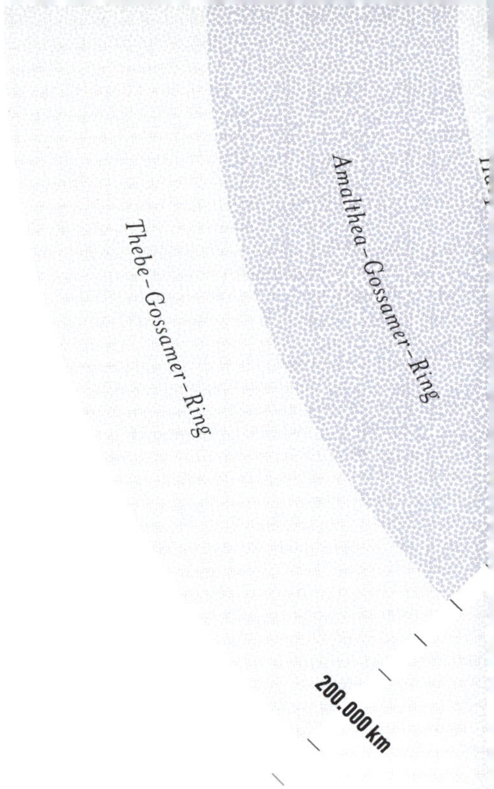

NICHT NUR SATURN

Saturn ist nicht der einzige Planet im Sonnensystem mit Ring – tatsächlich besitzen alle vier äußeren Gasriesen Ringsysteme. Saturns Ringe sind allerdings am auffälligsten und wurden daher schon im frühen 17. Jahrhundert beobachtet. Erst 1977 wurden die Uranusringe entdeckt, Ringsysteme um Jupiter und Neptun wurden 1979 beziehungsweise 1989 nachgewiesen.

Saturns Ringe sind sehr dünn – stellenweise messen sie nur rund zehn Meter, in den dicksten Bereichen bis zu einem Kilometer. Sie setzen sich aus Partikeln zusammen, deren Größe von winzigen Körnchen bis hin zu Objekten mit mehreren Metern Durchmesser reicht. Die Teilchen bestehen aus Wassereis mit Spuren von Gestein. Als die Ringbeobachtungen detailreicher wurden, zeigte sich, dass „der Ring" ungleichmäßig war: In bestimmten Bereichen klumpte er zusammen, während er anderswo Lücken aufwies. So ließen sich verschiedene Einzelringe identifizieren, A- und B-Ring sind am dicksten und auffälligsten, die anderen Teilringe sind schwieriger zu erkennen.

RÄTSELHAFTER NORDPOL

1981 wurde im Rahmen der Voyager-Missionen an Saturns Nordpol ein Sechseckmuster in der Atmosphäre entdeckt. Jede Sechseckseite ist rund 15.000 Kilometer lang – länger als der Durchmesser der Erde. Es gibt Theorien dazu, warum sich dieses Wettermuster so verhält, und eine entsprechende Flüssigkeitsströmung konnte unter Laborbedingungen mit Erfolg reproduziert werden. Seltsam und bisher nicht vollständig verstanden ist, dass das Sechseck seine Farbe wechselt. Zwischen 2012 und 2016 beobachtete die Cassini-Raumsonde, wie die Farbe von Blaugrün zu einem eher goldfarbenen Ton changierte.

Foto aufgenommen von der Cassini-Raumsonde am 25. April 2016

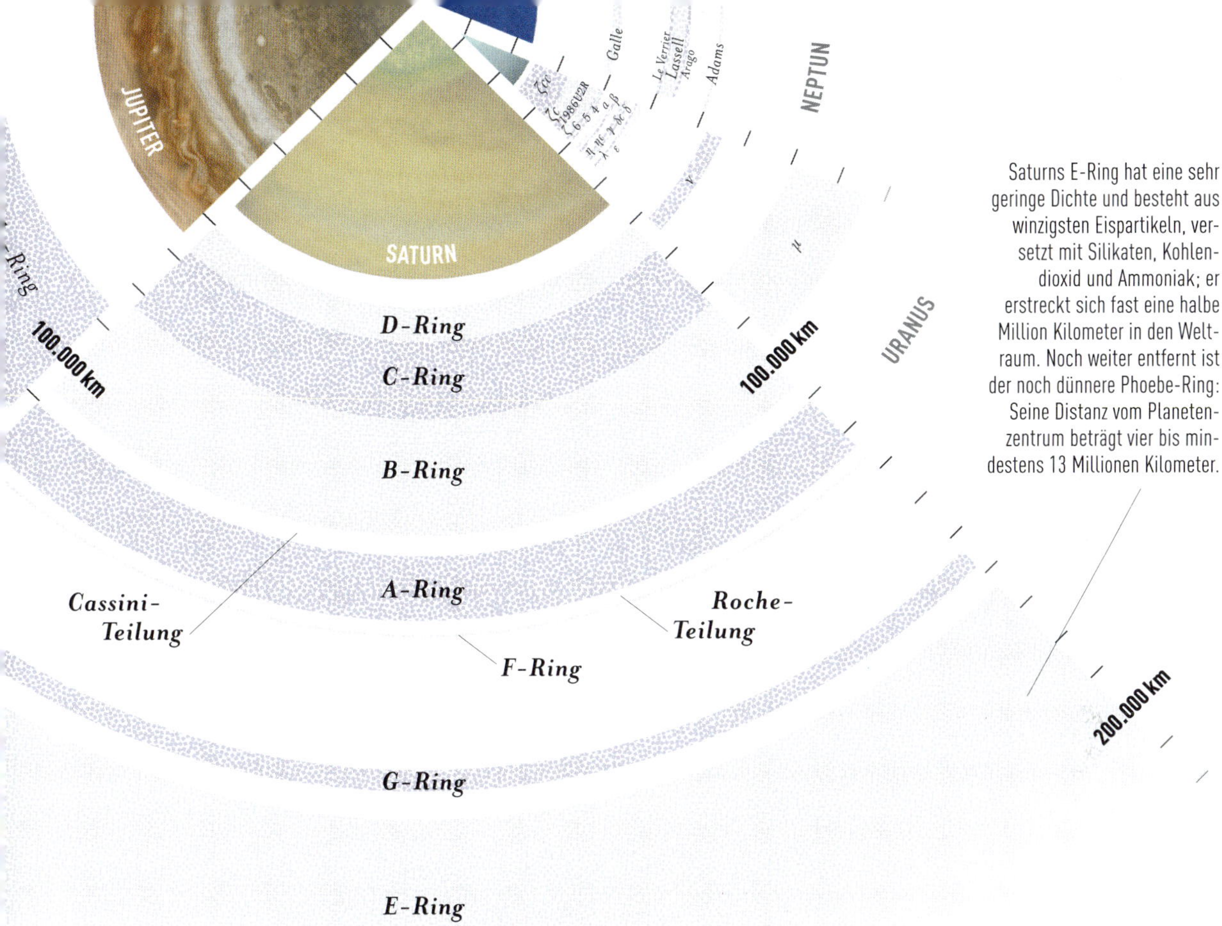

Saturns E-Ring hat eine sehr geringe Dichte und besteht aus winzigsten Eispartikeln, versetzt mit Silikaten, Kohlendioxid und Ammoniak; er erstreckt sich fast eine halbe Million Kilometer in den Weltraum. Noch weiter entfernt ist der noch dünnere Phoebe-Ring: Seine Distanz vom Planetenzentrum beträgt vier bis mindestens 13 Millionen Kilometer.

SATURN SCHWIMMT

Von allen Planeten hat Saturn die geringste Dichte, sie beträgt im Mittel 0,69 Gramm pro Kubikzentimeter. Damit ist er der einzige Planet, dessen Dichte kleiner ist als die von Wasser, die bei einem Gramm pro Kubikzentimeter liegt. Würde man Saturn in einen entsprechend riesigen Ozean setzen, würde er schwimmen.

Uranus

Wir dringen nun in immer dunklere und kältere Regionen des Sonnensystems vor und erreichen schließlich Uranus. Diese kühl-blaue, strukturlose Welt mag zunächst langweilig erscheinen, doch Uranus hat mehr zu bieten, als er auf den ersten Blick vermuten lässt. Seine größte Besonderheit, die ihn von allen anderen Planeten unterscheidet, ist seine seltsame Rotation. Während sich die anderen Hauptkörper des Sonnensystems auf ihrem Weg um die Sonne wie Kreisel drehen, liegt die Uranusachse auf der Seite; der Planet *rollt* entlang seiner Umlaufbahn.

Obwohl Uranus unter idealen Bedingungen mit bloßem Auge erkennbar ist, wurde er erst 1781 vom englischen Universalgelehrten Sir William Herschel entdeckt – als erster Planet mit einem Teleskop. Nach langer Diskussion wurde beschlossen, ihn im Einklang mit den anderen Planeten nach einer mythologischen Gottheit zu benennen. Der gewählte Name, Uranus, ist abgeleitet vom griechischen Gott des Himmels, alle anderen Planeten sind nach römischen Gottheiten benannt. Durch die Entdeckung von Uranus hatte sich die Größe des damals bekannten Sonnensystems verdoppelt.

Aufgrund ihrer gigantischen Entfernungen wurden die entlegenen Welten Uranus und Neptun deutlich weniger genau untersucht als Planeten auf engeren Umlaufbahnen. Sie bekamen erst ein einziges Mal Besuch, als die Raumsonde Voyager 2 in den späten 1980er-Jahren an ihnen vorbeiflog. Während dieser Uranus-Passage wurde erstmalig seine Magnetosphäre vermessen, die für einige Überraschung sorgte: Das Magnetfeld entsteht nicht im Zentrum des Planeten und seine Achse stimmt auch nicht im Entferntesten mit der Rotationsachse des Planeten überein. Vielleicht sollte dies nicht verwundern bei einem Planeten, der durch die Gegend rollt.

Uranus besteht wie Jupiter und Saturn hauptsächlich aus Wasserstoff und Helium, allerdings sind ebenso Wasser, Ammoniak und Methan in gefrorener Form vorhanden. Spuren von Methan in den oberen Wolkenschichten sind es auch, die dem Planeten seine zarte Blaufärbung verleihen. Je tiefer man in das Planeteninnere vordringt, desto dichter und „matschiger“ werden die gekühlten Wolken aus Wasserstoff und Helium, bis wir den Planetenmantel erreichen, der aus den oben erwähnten Eismassen besteht. Ihr Vorhandensein hat zu dem Begriff Eisriese geführt, der für Planeten dieser Art verwendet wird, um sie von Gasriesen zu unterscheiden. Das „schiefe“ Uranusmagnetfeld wird vermutlich in relativ geringen Tiefen durch Wassermoleküle erzeugt, die in Wasserstoff- und Sauerstoffionen aufbrechen. Der resultierende See aus geladenen Teilchen ist wahrscheinlich die Quelle der Magnetosphäre. So ließe sich auch die ungleichmäßige Natur des Magnetfeldes erklären, das bei anderen Planeten näher am Kern erzeugt wird. Im tiefsten Inneren von Uranus findet sich ein kleiner Gesteinskern, der weniger Masse als die Erde hat.

Obwohl er nicht der fernste Planet ist, ist Uranus der kälteste Planet; allerdings weiß man nicht, warum seine innere Wärme so gering ist im Vergleich zu den anderen Planeten. Er erhält nur 0,25 Prozent der Sonnenwärme, die die Erde empfängt, was in etwa der Menge entspricht, die er wieder in den Raum abstrahlt, sodass sich der Planet aktuell weder abkühlt noch aufheizt. Eine Theorie dazu besagt, dass er in seiner Entstehungszeit mit einem anderen planetengroßen Objekt kollidiert sein könnte, was auch seine schiefe Rotationsachse erklären würde. Darüber hinaus könnte dieser riesige Impaktor einen Großteil des wärmespeichernden Materials des jungen Planeten ausgeworfen haben, worin der Grund für seine eisige Kälte liegen könnte.

SIEBTER PLANET VON DER SONNE AUS

DURCHMESSER: **50.724 km**

MASSE: **14,54 × Erde**

ACHSNEIGUNG: **82,23 °**

TEMPERATUR WOLKENOBERGRENZE: **−225 °C**

ROTATIONSPERIODE: **17 Stunden, 14 Minuten**

UMLAUFPERIODE: **84 Jahre, 0 Monate**

ENTFERNUNG VON DER SONNE: **19,2 AE** 2,871 Milliarden km

Die Planeten- und Mondgrößen sind maßstabsgetreu, ihre Abstände nicht.

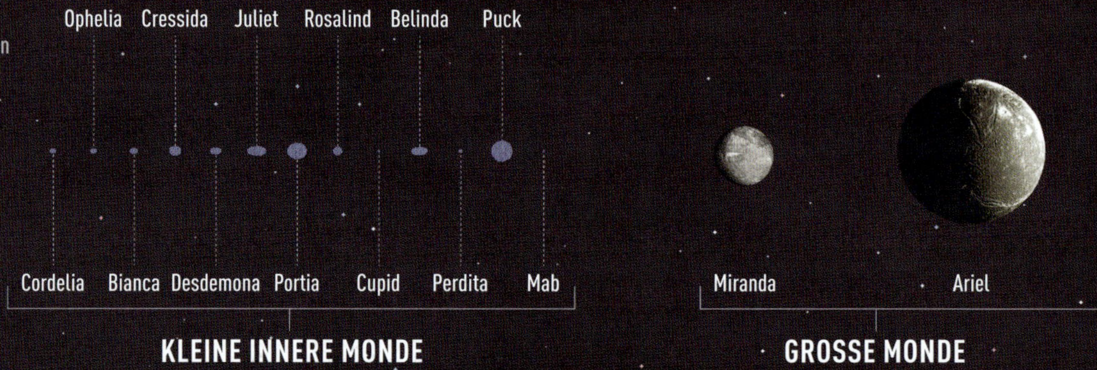

MONDE

Schon die ersten Sichtungen der Uranusmonde zeigten, dass sie den Planeten von oben nach unten umkreisen und nicht von einer Seite zur anderen – ein früher Hinweis darauf, dass die Rotationsachse des Planeten stark geneigt ist. Bis heute sind 28 Uranusmonde bekannt. Verglichen mit den anderen großen Planeten hat Uranus – gemessen an ihrer Gesamtmasse – die wenigsten natürlichen Satelliten. Sie bestehen zu gleichen Teilen aus Gestein und Eis und umlaufen den Planeten in drei Gruppen. Die erste, uranusnahe Gruppe besteht aus 13 kleinen Monden, die den Planeten in weniger als einem Tag umrunden.

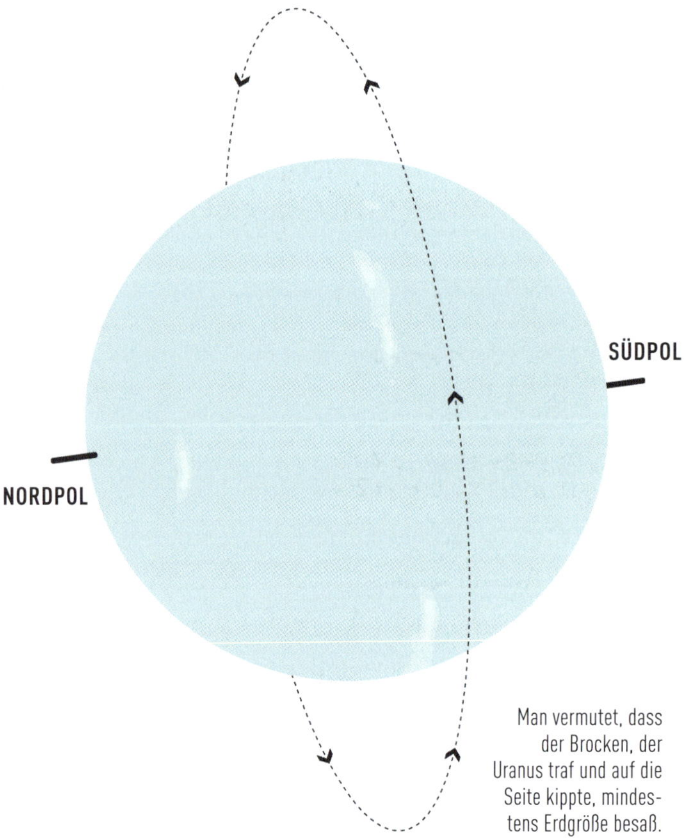

ROTATIONSACHSE

Die Achse, um die sich Uranus dreht, liegt nahezu senkrecht zu denen der meisten anderen Planeten. Nord- und Südpol finden sich also dort, wo bei einem „normalen" Planeten der Äquator entlangliefe. Durch die ungewöhnliche Neigung sind die Tage an den Polen fast endlos: 42 Jahre lang zeigen sie zur Sonne, um die nächsten 42 Jahre in Dunkelheit zu verbringen.

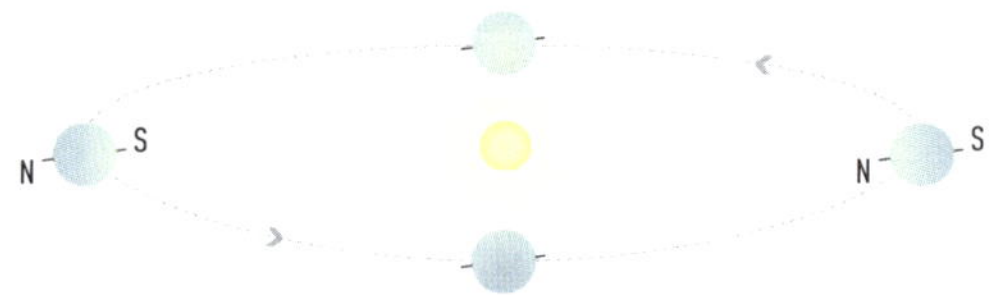

Man vermutet, dass der Brocken, der Uranus traf und auf die Seite kippte, mindestens Erdgröße besaß.

Die nächsten fünf Monde sind erheblich größer und rund – die einzigen Uranusmonde, die dafür genügend Masse besitzen. Dahinter liegt die letzte Gruppe mit zehn weiteren kleinen, unregelmäßig geformten Monden, deren Umlaufbahnen sich Millionen Kilometer in den Raum erstrecken.

Die meisten Uranusmonde sind nach Personen aus Werken von William Shakespeare und Alexander Pope benannt.

MAGNETFELD

In der Grafik unten wird deutlich, dass die Achse des Magnetfeldes nicht mit der Rotationsachse des Planeten übereinstimmt und dass sie auch nicht durch die Mitte des Planeten läuft.

Die Uranussichel, aufgenommen von der NASA-Sonde Voyager 2 auf dem Weg zu Neptun.

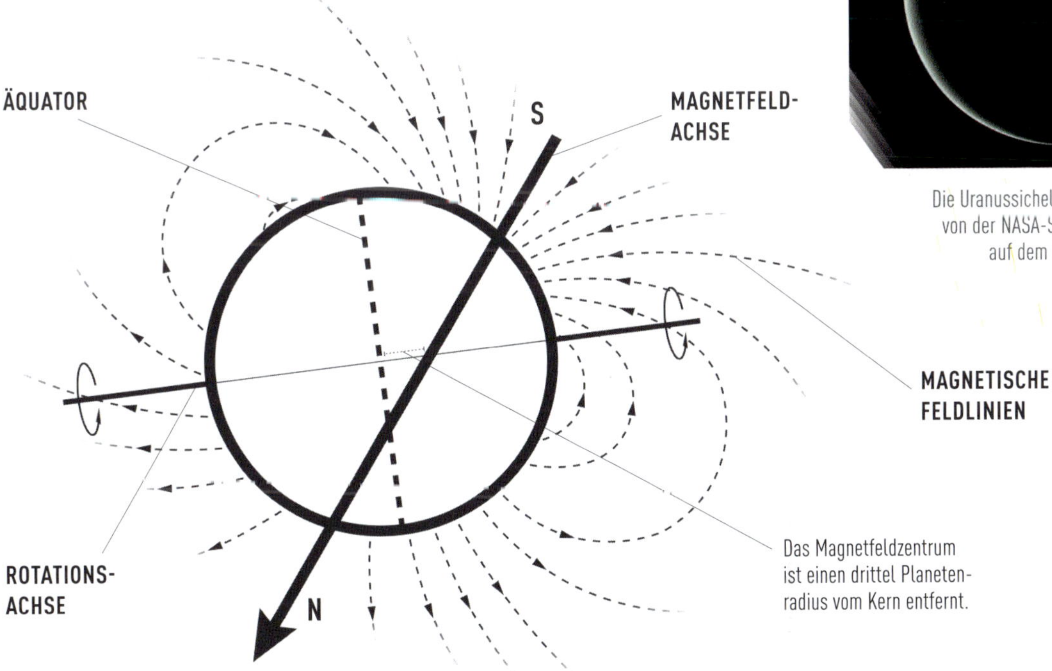

Neptun

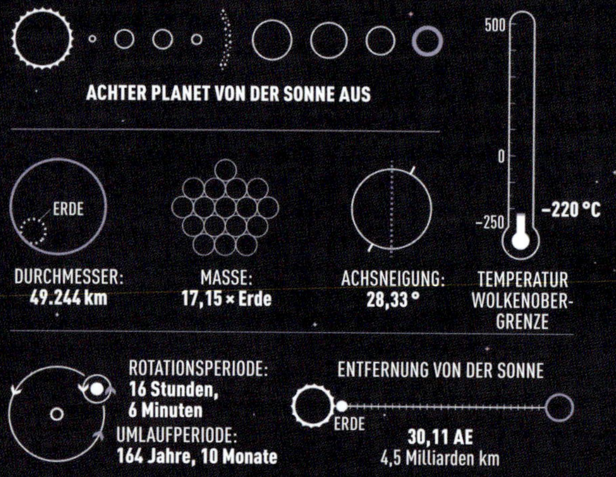
ACHTER PLANET VON DER SONNE AUS
500
0
−250
−220 °C
ERDE
DURCHMESSER:
49.244 km
MASSE:
17,15 × Erde
ACHSNEIGUNG:
28,33 °
TEMPERATUR
WOLKENOBER-
GRENZE
ROTATIONSPERIODE:
16 Stunden,
6 Minuten
UMLAUFPERIODE:
164 Jahre, 10 Monate
ENTFERNUNG VON DER SONNE
ERDE
30,11 AE
4,5 Milliarden km

Obwohl Neptun nicht unser finales Reiseziel ist, ist er der letzte Planet, den wir im Sonnensystem antreffen. Wie Uranus ist er ein Eisriese und teilt daher viele seiner Eigenschaften: Beide bestehen aus ähnlichem Material, haben fast die gleiche Größe und tummeln sich in der Dunkelheit des äußeren Sonnensystems. Man könnte meinen, dass es auf dem sonnenfernsten Planeten besonders ruhig zugeht. Die Voyager-2-Sonde hat aber gezeigt, dass Neptun erstaunlich stürmisch ist.

Der ferne Neptun ist der einzige Planet im Sonnensystem, der durch Berechnungen gefunden wurde. Einige Zeit nach der Entdeckung von Uranus stellten Astronomen fest, dass dieser von seiner vorhergesagten Umlaufbahn abwich. Offenbar wurde er von einem anderen Körper beeinflusst, der so massereich war wie ein Planet. Viele Forscher begannen daraufhin, den unsichtbaren Himmelskörper zu suchen.

Schließlich gelang es dem französischen Astronomen Urbain Le Verrier im Jahr 1846, die Position des mysteriösen Planeten zu berechnen. Überzeugt von seiner Arbeit und mit dem Ehrgeiz der Erstentdeckung sandte Le Verrier seine Ergebnisse schnell an die Berliner Sternwarte mit der Bitte um Bestätigung. Die Genauigkeit von Le Verriers Vorhersagen erlaubte es den Astronomen dort, den Planeten noch am selben Tag ausfindig zu machen. Die astronomische Gemeinschaft entschied allerdings, den Planeten nicht nach Le Verrier zu benennen, wie es sein Wunsch gewesen war, sondern nannte ihn Neptun, nach dem römischen Gott des Meeres.

Bis zum Ende des 20. Jahrhunderts war über Neptun wenig bekannt. Dies änderte sich erst mit dem Vorbeiflug von Voyager 2 und den modernen Möglichkeiten der Beobachtungstechnik. Heute weiß man, dass auf Neptun die heftigsten Stürme im ganzen Sonnensystem toben. Die Geschwindigkeiten sind in Äquatornähe am größten und gelegentlich erscheinen riesige Sturmstrukturen auf seiner Oberfläche, die mit der Zeit wieder verschwinden. Neptun ist so weit von der Sonne entfernt, dass er nur rund ein Tausendstel der Wärme erhält, die uns auf der Erde erreicht. Das ist nicht ausreichend, um Wettersysteme anzutreiben. Die Neptunstürme werden vielmehr durch die innere Wärme des Planeten erzeugt, die viel größer ist als die von Uranus.

Neptun ist der kleinere der beiden Eisriesen, obwohl er mehr Masse besitzt. Das mag seltsam erscheinen, da doch beide aus den gleichen Stoffen bestehen. Die stärkere Gravitation auf Neptun komprimiert jedoch das Gas in seiner Atmosphäre mehr, was die Planetengröße reduziert. Beide Planeten besitzen Magnetfelder, deren Achsen nicht mit den Rotationsachsen übereinstimmen – möglicherweise ist dies bei allen Eisriesen so.

Neptun ist inzwischen seit über 175 Jahren bekannt, deutlich länger als eine menschliche Lebensspanne. Über 30-mal so weit von der Sonne entfernt wie die Erde, benötigt der Planet allerdings fast 165 Jahre für einen Umlauf. In all der Zeit, die wir Neptun nun kennen, hatte er also bisher nur einmal Geburtstag.

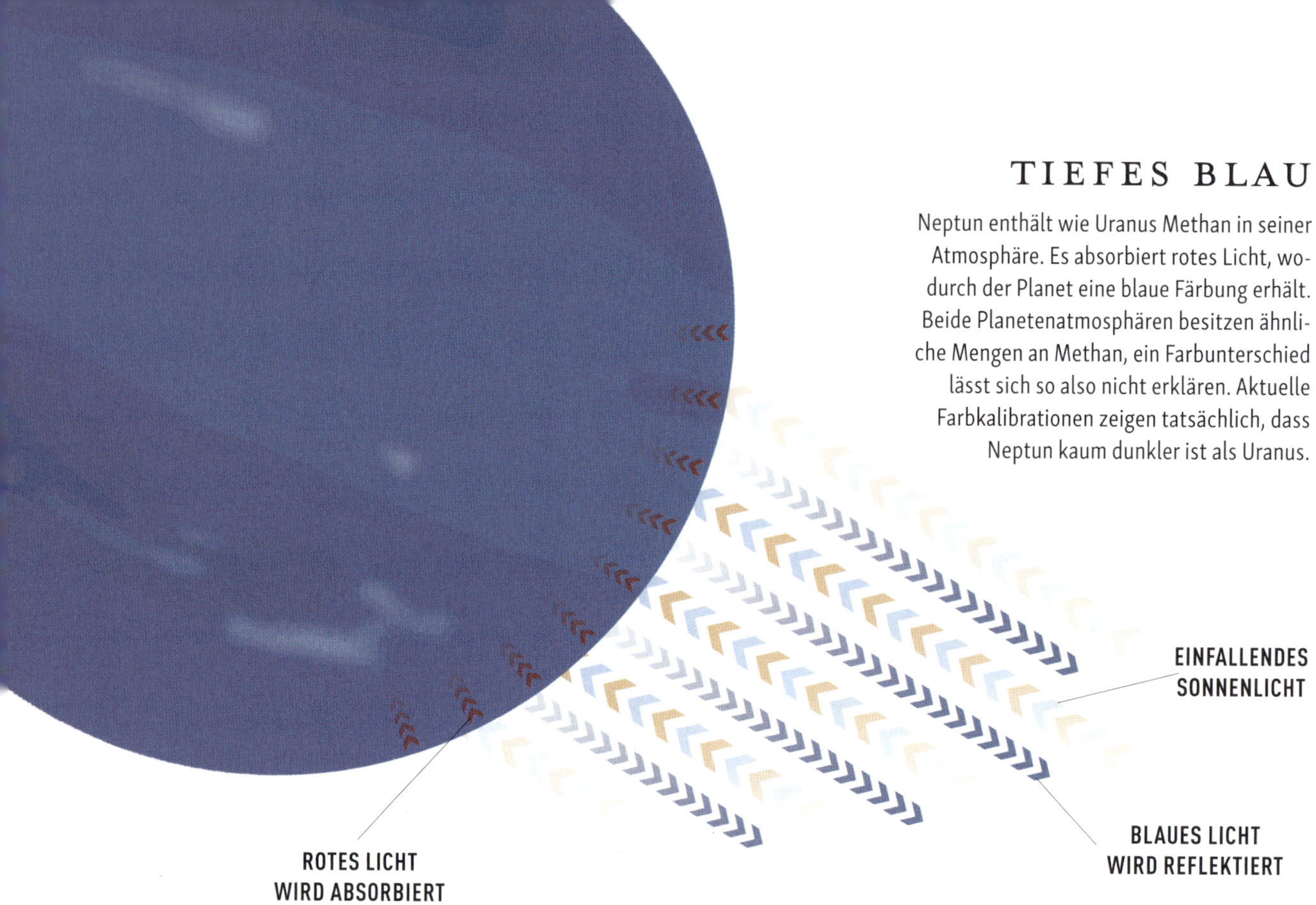

TIEFES BLAU

Neptun enthält wie Uranus Methan in seiner Atmosphäre. Es absorbiert rotes Licht, wodurch der Planet eine blaue Färbung erhält. Beide Planetenatmosphären besitzen ähnliche Mengen an Methan, ein Farbunterschied lässt sich so also nicht erklären. Aktuelle Farbkalibrationen zeigen tatsächlich, dass Neptun kaum dunkler ist als Uranus.

Diese Aufnahme der NASA-Sonde Voyager 2 zeigt Wolkenbänder in großer Höhe, die Schatten auf die darunterliegende Wolkendecke werfen.

INNERE WÄRME

Neptun strahlt rund 2,6-mal mehr Energie ab, als er von der Sonne erhält, sodass er trotz seiner erheblich größeren Entfernung geringfügig wärmer als Uranus ist.

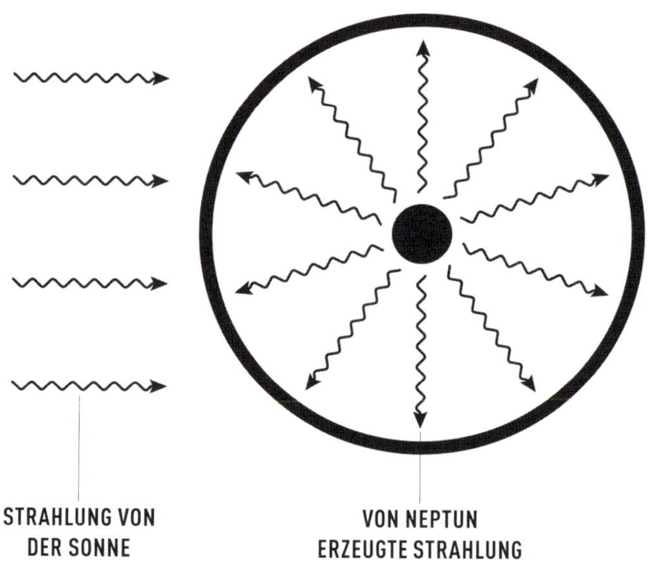

STÜRME

Als Voyager 2 im Jahr 1989 Neptun passierte, übermittelte die Sonde Bilder eines gigantischen Sturms, 13.000 mal 6600 Kilometer groß, ähnlich wie Jupiters Großer Roter Fleck. Fünf Jahre später sollte das Hubble-Weltraumteleskop den Sturm ablichten, er war jedoch nicht mehr zu finden. Was als Neptuns Großer Dunkler Fleck bekannt geworden war, existierte nicht mehr – anders als die Stürme auf Jupiter, die zum Teil Hunderte von Jahren bestehen.

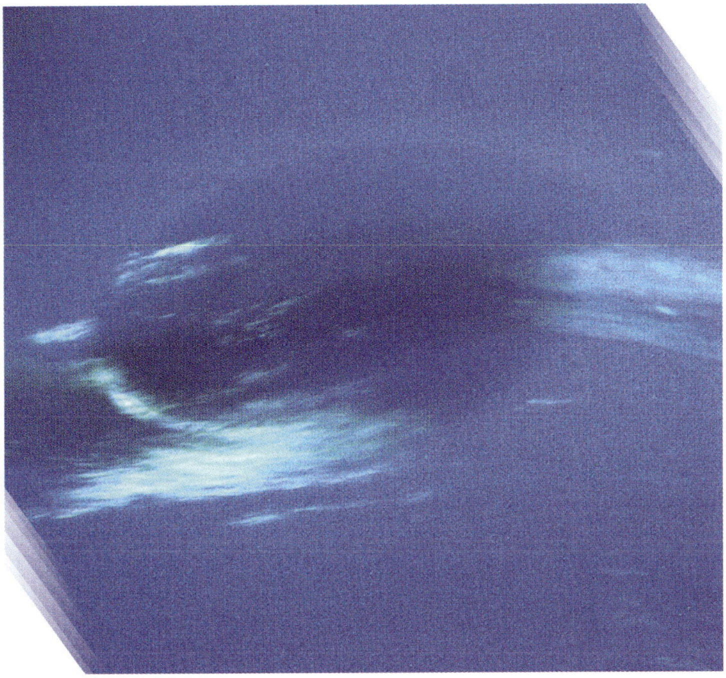

WINDE

Neptun ist der windigste Planet im Sonnensystem – die starksten Sturme erreichen hier Überschallgeschwindigkeit. Die meisten Winde blasen entgegengensetzt zur Rotationsrichtung des Planeten, was sich an der Bewegung der zarten weißen Wolken aus gefrorenem Methan erkennen lässt.

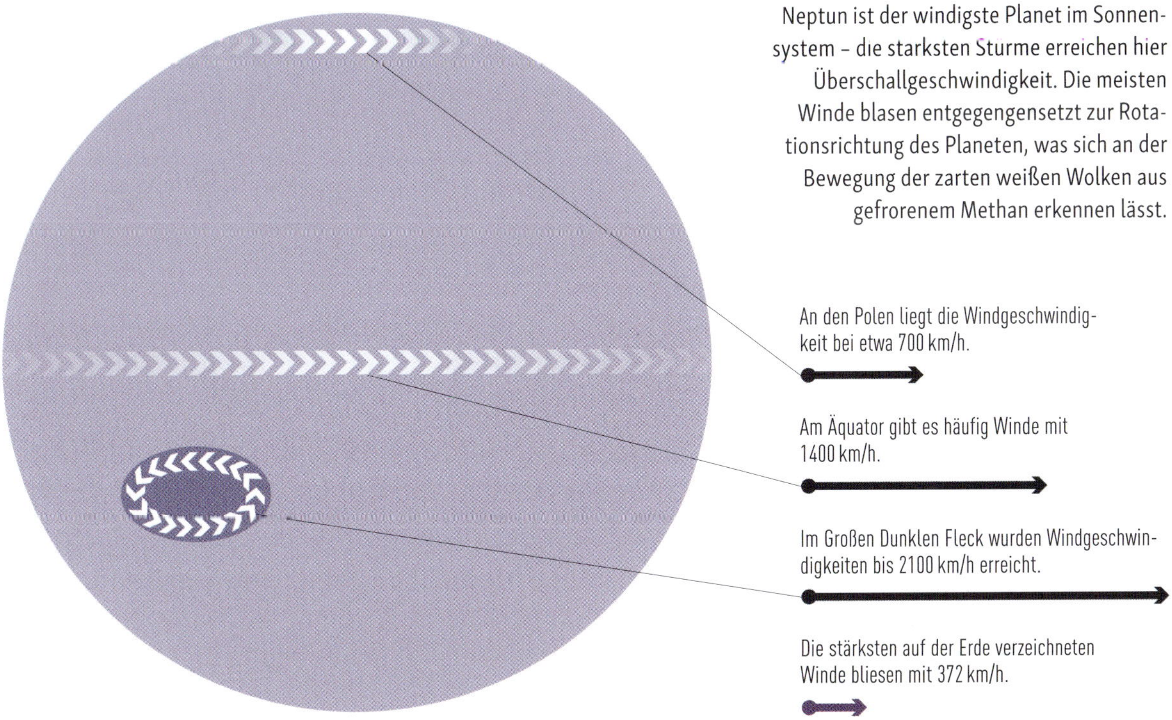

An den Polen liegt die Windgeschwindigkeit bei etwa 700 km/h.

Am Äquator gibt es häufig Winde mit 1400 km/h.

Im Großen Dunklen Fleck wurden Windgeschwindigkeiten bis 2100 km/h erreicht.

Die stärksten auf der Erde verzeichneten Winde bliesen mit 372 km/h.

Kuiper-Gürtel und Oortsche Wolke

Jenseits des letzten Planeten unseres Sonnensystems kreisen noch unzählige kleinere Körper auf entlegenen Bahnen um die Sonne. Die Billionen von Objekten in diesen entfernten Regionen sind Überbleibsel aus der Entstehungszeit des Sonnensystems. Man bezeichnet sie treffend als Trans-Neptun-Objekte (TNOs) und sie rangieren in Größenordnungen von kleineren eishaltigen Bruchstücken bis hin zu Zwergplaneten.

Der innerste Bereich der TNOs gehört zum Kuiper-Gürtel, der sich von Neptuns Umlaufbahn bei 30 Astronomischen Einheiten bis zu einer Entfernung von 7,5 Milliarden Kilometern (50 Astronomische Einheiten) von der Sonne erstreckt. Im Jahr 1930 wurde dort als erstes TNO die kleine, felsige Eiswelt von Pluto entdeckt und zunächst als neunter Planet eingestuft. In den 1990er-Jahren wurde diese Zuordnung jedoch infrage gestellt, als man weitere vergleichbare Körper in ähnlichen Distanzen von der Sonne fand. Da Pluto eindeutig nicht der einzige Einflussfaktor in dieser Umgebung ist, fühlte sich die astronomische Gemeinschaft genötigt, den Status eines Planeten neu zu definieren. Im Zuge dessen wurde Pluto in die neue Kategorie der Zwergplaneten eingestuft. Sie sind groß genug, um unter ihrer eigenen Schwerkraft eine nahezu runde Form anzunehmen, sie sind keine Monde anderer Planeten – jedoch haben sie es nicht geschafft, ihre Umlaufbahnen von anderen Körpern zu „säubern" und gelten daher nicht als Planeten. Aktuell gibt es vier offiziell anerkannte Zwergplaneten im Kuiper-Gürtel, sehr wahrscheinlich können bald weitere bestätigt werden. Abgesehen von diesen größeren Körpern wird jene Gegend hauptsächlich von kleineren Brocken bevölkert. Anders als im Asteroidengürtel, der im Wesentlichen gesteins- und metallhaltige Körper enthält, besteht die Materie im Kuiper-Gürtel hauptsächlich aus Eis, beispielsweise von Methan, Ammoniak und Wasser.

Die TNOs im Kuiper-Gürtel laufen im Allgemeinen auf stabilen, kreisähnlichen Bahnen. Es gibt allerdings eine Gruppe von Körpern in dieser Umgebung, deren Bahnen nicht dazu passen. Man bezeichnet sie als Scattered Disk Objects (SDOs), sie umrunden die Sonne typischerweise auf deutlich geneigten, stark elliptischen und langgezogenen Bahnen, die sie in mehr als doppelt so große Entfernungen von der Sonne führen können wie die Kuiper-Gürtel-Objekte. Vermutlich entstanden die SDOs einst näher an der Sonne, wurden aber durch die Gravitation der äußeren Planeten nach außen geschleudert. Das größte bekannte Scattered Disk Object heißt Eris und es ist ähnlich groß wie Pluto. Eris ist der erste katalogisierte Zwergplanet in der Scattered Disk. Gelegentlich führen ihre elliptischen Bahnen SDOs so nahe an Neptun heran, dass sie von seiner Schwerkraft merklich beeinflusst werden. Wenn sie in Richtung Sonne abgelenkt werden, können sie zu Kometen werden.

Obwohl das Sonnensystem schon bis hierher unbestreitbar riesig ist, stellen die Ausmaße der Oortschen Wolke alles bisher Beschriebene noch einmal in den Schatten. In den äußeren Bereichen der Wolke – mehr als ein Lichtjahr von der Sonne entfernt – sind die eisigen Objekte nur noch lose durch die Schwerkraft der Sonne gebunden. Körper in dieser Region können daher durch die Gravitation naher Sterne oder den Zug der Milchstraße leicht aus ihren Bahnen geworfen werden. Obwohl wir die Oortsche Wolke nicht direkt beobachten können, liefern die Bahnkurven von Kometen, die das innere Sonnensystem passieren, ein starkes Indiz für ihre Existenz.

DURCHMESSER
KUIPER-GÜRTEL:
100 AE
14.960.000.000 km

DURCHMESSER
OORTSCHE WOLKE:
200.000 AE
3,16 Lichtjahre

KUIPER-GÜRTEL UND SCATTERED DISK

Objekte, die sich auf stabilen Bahnen innerhalb des Kuiper-Gürtels bewegen, zählen zum klassischen Gürtel – ihre Orbits sind nahezu kreisförmig. Körper, die zur Scattered Disk gehören, laufen auf viel elliptischeren Bahnen, die häufig stark geneigt sind.

POLSICHT

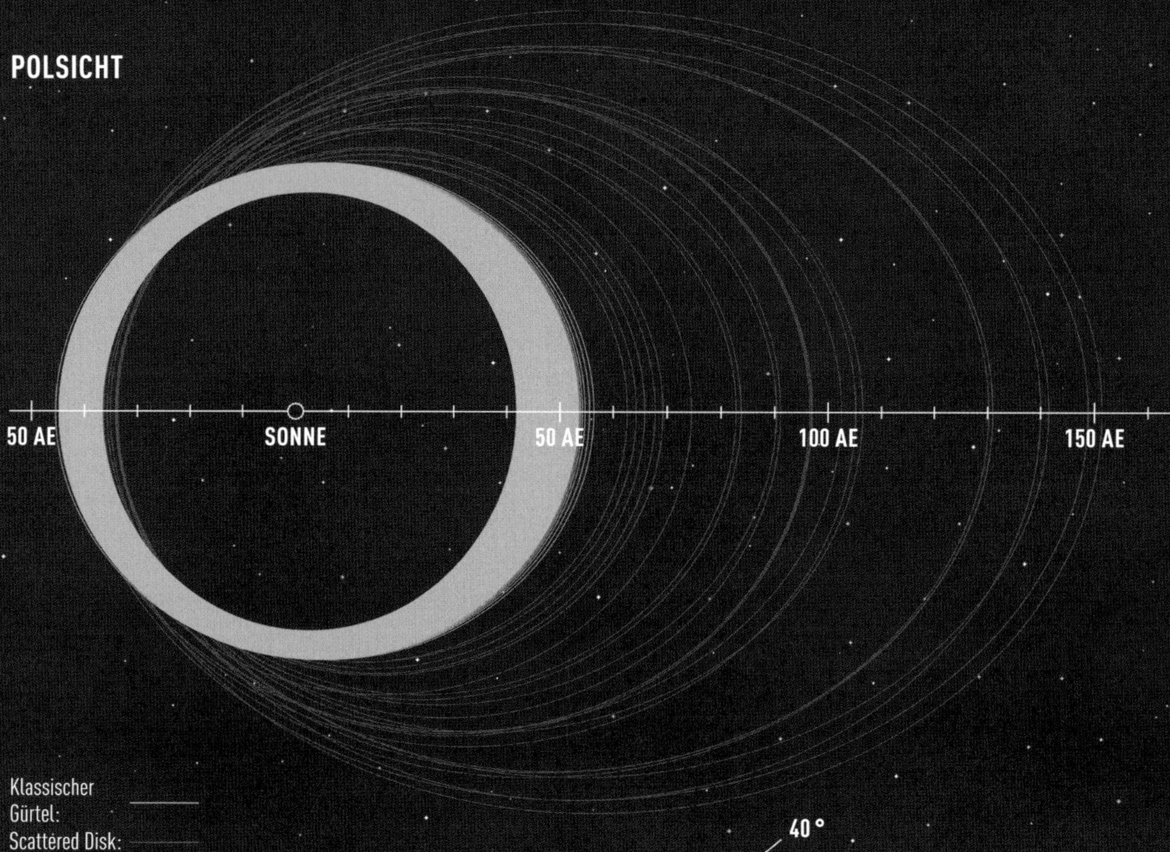

EKLIPTIKSICHT

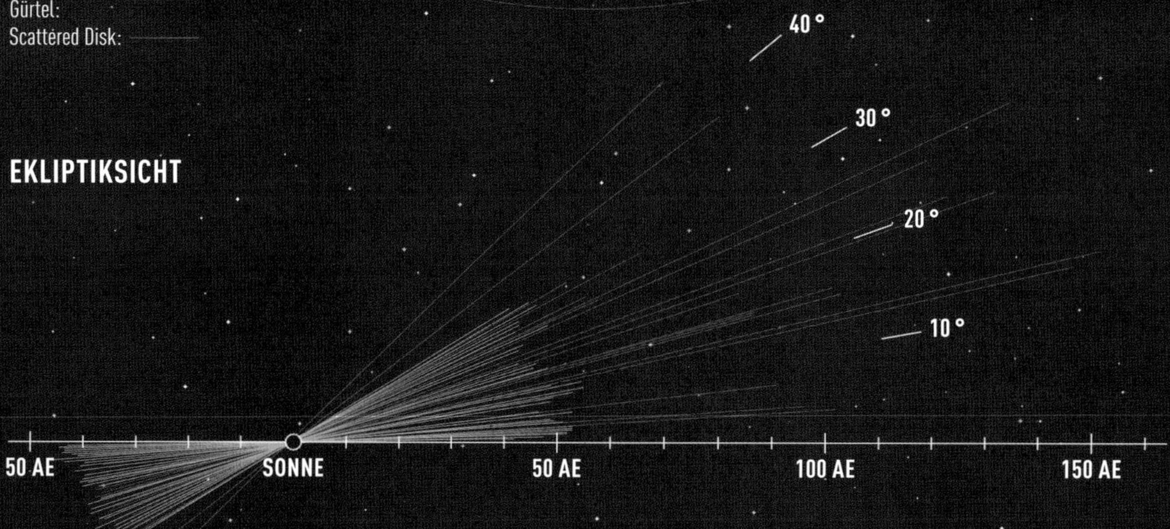

DIE GRÖSSTEN KÖRPER IM KLASSISCHEN GÜRTEL

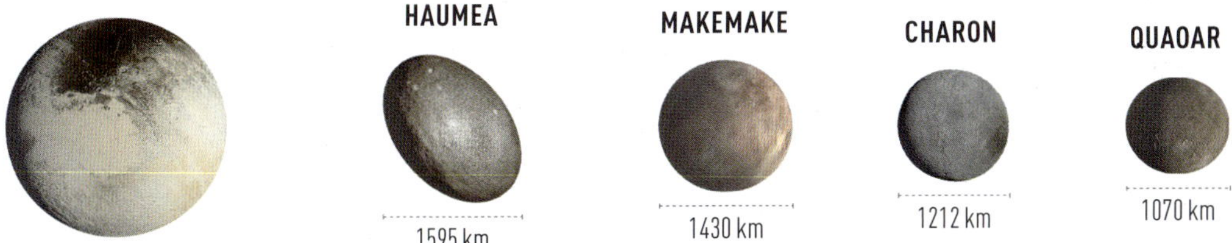

PLUTO

2377 km

ursprünglich neunter Planet, 2006 zurückgestuft zum Zwergplaneten, als der Planetenbegriff offiziell definiert wurde

HAUMEA

1595 km

rotiert in weniger als vier Stunden um sich selbst – die schnelle Drehung verursacht die längliche Form

MAKEMAKE

1430 km

CHARON

1212 km

Plutomond

QUAOAR

1070 km

ERDE (ZUM VERGLEICH)
Durchmesser: 12.742 km

DIE OORTSCHE WOLKE

Die äußere Grenze der Oortschen Wolke markiert den Rand unseres Sonnensystems, hinter dem die Sonne nicht länger das dominierende Schwerkraftzentrum ist. Die innere Oortsche Wolke hat die Form einer Scheibe, deren Ränder sich beim Zusammentreffen mit der kugelförmigen äußeren Oortschen Wolke aufweiten. Gravitative Störeinflüsse können die eisigen Körper aus der Oortschen Wolke in Richtung Sonne lenken und sie zu langperiodischen Kometen werden lassen, die unser Zentralgestirn in Zeitintervallen zwischen 200 und Tausenden von Jahren passieren.

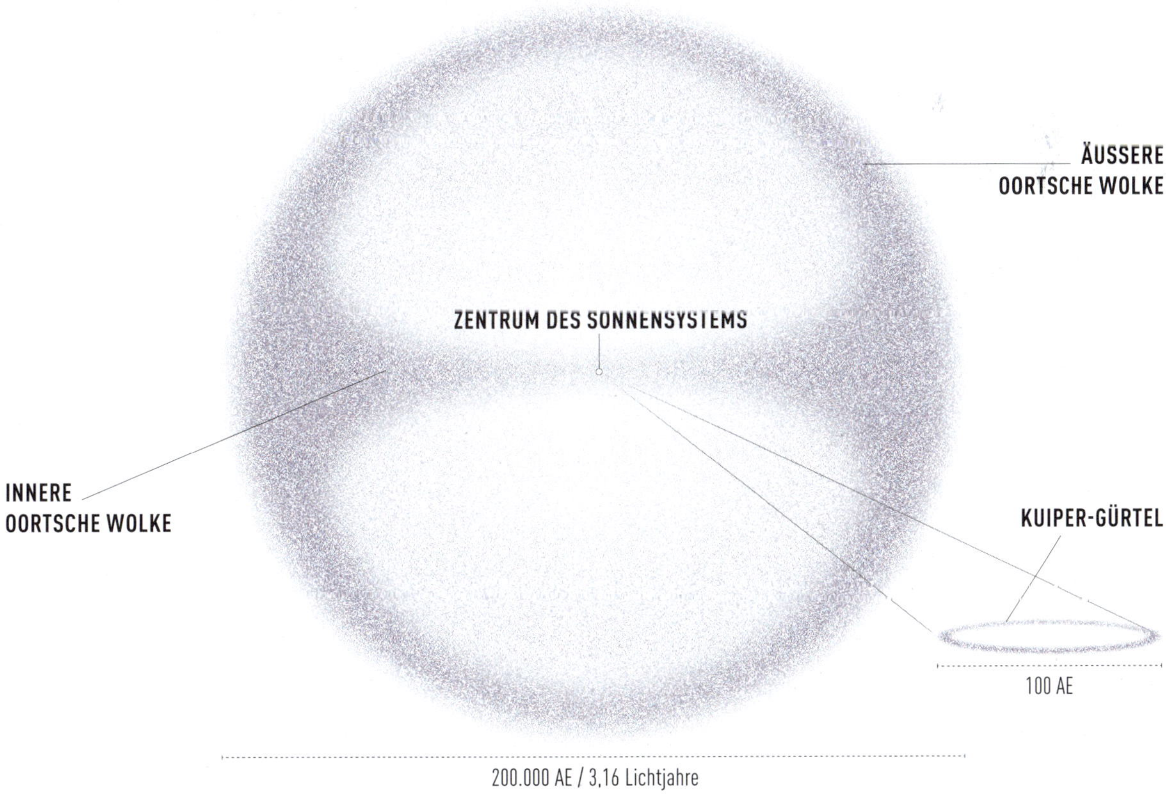

Interplanetare Missionen

Das erste menschengemachte Objekt, das je einen anderen Planeten erreichte, war die russische Raumsonde Venera 1. Sie absolvierte 1961 einen Vorbeiflug an unserer nächsten Nachbarin, der Venus. Im 20. Jahrhundert zeichneten vor allem russische und amerikanische Raumfahrtprogramme für interplanetare Missionen verantwortlich, seither sind auch zunehmend Organisationen anderer Nationen beteiligt.

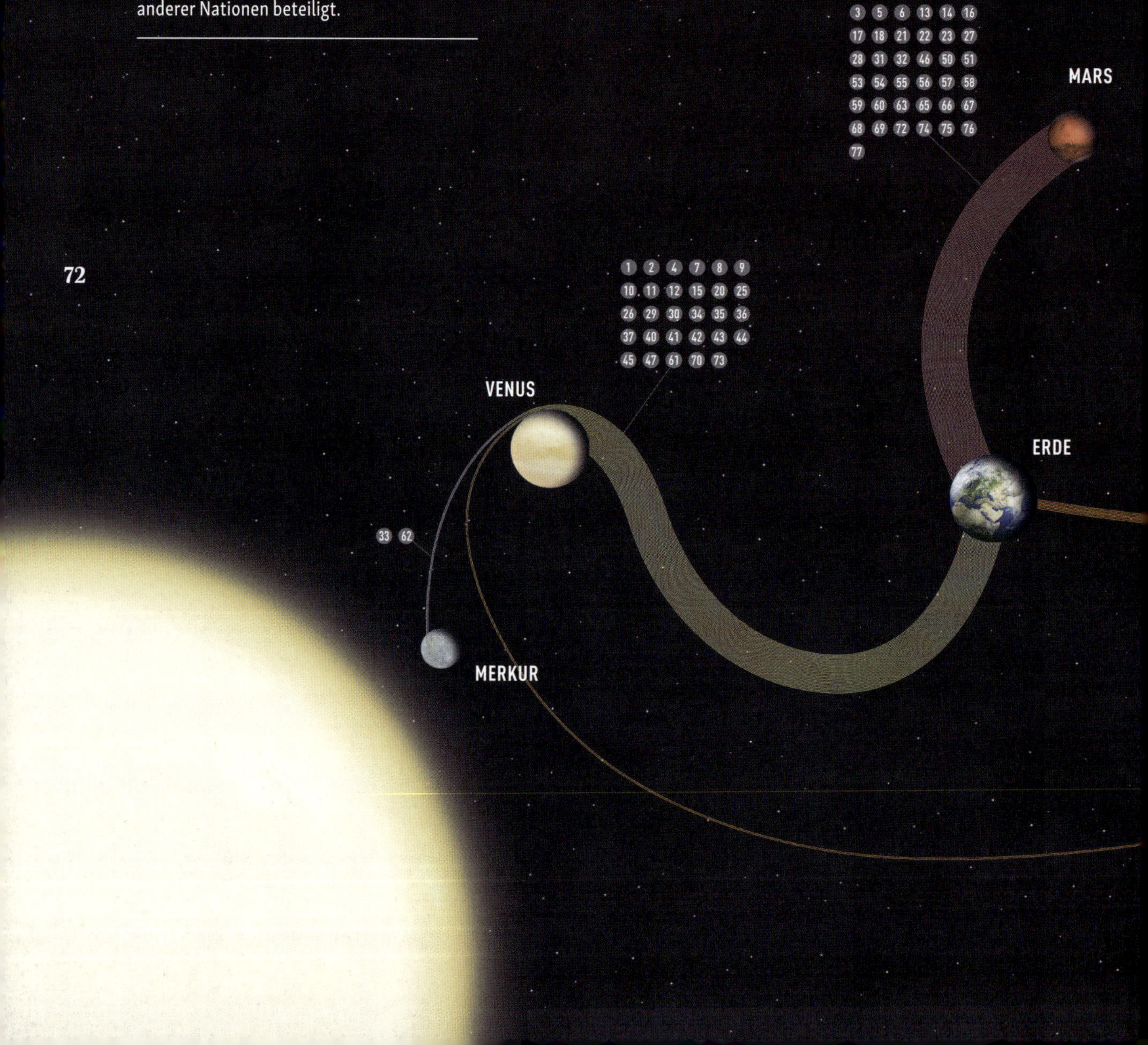

In dieser Grafik sind alle Planetenmissionen aufgeführt, die erfolgreich waren oder ihre Missionsziele zumindest teilweise erreicht haben. Außer den hier dargestellten Flügen gab es noch etliche weitere zu anderen Körpern des Sonnensystems wie Asteroiden, Kometen und Monden.

LISTE DER MISSIONEN AUF DER NÄCHSTEN SEITE

RAUMSONDE	DATUM	ZIEL	BEI ANKUNFT
1 VENERA 1	19.05.1961	VENUS	F
2 MARINER 2	14.12.1962	VENUS	F
3 MARS 1	19.06.1963	MARS	F
4 ZOND 1	14.07.1964	VENUS	F
5 MARINER 4	15.07.1965	MARS	F
6 ZOND 2	06.08.1965	MARS	F
7 VENERA 2	27.02.1966	VENUS	F
8 VENERA 3	01.03.1966	VENUS	A I
9 VENERA 4	18.10.1967	VENUS	A A
10 MARINER 5	19.10.1967	VENUS	F
11 VENERA 5	16.05.1969	VENUS	A A
12 VENERA 6	17.05.1969	VENUS	A A
13 MARINER 6	31.07.1969	MARS	F
14 MARINER 7	05.08.1969	MARS	F
15 VENERA 7	17.08.1970	VENUS	A L
16 MARS 2	27.11.1971	MARS	A I
17 MARINER 9	14.11.1971	MARS	A O
18 MARS 3	02.12.1971	MARS	A L
19 PIONEER 10	03.03.1972	JUPITER	F
20 VENERA 8	27.03.1972	VENUS	A L
21 MARS 5	25.07.1973	MARS	A O
22 MARS 6	05.08.1973	MARS	A I
23 MARS 4	10.02.1974	MARS	F
24 PIONEER 11	04.12.1974	JUPITER	F
24 PIONEER 11	01.09.1979	SATURN	F
25 VENERA 9	22.10.1975	VENUS	A L
26 VENERA 10	25.10.1975	VENUS	A L
27 VIKING 1	20.07.1976	MARS	A L
28 VIKING 2	03.09.1976	MARS	A L
29 VENERA 12	19.12.1978	VENUS	F
30 VENERA 11	25.12.1978	VENUS	F
31 MARS 7	09.03.1974	MARS	F
32 MARS 6	12.03.1974	MARS	F
33 MARINER 10	05.02.1974	VENUS	F
33 MARINER 10	29.03.1974	MERKUR	F
34 PIONEER-VENUS 1	04.12.1978	VENUS	A O
35 PIONEER-VENUS 2	09.12.1978	VENUS	A A
36 VENERA 12	21.12.1978	VENUS	A L
37 VENERA 11	25.12.1978	VENUS	A L
38 VOYAGER 1	05.03.1979	JUPITER	F
38 VOYAGER 1	12.11.1980	SATURN	F
39 VOYAGER 2	09.07.1979	JUPITER	F
39 VOYAGER 2	05.08.1981	SATURN	F
39 VOYAGER 2	24.01.1986	URANUS	F

RAUMSONDE	DATUM	ZIEL	BEI ANKUNFT
39 VOYAGER 2	25.08.1989	NEPTUN	F
40 VENERA 13	01.03.1982	VENUS	A L
41 VENERA 14	05.03.1982	VENUS	A L
42 VENERA 15	10.10.1983	VENUS	A O
43 VENERA 16	14.10.1983	VENUS	A O
44 VEGA 1	11.06.1985	VENUS	A L
45 VEGA 2	15.06.1985	VENUS	A L
46 PHOBOS 2	29.01.1989	MARS	A O
47 MAGELLAN	10.08.1990	VENUS	A O
48 GALILEO	10.02.1990	VENUS	F
48 GALILEO	07.12.1995	JUPITER	A O
49 ULYSSES	08.02.1992	JUPITER	F
50 MARS PATHFINDER	04.07.1997	MARS	A L
51 MARS GLOBAL SURVEYOR	11.09.1997	MARS	A O
52 CASSINI	26.04.1998	VENUS	F
52 CASSINI	30.12.2000	JUPITER	F
52 CASSINI	01.07.2004	SATURN	A O
53 MARS CLIMATE ORBITER	23.09.1999	MARS	A A
54 MARS POLAR LANDER	23.12.1999	MARS	A A
55 MARS ODYSSEY	24.20.2001	MARS	A O
56 NOZOMI	14.12.2003	MARS	F
57 MARS EXPRESS	25.12.2003	MARS	A O
58 MER-A SPIRIT	04.01.2004	MARS	A L
59 MER-B OPPORTUNITY	25.01.2004	MARS	A L
60 MARS RECON. ORBITER	10.03.2006	MARS	A O
61 VENUS EXPRESS	11.04.2006	VENUS	A O
62 MESSENGER	24.10.2006	VENUS	F
62 MESSENGER	17.03.2011	MERKUR	A O
63 ROSETTA	25.02.2007	MARS	F
64 NEW HORIZONS	28.02.2007	JUPITER	F
64 NEW HORIZONS	14.07.2015	PLUTO	F
65 PHOENIX	25.05.2008	MARS	A L
66 DAWN	17.02.2009	MARS	F
67 MARS SCIENCE LABORATORY	06.08.2012	MARS	A L
68 MAVEN	22.09.2014	MARS	A O
69 MARS ORBITER MISSION	24.09.2014	MARS	A O
70 AKATSUKI	07.12.2015	VENUS	A O
71 JUNO	04.07.2016	JUPITER	A O
72 EXOMARS TRACE GAS ORBITER	16.10.2016	MARS	A I
73 PARKER SOLAR PROBE	03.10.2018	VENUS	F
74 INSIGHT	26.11.2018	MARS	A L
75 AL-AMAL	09.02.2021	MARS	A O
76 TIANWEN-1	10.02.2021	MARS	A O + A L
77 MARS 2020	18.02.2021	MARS	A L

Die letzte Spalte „bei Ankunft" gibt an, welches Manöver die Raumsonde beim Planeten ausgeführt hat.
F – Flyby AL – Ankunft, Landung AI – Ankunft, Impakt AO – Ankunft, Eintritt in Orbit AA – Ankunft, Eintritt in Atmosphäre
Das Datum gibt entweder die Ankunft der Raumsonde beim Planeten an oder im Fall eines Flybys ihre nächste Annäherung.

VENERA 1

Die erste Raumsonde, die einen Vorbeiflug an einem anderen Planeten absolvierte. Am 19. Mai 1961 passierte sie Venus in 100.000 Kilometern Abstand. Daten wurden allerdings nicht übertragen, da der Funkkontakt abgebrochen war. Zuvor konnten aber noch Informationen zum Sonnenwind und zur kosmischen Strahlung gesammelt werden.

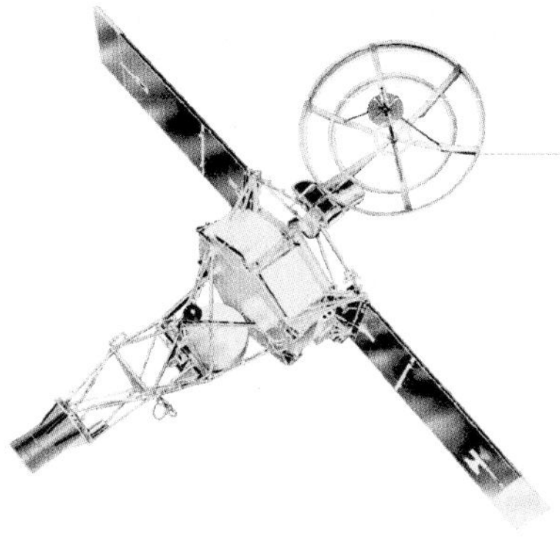

MARINER 2

Mariner 2 flog am 14. Dezember 1962 mit intaktem Kommunikationssystem und mehrheitlich funktionierenden Instrumenten in einer Distanz von 35.000 Kilometern an der Venus vorbei. Sie war somit die erste Sonde, die Daten von einem Vorbeiflug an einem anderen Planeten übermittelte. Ziel war es, die Atmosphären- und Oberflächentemperatur aufzuzeichnen sowie das interplanetare Magnetfeld und die Verteilung geladener Teilchen zu vermessen. Mariner 2 enthüllte, dass es unterhalb der Wolkendecke von Venus extrem heiß ist.

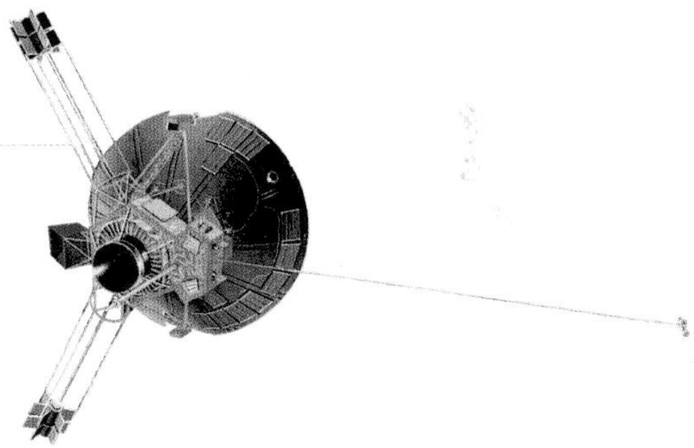

PIONEER 11

1979 wurde Pioneer 11 zum ersten menschengemachten Objekt, das Saturn passierte, nur 21.000 Kilometer vom Planeten entfernt. Neben der Erkundung des interplanetaren Raums, der Saturnatmosphäre und seines Magnetfeldes war auch eine Durchquerung der Saturnringe geplant. Die Missionsplaner waren sich anfangs nicht sicher, ob kleine Ringpartikel die Sonde womöglich beschädigen würden, die erfolgreiche Navigation durch diese Zone ließ eine Durchquerung jedoch auch für zukünftige Raumsonden sicher erscheinen.

VOYAGER 2

Voyager 2 passierte Jupiter und Saturn, bevor sie als bisher einzige Raumsonde den Eisriesen Uranus und Neptun einen Besuch abstattete. Auf ihrer Reise entdeckte die Sonde zahlreiche Monde, nahm detaillierte Bilder der äußeren Planeten sowie ihrer Satelliten auf und fand zuvor unbekannte Ringe um Uranus und Neptun.

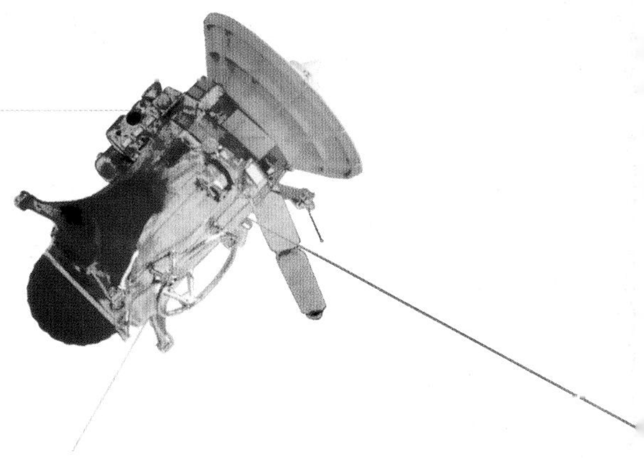

CASSINI

Im Rahmen der Cassini-Huygens-Mission – meist kurz Cassini genannt – erreichte eine Raumsonde erstmalig erfolgreich eine Umlaufbahn um Saturn. Das Raumschiff umfasste zwei Module: die Cassini-Sonde und den Lander Huygens. Huygens ging auf Saturns größtem Mond Titan nieder, womit gleichzeitig die erste Landung im äußeren Sonnensystem und auf einem anderen Mond als dem Erdmond geglückt war. Die Cassini-Sonde verbrachte 13 Jahre im Orbit um Saturn, bevor sie etliche riskante Passagen zwischen dem Planeten und seinen Ringen absolvierte und am Ende ihrer Mission in den Gasriesen eintauchte.

NEW HORIZONS

Das Primärziel dieser Mission war ein Vorbeiflug am Zwergplaneten Pluto. Beim Durchqueren des Asteroidengürtels fotografierte die Sonde das Objekt (132524) APL und absolvierte danach ein Swing-by-Manöver an Jupiter. Der dadurch erhaltene Gravitationsschub brachte sie bis zu Pluto. Mit einer Passage nur 12.500 Kilometer über seiner Oberfläche wurde sie zur ersten Raumsonde, die diese Welt besucht hat. Anschließend näherte sich New Horizons einem weiteren TNO im Kuiper-Gürtel mit dem Namen (486958) Arrokoth und einem Durchmesser von rund 36 Kilometern.

Aufbau der Planeten

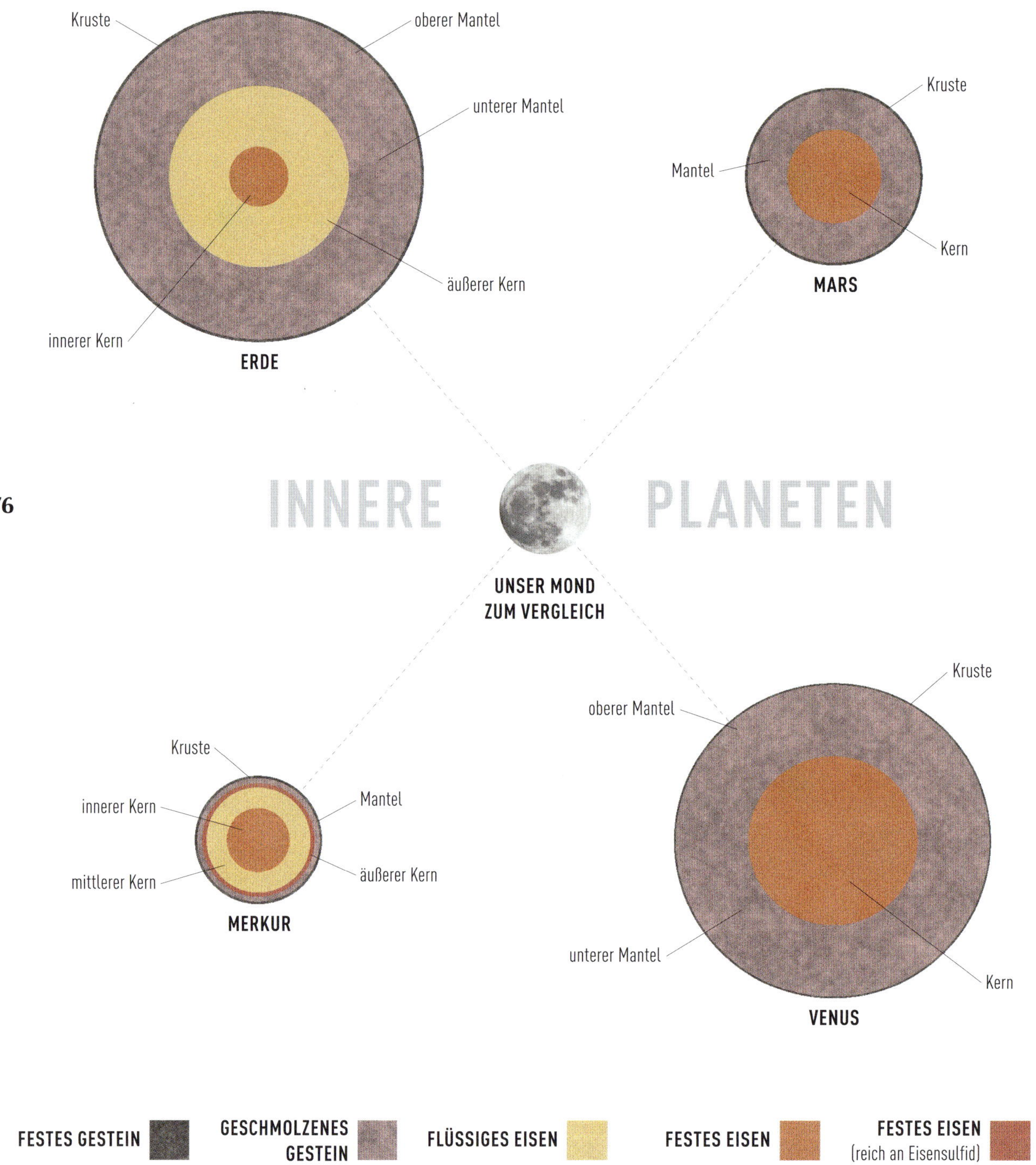

ÄUSSERE PLANETEN

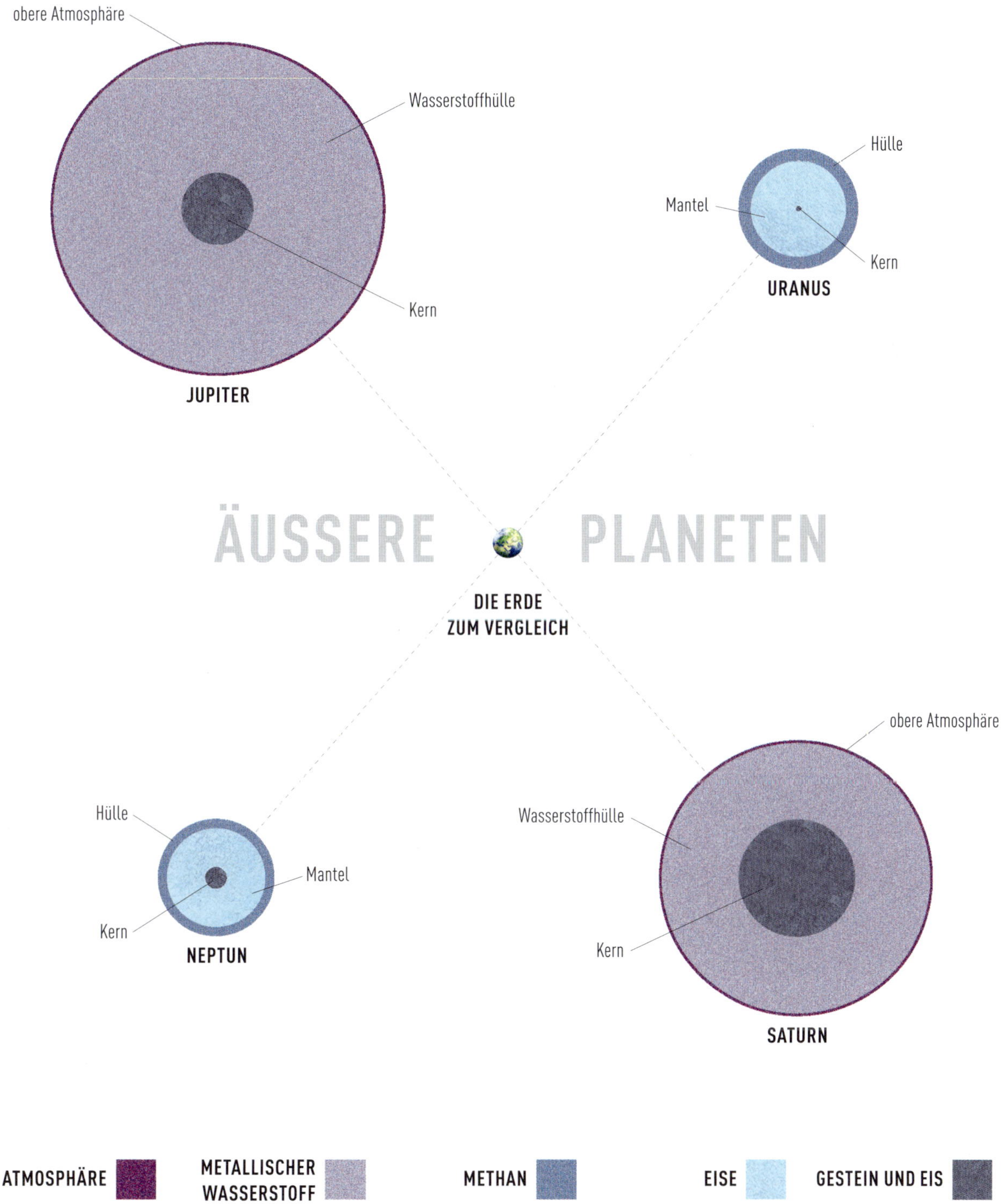

Planetenbahnen im Vergleich

Innere Planeten

Da die immensen Distanzen zwischen Sonne und Planeten schwer darstellbar sind, kann man versuchen, sie mithilfe von alltäglichen Objekten zu verdeutlichen. Stellen wir uns die Sonne als Basketball vor, dann wäre der nächste Planet Merkur so groß wie ein Zuckerkorn in elf Metern Entfernung. Venus und Erde wären etwas kleiner als Erbsen in 20 beziehungsweise 29 Metern Abstand und rund 43 Meter entfernt träfen wir auf Mars von der Größe eines Stecknadelkopfes.

ÄUSSERE PLANETEN

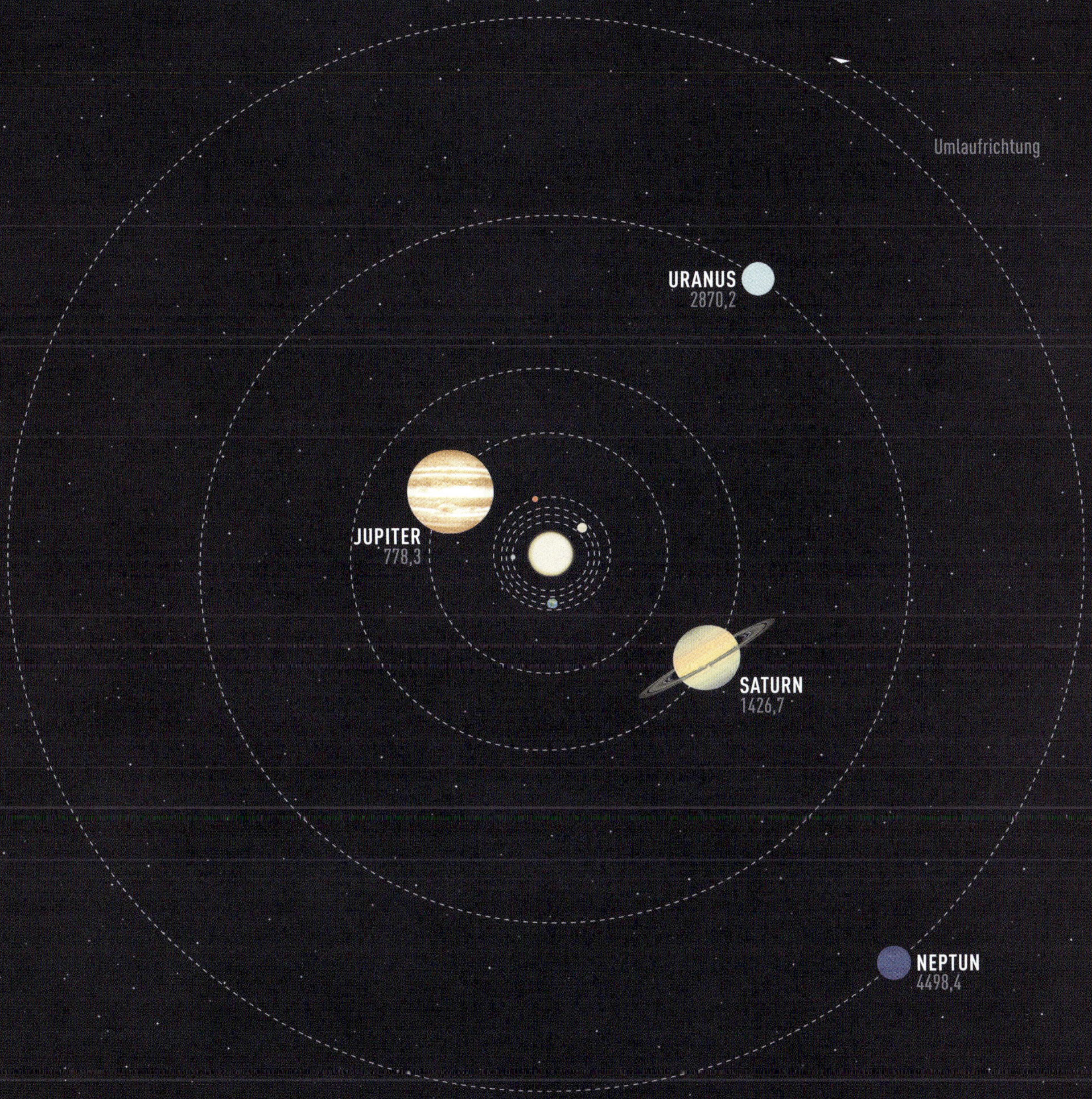

79

Behalten wir den Maßstab bei, dann wäre Jupiter ein Tischtennisball in 149 Metern Entfernung von der Sonne (dem Basketball) und Saturn ein marginal kleinerer Ball 271 Meter weit weg. Uranus und Neptun wären wie kleine Trauben in 550 beziehungsweise 850 Metern Entfernung. Hinter Neptun würde sich der Kuiper-Gürtel bis in 1,3 Kilometer Abstand von der Sonne erstrecken und Pluto wäre darin nur noch ein Sandkorn.

Die Bahnen der Planeten sind hier maßstäblich abgebildet, die Planetengrößen jedoch nicht. Die Zahlen geben die mittleren Umlaufentfernungen in Millionen Kilometern an.

Bahnneigungen

Für Planeten in unserem Sonnensystem ist es üblich, die Bahnneigungen in Bezug zur Erdumlaufbahn als Referenz anzugeben. Die Ebene, die die Erde bei ihrem Umlauf um die Sonne aufspannt, nennt man Ekliptikebene; in Relation zu ihr werden die Winkel der anderen Planetenbahnen gemessen.

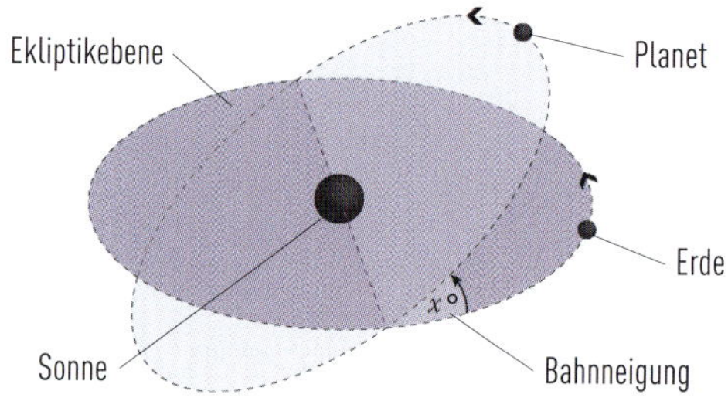

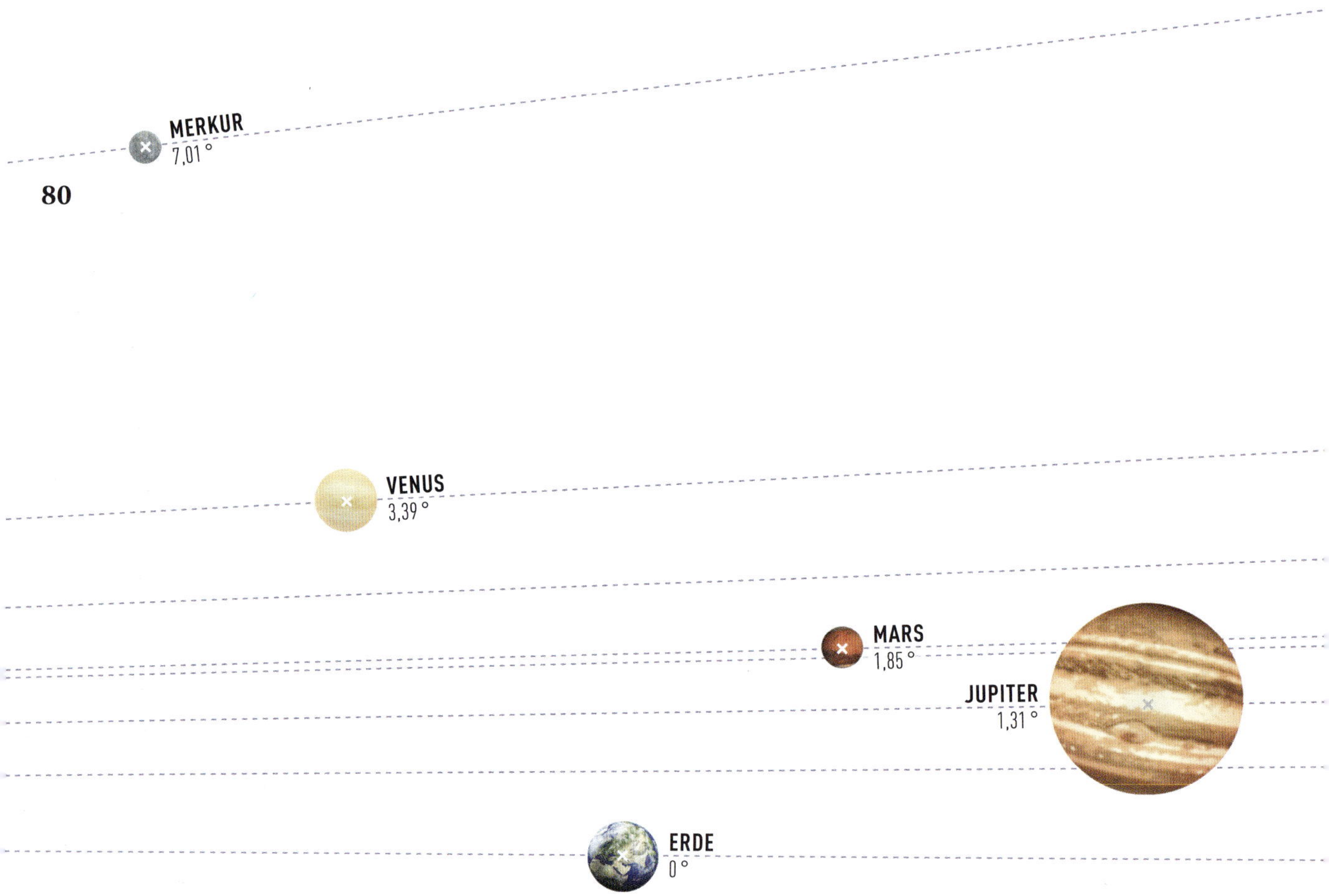

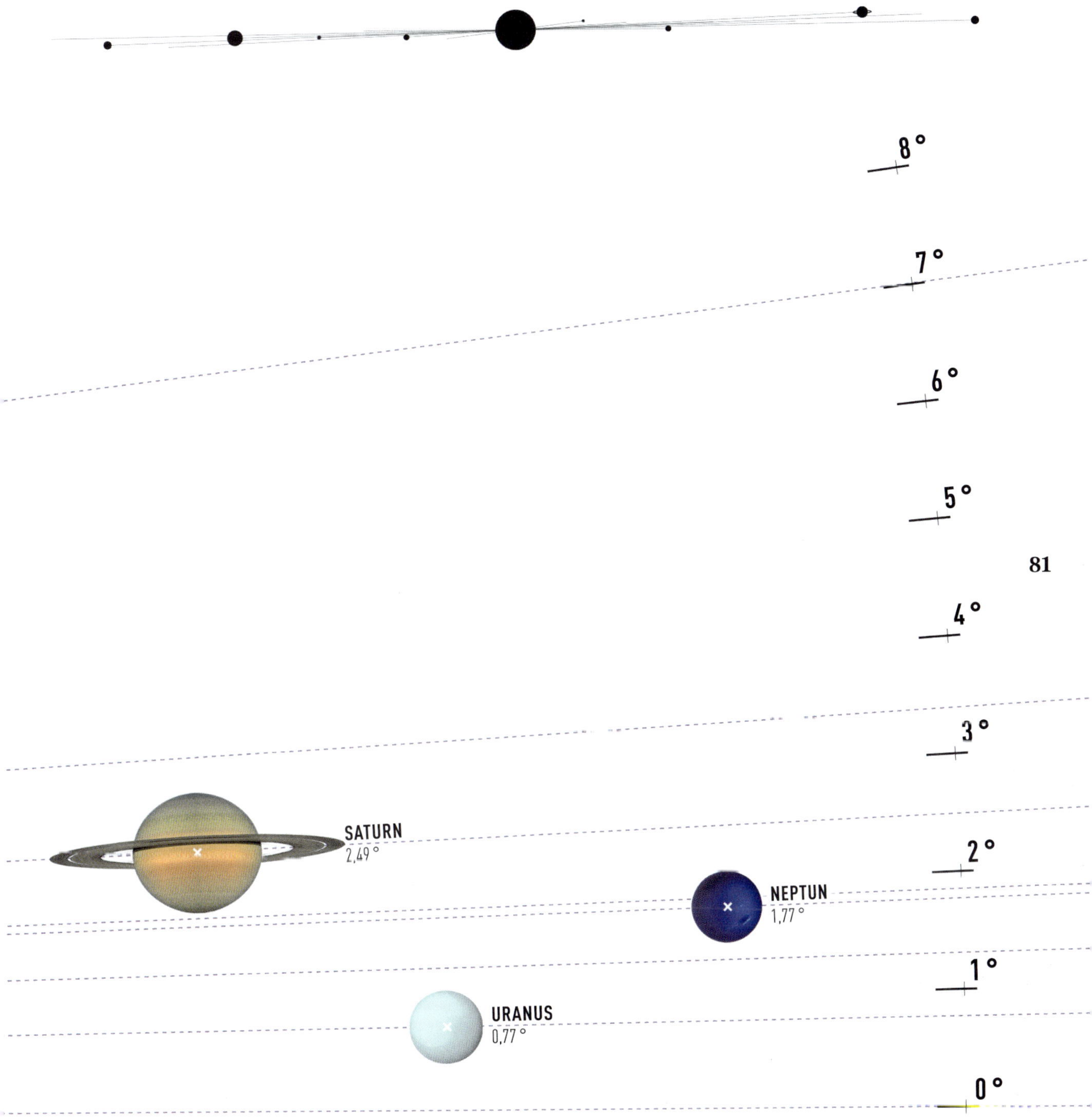
8°
7°
6°
5°
4°
3°
SATURN
2,49°
2°
NEPTUN
1,77°
1°
URANUS
0,77°
0°

Unsere Sonne

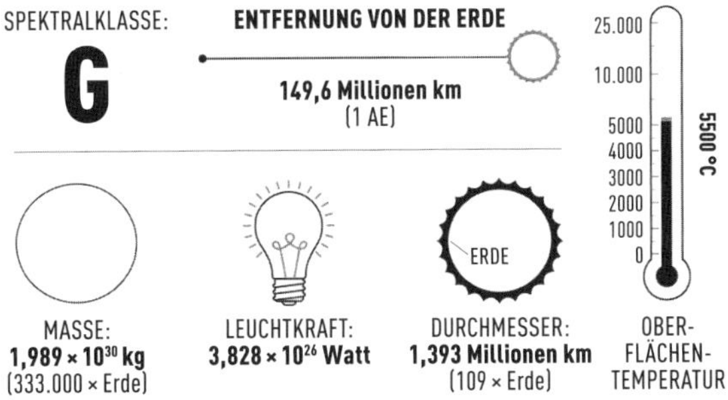

Im Zentrum all dessen, was wir bisher kennengelernt haben, befindet sich die Sonne, die „Dirigentin" aller Körper im Sonnensystem und diejenige, die uns mit Licht und Wärme versorgt. Von den Gesteinsplaneten, die sie in engen Orbits umschwirren, über die schwerfälligen Gasriesen bis zu den entfernten Eisbrocken im Kuiper-Gürtel – alles wird an Ort und Stelle gehalten durch den Einfluss der Sonne.

Obwohl die Sonne so viel Masse besitzt, dass sie die Bahnen aller Körper in unserem Sonnensystem bestimmt, hat sie für einen Stern eine eher durchschnittliche Größe. Es gibt Sterne, die mehrere Tausend Mal größer sind als sie, es gibt aber auch viele, die nur einen Bruchteil ihrer Ausmaße besitzen; in dieser Hinsicht ist unsere Sonne nichts Besonderes. Vergleichen wir sie aber mit den Planeten, ist sie ein Gigant: 1,3 Millionen Erden fänden in ihr Platz! Ihre Masse entspricht dem 750-Fachen der Masse aller Planeten des Sonnensystems zusammen – Masse, die in zweifacher Hinsicht entscheidend ist. Zum einen hätte die Sonne ohne ihre immense Masse nicht die Schwerkraft, um die Planeten in Umlaufbahnen zu halten, und zum anderen erzeugt die Sonnenmasse in ihrem Kern genügend Druck, sodass dort Kernfusion stattfinden kann. Der Prozess der Kernfusion lässt die Sonne scheinen, uns in Licht und Wärme tauchen, und sie darüber hinaus geladene Teilchen im gesamten Sonnensystem verteilen.

Die Kraft der Sonne ist seit prähistorischen Zeiten bekannt und viele alte Kulturen verehrten sie als Gottheit. Selbst ohne wissenschaftliches Verständnis war klar, dass die Sonne für unsere Existenz lebenswichtig ist. Die leuchtende Scheibe am Himmel versorgt uns mit Wärme und Tageslicht, ohne sie ist es kalt und dunkel. Als Konsequenz errichteten die Menschen Monumente wie Pyramiden und Erdwälle – nicht nur, um die Sonne zu verehren, sondern auch, um Ereignisse wie die Sonnenwenden ermitteln zu können. Überreste dieser Kultstätten sind bis heute über alle Kontinente verstreut und erinnern uns daran, dass unsere Sonne eine der wichtigsten Größen in unserem Leben ist – damals wie heute.

In den Kategorien der Sternklassifikation ist unsere Sonne ein *Gelber Zwerg*, was ein bisschen irreführend ist, da die meisten Gelben Zwerge tatsächlich weißes Licht emittieren und nur diejenigen mit der geringsten Masse gelbes Licht aussenden. Auf der Erde erscheint die Sonne in einem Farbbereich von Weiß und Gelb bis Orange und Rot, was allerdings an unserer Erdatmosphäre liegt und abhängig ist von der Sonnenhöhe am Himmel. Vom Weltraum aus, ohne verfälschende Atmosphäre, erscheint sie fast weiß.

Gelbe Zwerge machen etwa zehn Prozent aller Sterne aus; in unserer Galaxie, die rund 200 Milliarden Sterne enthält, können wir also von etwa 20 Milliarden sonnenähnlichen Sternen ausgehen. Sie haben eine geschätzte Lebensdauer von zehn Milliarden Jahren ausgehend vom Start der Wasserstofffusion in ihrem Kern bis zu ihrem Ausbrennen. Die Geburt unserer Sonne fand vor fast 4,6 Milliarden Jahren aus einer kollabierenden Molekülwolke statt und so nähert sie sich als Gelber Zwerg nun ihrer Lebensmitte. Gegen Ende ihres Lebens wird sie sich gewaltig ausdehnen und zu einem Roten Riesen werden. Sie schwillt auf das mindestens 200-Fache ihres jetzigen Durchmessers an und verschlingt dabei Merkur und Venus. Der Erde könnte dieses Schicksal erspart bleiben, allerdings wird unser Planet bis dahin durch die zunehmende Strahlung und Hitze der Sonne schon lange unbewohnbar sein.

WARUM DIE SONNE SCHEINT

Die Sonne sendet Licht und Wärme aus, da in ihrem Inneren Kernfusionsreaktionen ablaufen. Diese Reaktionen werden wir später noch genauer kennenlernen (S. 116), hier sei nur so viel gesagt, dass bei einem Kernfusionsprozess zwei Atomkerne unter Abgabe von Energie zu einem einzigen neuen Atomkern verschmelzen. Sehen wir uns zunächst an, wie sich Materie bei so hohen Temperaturen verhält, dass keine Atome mehr existieren können – denn so sind die Bedingungen im Sonnenkern.

WASSERSTOFF – GERINGERE TEMPERATUREN

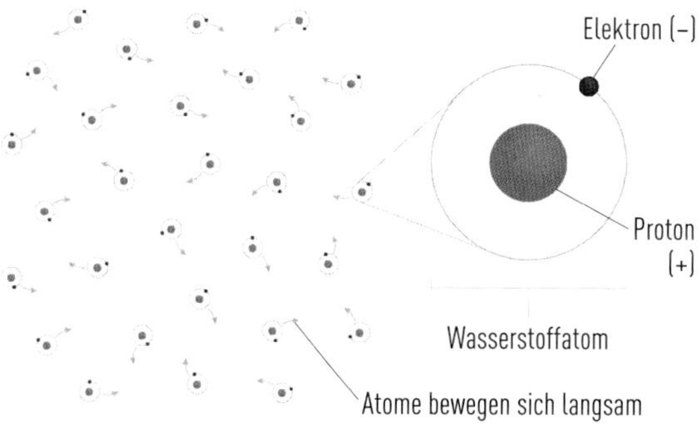

Der Kern eines Wasserstoffatoms besteht aus einem einzigen Proton, das den Hauptteil seiner Masse stellt. Bei „normalen" Temperaturen verbindet sich ein Proton mit einem Elektron und bildet ein elektrisch neutrales Wasserstoffatom. Atome kommen – abhängig von Temperatur und Druck – in den uns bekannten drei Zuständen vor: fest, flüssig und gasförmig.

WASSERSTOFF – EXTREM HOHE TEMPERATUREN

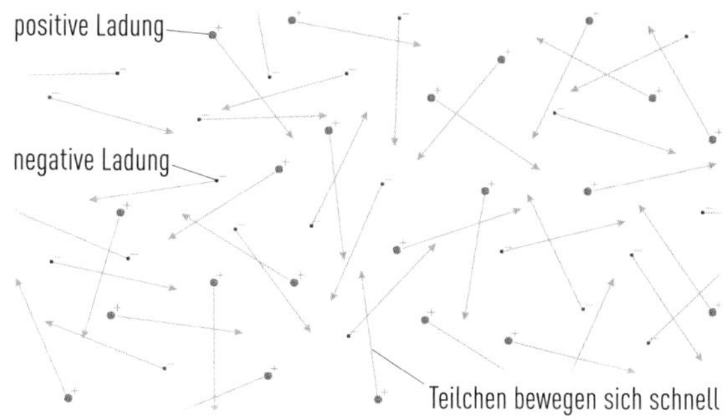

Bei extrem hohen Temperaturen bewegen sich Teilchen schnell und Kollisionen sind häufig und heftig. Wasserstoff existiert dann nicht länger in atomarer Form, die Elektronen werden den Kernen entrissen. Materie in diesem Zustand bezeichnet man als Plasma: ein Teilchensee aus positiv geladenen Atomkernen (Ionen) und freien, negativ geladenen Elektronen.

Bezogen auf ihre Masse besteht die Sonne zu fast drei Vierteln aus Wasserstoff (H), dem Treibstoff für die Fusionsreaktionen. Diese finden bei extremer Hitze und extremem Druck statt und laufen nur im Kern ab, wo die Bedingungen passend sind. Wasserstoffkerne treffen hier gelegentlich mit einer solchen Geschwindigkeit und Genauigkeit aufeinander, dass sie verschmelzen und durch weitere Kollisionen das Element Helium (He) erzeugen. Ein „Nebenprodukt" dieser Reaktionen ist eine ungeheure Energiemenge, die freigesetzt wird und die wir als Licht und Wärme wahrnehmen. Grund dafür ist, dass beim Fusionsprozess jeweils ein kleiner Teil der subatomaren Masse in Energie umgewandelt wird – das aber sehr häufig.

Die Hitze entweicht aus dem Sonnenkern durch Strahlung, nicht durch Strömung (Konvektion). Das Produkt der Sonnenfusion, Helium, verbleibt also dort, wo es erzeugt wurde, da es keine Materieströme gibt, die es an die Oberfläche transportieren. Durch die anhaltenden Reaktionen bildet sich im Zentrum des Sonnenkerns ein ständig wachsender Bereich aus Helium. Um den Kern herum wird die Hitze nach außen gestrahlt, bis sie Regionen erreicht, in denen Druck und Dichte so weit abgefallen sind, dass sich Konvektionsströme bilden können, die die Wärme dann weiter an die Oberfläche tranportieren. Ausschließlich diejenigen Ionen, die die Sonnenoberfläche erreichen, versorgen das Sonnensystem durch Aussendung von Photonen (Lichtteilchen) mit Licht und Wärme.

AUFBAU DER SONNE

DER KERN
Der Druck ist hier 100-milliardenfach höher als der Atmosphärendruck auf der Erde. Pro Sekunde fusionieren rund 550 Millionen Tonnen Wasserstoff zu Helium, wobei etwa 3,5 Millionen Tonnen Materie in Energie umgewandelt werden.

DIE STRAHLUNGSZONE
Obwohl die Dichte hier nicht so hoch ist wie im Kern, ist die Materie zu eng gepackt für Konvektionsströme. Die Hitze entkommt nur durch Strahlung.

DIE KONVEKTIONSZONE
Heiße Plasmazellen dehnen sich aus und steigen durch Konvektionsströme nach oben. Energie wird hier viel schneller transportiert als in der Strahlungszone.

DIE PHOTOSPHÄRE
Die scheinbare „Oberfläche" der Sonne ist gasförmig, daher hat sie keine feste Grenze. Das Licht, das wir sehen, stammt aus dieser rund 100 Kilometer dicken Schicht.

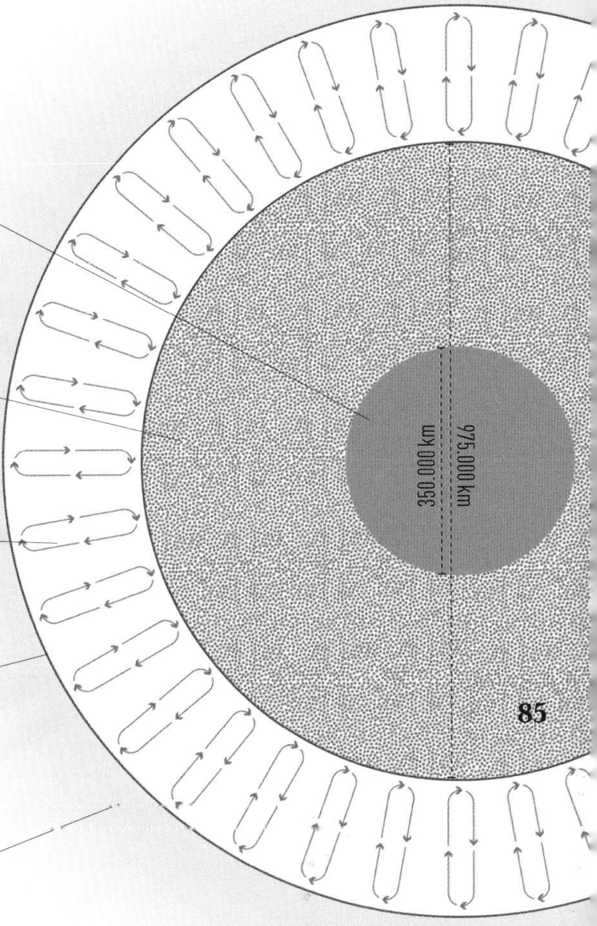

DIE ATMOSPHÄRE
Die Sonnenatmosphäre ist für uns meist unsichtbar, da sie von der Photosphäre überstrahlt wird. Während einer totalen Sonnenfinsternis wird allerdings deutlich, dass sich Gase und geladene Teilchen bis weit jenseits der Photosphäre erstrecken. Die Atmosphäre besteht aus vier Teilen: der Chromosphäre, der Übergangszone, der Korona und der Heliosphäre. Die Chromosphäre reicht etwa 2000 Kilometer hoch über die Photosphäre – in diesem Bereich steigt die Temperatur mit der Höhe kontinuierlich an. Darüber befindet sich die nur rund 200 Kilometer dicke scheibenförmige Übergangszone, in der die Temperatur von etwa 20.000 Grad Celsius auf fast eine Million Grad Celsius rapide zunimmt. Danach kommt die Korona, die sich ungefähr acht Millionen Kilometer in den Raum ausdehnt. Die mittlere Temperatur beträgt hier ein bis zwei Millionen Grad Celsius, in den heißesten Regionen steigt sie auf rund 20 Millionen Grad Celsius. Unklar ist, warum diese drei Bereiche der Sonnenatmosphäre heißer als die darunterliegende Photosphäre sind, man geht aber davon aus, dass das starke Sonnenmagnetfeld zumindest teilweise dafür verantwortlich ist. Die äußerste Atmosphärenschicht, die Heliosphäre, erstreckt sich über weit mehr als 50 Astronomische Einheiten; sie repräsentiert den Bereich im Weltraum, der vom auswärts gerichteten Strom geladener Sonnenteilchen beeinflusst wird.

Durchmesser der Photosphäre: 1.393.000 km

Für den kurzen Moment, in dem der Mond während einer totalen Finsternis die Sonne genau verdeckt, lässt sich die Korona erkennen.

OUTPUT

In einer einzigen Sekunde erzeugt die Sonne 500.000-mal so viel Energie wie die gesamte Menschheit aktuell in einem Jahr produziert und verbraucht.

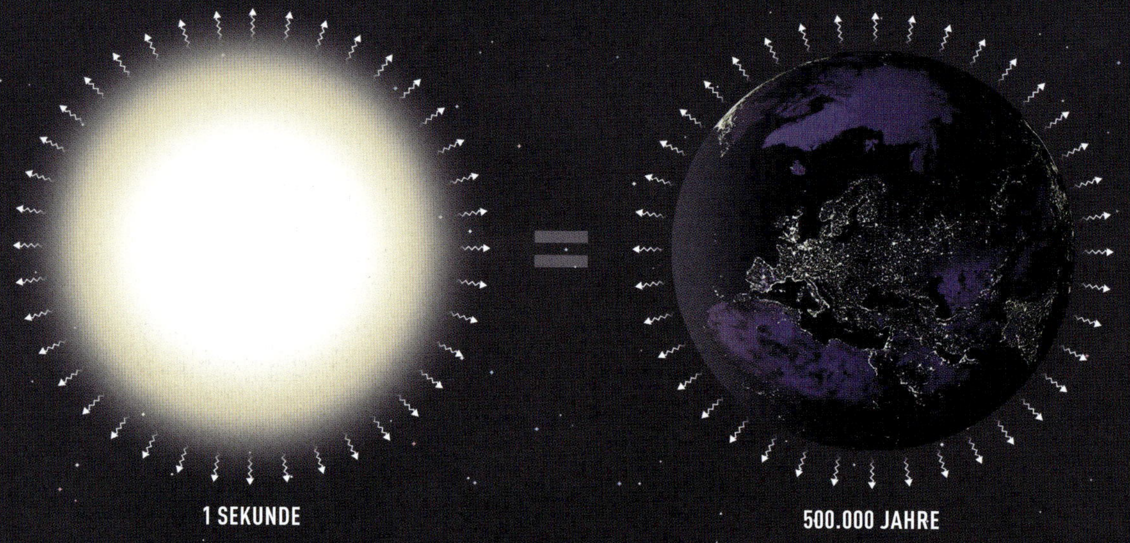

REISE ZUR ERDE

Die im Kern freigesetzte Energie benötigt im Mittel 170.000 Jahre, um die Strahlungszone zu durchqueren. Ursache ist die große Materiedichte in Kernnähe – die Photonen aus dem Kern können sich nicht weit bewegen, ohne mit anderen Teilchen wechselzuwirken. Sie werden so lange absorbiert und in eine zufällige Richtung wieder emittiert, bis sie schließlich die Konvektionszone erreichen.

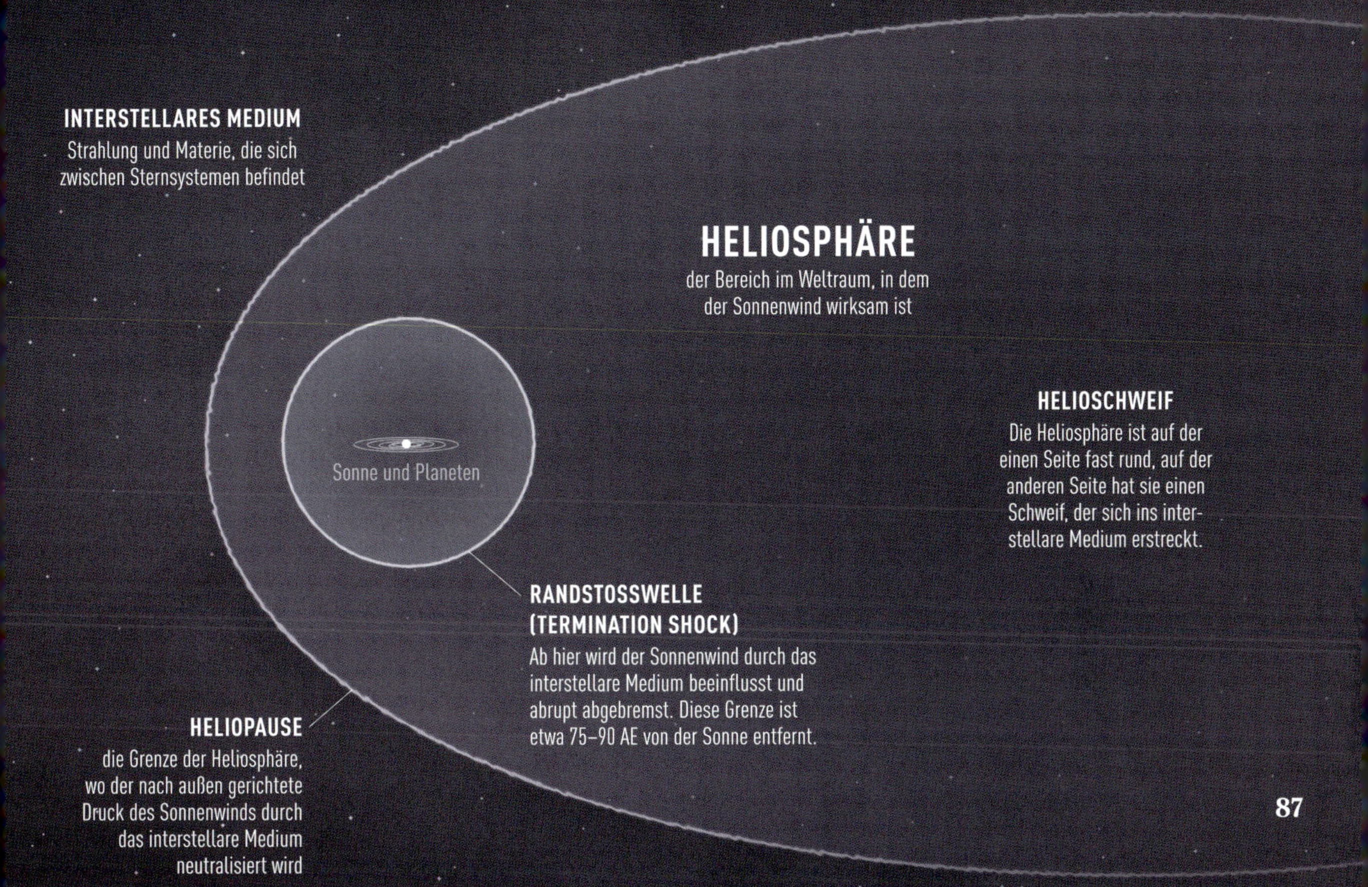

DER EINFLUSSBEREICH DER SONNE

Der Punkt, an dem das Sonnensystem endet und der interstellare Raum beginnt, ist nicht exakt definiert, da die Sonne das Gebiet um sich herum in zweierlei Hinsicht beeinflusst: durch Strahlung und durch Gravitation. Die Heliosphäre ist die „Blase" um die Sonne, in der der Sonnenwind vorherrscht. Der Punkt, an dem sie endet, heißt Heliopause; dort verliert sich der Sonnenwind im interstellaren Medium. Der Bereich hingegen, in dem ein astronomischer Körper gravitativ dominiert, heißt Hill-Sphäre; jenseits davon werden Objekte nicht mehr in Umlaufbahnen eingefangen. Die Hill-Sphäre der Sonne ist 1000-mal größer als die Heliosphäre und umfasst auch die Oortsche Wolke.

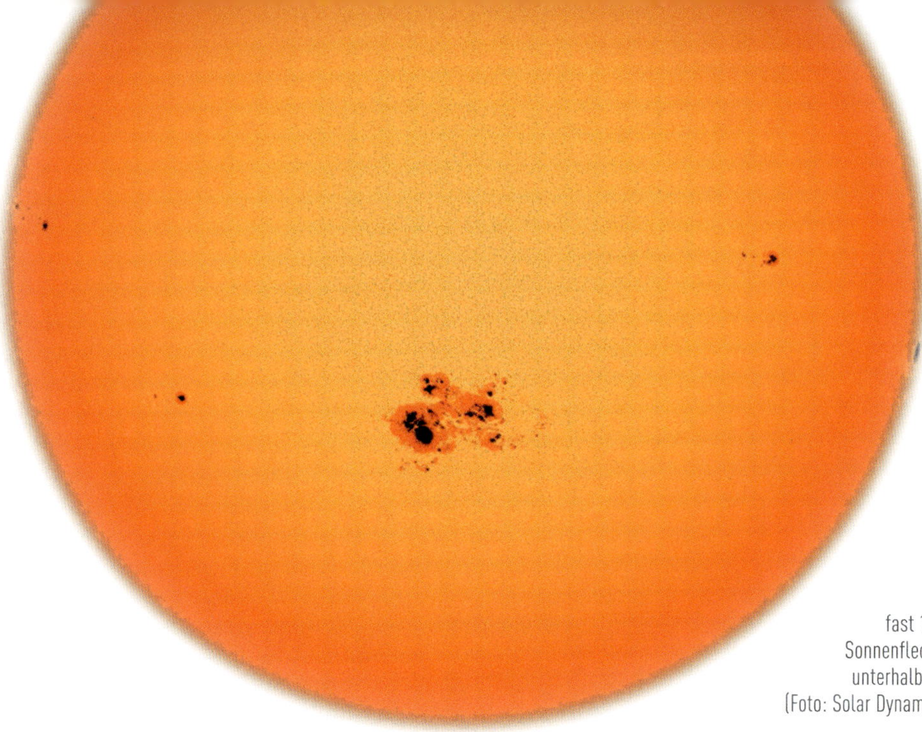

Eine riesige, fast 130.000 km große Sonnenfleckenregion knapp unterhalb der Sonnenmitte (Foto: Solar Dynamics Observatory).

SONNENFLECKEN

Häufig lassen sich auf der Sonne dunkle Gebiete unterschiedlicher Größe ausmachen, die über ihre Oberfläche wandern. Früher hielt man diese „Sonnenflecken" für Stürme, heute wissen wir, dass es sich um kühlere Stellen auf der Sonne handelt.

Durch die immense Hitze und den gigantischen Druck im Inneren der Sonne haben die Atome ihre Elektronen verloren und verhalten sich nicht länger wie typische Gase, sondern wie ein *Plasma*. Dabei handelt es sich um ein Gemisch aus geladenen Teilchen, positiven Atomkernen und negativen Elektronen. Durch die sich ständig ändernden Plasmaströme innerhalb der Sonne sind die dadurch erzeugten Magnetfelder immer in Bewegung, werden stärker oder schwächer und wechselwirken miteinander. In einzelnen Regionen können Magnetfelder dann so stark werden, dass sie die Konvektionsströme in der Sonne stören. Wird das heiße Plasma am Aufstieg gehindert, entstehen auf der Oberfläche kühlere Stellen, die für uns als Sonnenflecken sichtbar werden. Die Flecken können tage- bis monatelang existieren und erscheinen typischerweise in Paaren oder Gruppen.

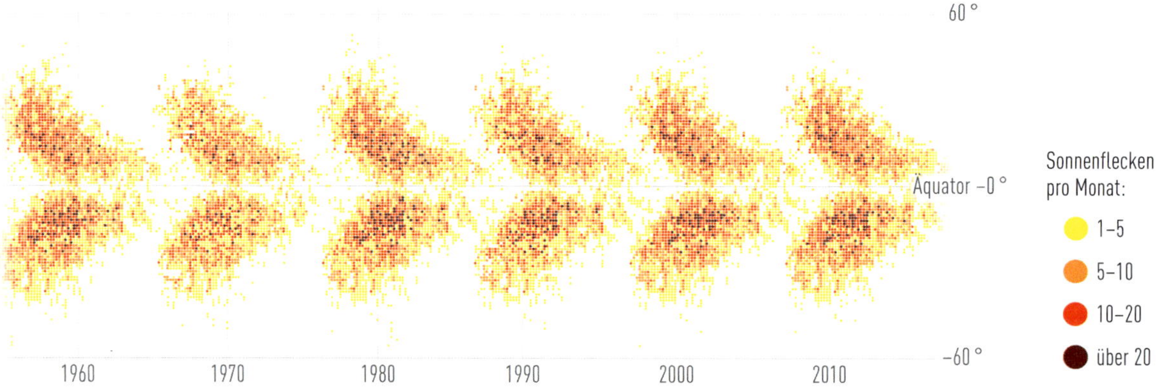

DER SONNENZYKLUS

Die Sonnenaktivität variiert, wobei auf Phasen hoher Aktivität regelmäßig solche mit geringer Aktivität folgen. Trägt man die Breitengrade von Sonnenflecken gegen ihr Erscheinungsjahr auf – wie in der Abbildung oben – lässt sich ein Muster erkennen, das sich alle elf Jahre wiederholt. Wegen der Form, die diese Punkte bilden, bezeichnet man es als Schmetterlingsdiagramm.

Dieser „Sonnenflare" wurde ebenfalls von der NASA-Sonde Solar Dynamics Observatory eingefangen. Der Flare selbst ist der helle Lichtblitz, darunter sieht man, wie Sonnenmaterie in den Weltraum geschleudert wird.

SONNENFLARES

In der Sonnenatmosphäre ereignen sich gelegentlich mächtige Eruptionen, bei denen eine geballte Ladung an Strahlung in den Raum abgegeben wird. Diese Ereignisse sind so gewaltig, dass die dabei freigesetzte hochenergetische Röntgen- und UV-Strahlung die Radar- und Radiokommunikation auf der Erde stören kann. Die Energieausbrüche treten häufig in der Nähe von Sonnenflecken zu Zeiten hoher Sonnenaktivität auf und stehen ebenfalls mit dem Magnetfeld der Sonne in Zusammenhang.

Sonnenflares werden durch das Aufbrechen verdrillter Magnetfeldlinien nahe der Sonnenoberfläche verursacht, wobei Strahlung in alle Richtungen freigesetzt wird. Bei dieser Entladung von aufgestauter Energie verbinden sich die Magnetfeldlinien auf geordnetere Art und Weise neu – um danach erneut aufgewickelt zu werden. Den gewaltigsten Flares folgen mitunter koronale Massenauswürfe, bei denen die Sonne in einer gigantischen Blase große Mengen an heißem Plasma aus der Korona ausstößt. Diese tragen ungefähr zehn Milliarden Tonnen Sonnenmaterie fort und bewegen sich, anders als die Flares, nur in eine Richtung.

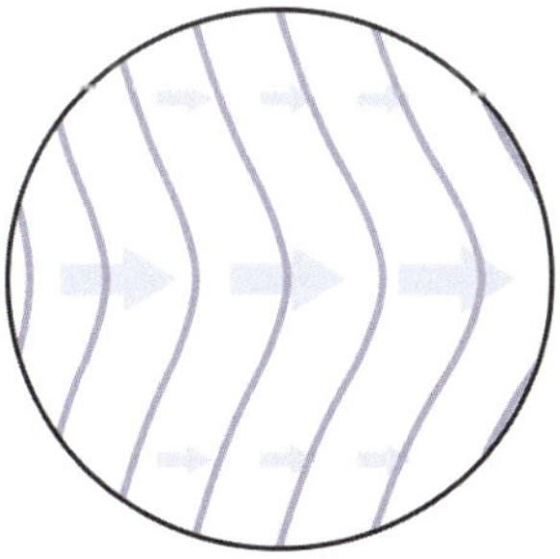

Die Sonne rotiert Richtung Äquator schneller.

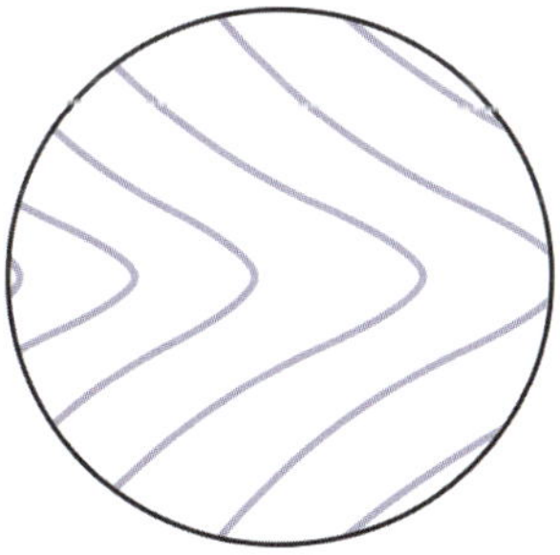

Die Magnetfeldlinien werden immer stärker verzerrt.

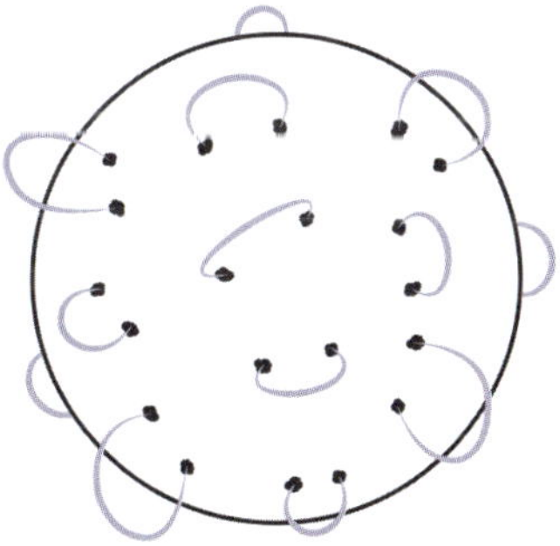

Verzerrte Feldlinien treten über der Sonnenoberfläche hervor und bilden an den Fußpunkten Sonnenflecken aus.

MAGNETFELDLINIEN

Im Unterschied zu einem festen Planeten rotieren nicht alle Bereiche der Sonne mit der gleichen Geschwindigkeit – der Äquator dreht sich um 20 Prozent schneller als die Pole. Dadurch werden die Magnetfeldlinien langgezogen und aufgewickelt. Irgendwann „reißen" sie auseinander, setzen ihre magnetische Energie frei und ordnen sich wieder im Originalzustand an.

Körper des Sonnensystems im Vergleich

Die Zahlen geben die Durchmesser der Körper an

ÜBER DAS SONNENSYSTEM HINAUS

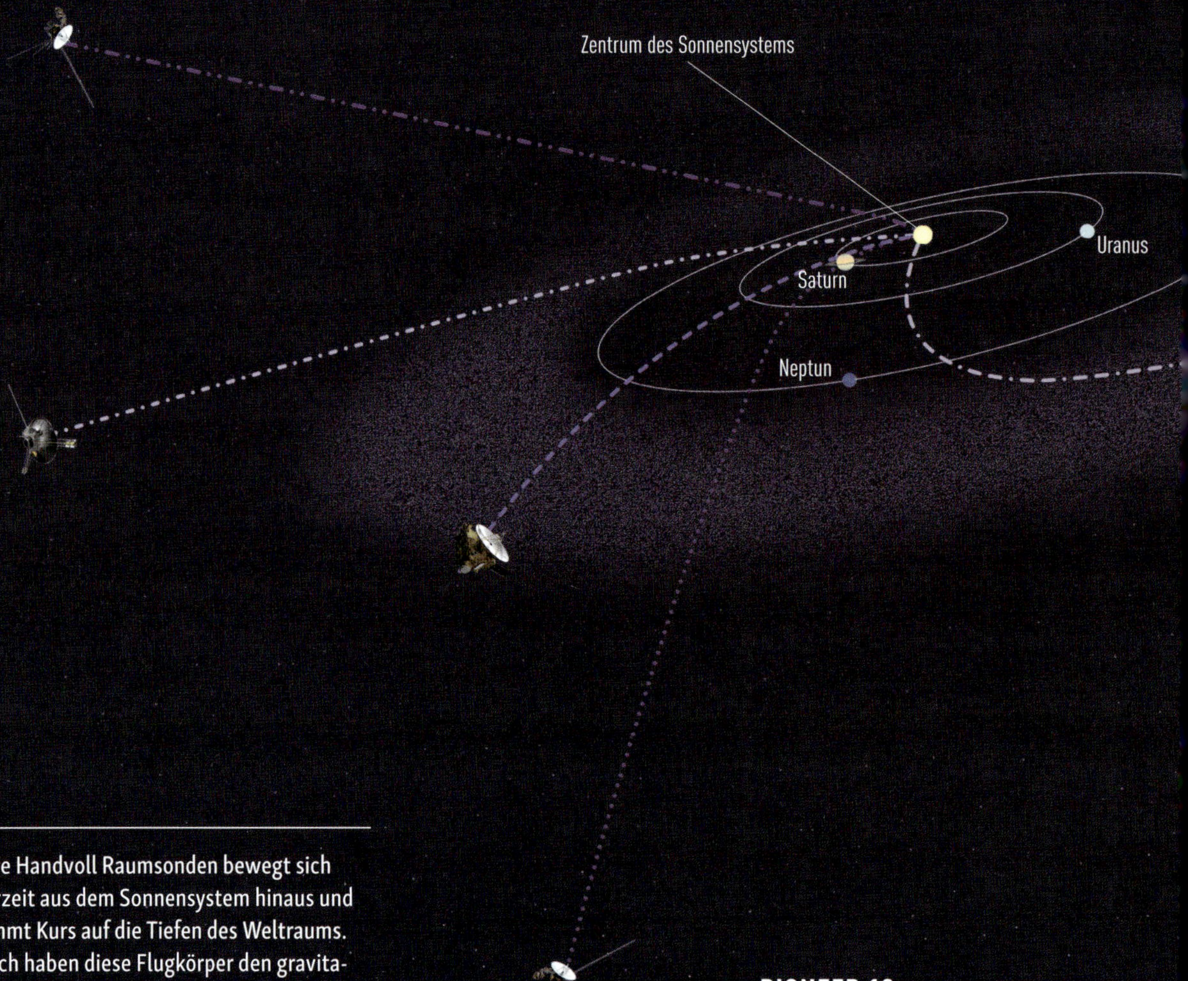

Eine Handvoll Raumsonden bewegt sich zurzeit aus dem Sonnensystem hinaus und nimmt Kurs auf die Tiefen des Weltraums. Noch haben diese Flugkörper den gravitativen Einflussbereich der Sonne nicht vollständig verlassen, sie werden aber aufgrund ihrer Geschwindigkeit und Flugrichtung nicht in einer Umlaufbahn verbleiben. Obwohl sie sicher nicht bis in alle Ewigkeit funktionieren, könnten diese kleinen Sonden die Tiefen des interstellaren Raums noch Millionen, wenn nicht gar Milliarden Jahre lang durchstreifen, selbst wenn ihre Systeme den Dienst quittiert haben.

PIONEER 10
Das erste künstliche Objekt, das die notwendige Fluchtgeschwindigkeit erreichte, um das Sonnensystem zu verlassen. Der Funkkontakt brach im Jahr 2003 bei einer Entfernung von 80 Astronomischen Einheiten ab.

PIONEER 11
Die erste Raumsonde, die Saturn besuchte. Die Datenübertragung endete 1995 wegen Problemen bei der Energieversorgung.

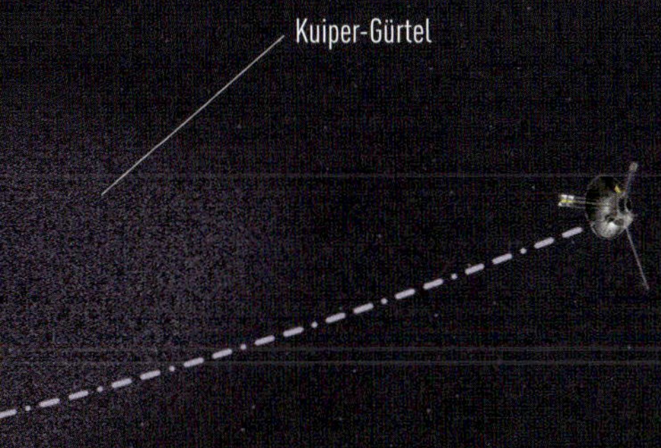

FLUGBAHNEN DER RAUMSONDEN, POLSICHT
(gemessen in AE)

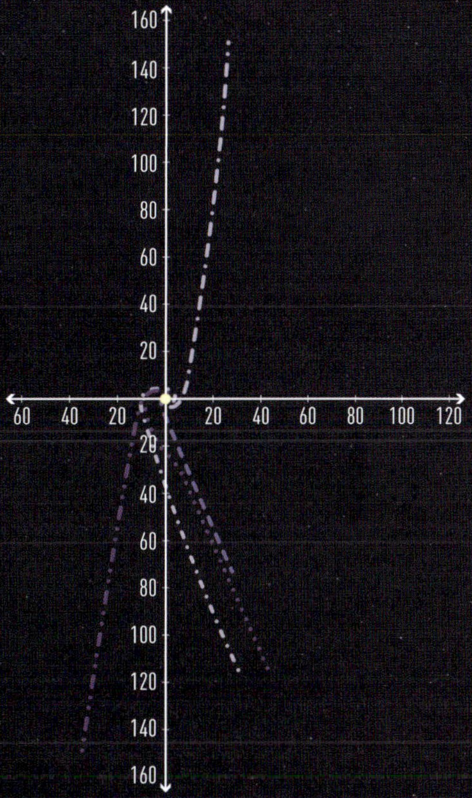

VOYAGER 1

Vollführte Vorbeiflüge an Jupiter, Saturn und dem Saturnmond Titan. Die Sonde überquerte als erste die Heliopause und ist in den interstellaren Raum eingetreten.

VOYAGER 2

Absolvierte Vorbeiflüge an Jupiter, Saturn, Uranus und Neptun und ist die einzige Raumsonde, die bisher Uranus und Neptun besucht hat.

NEW HORIZONS

Enge Annäherung an einen Asteroiden und Jupiterpassage auf dem Weg zu Pluto. Sie ist die erste Raumsonde, die den Zwergplaneten erkundete.

FLUGBAHNEN DER RAUMSONDEN, ÄQUATORIALSICHT
(gemessen in AE)

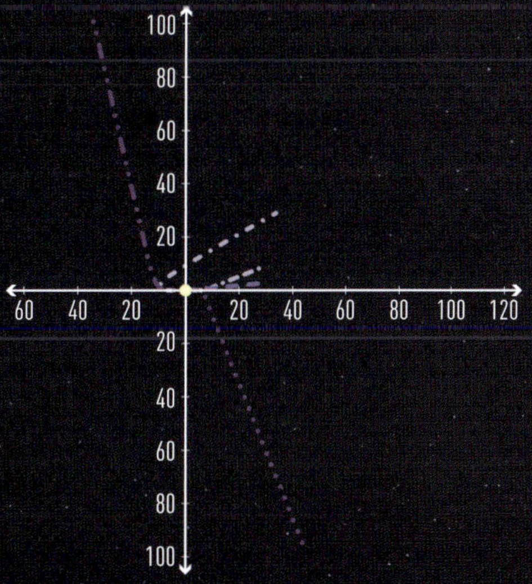

”

Man muss messen,
was messbar ist,
und messbar machen,
was nicht messbar ist.

“

Galileo Galilei, 1564–1642

Die Sterne

Andere Sonnen

Nachdem wir nun das gesamte Sonnensystem inspiziert haben – unseren Stern, die Planeten, Monde und andere Brocken –, ist es an der Zeit, sich anderen Sonnen zuzuwenden.

Die hellen Lichtpunkte am Nachthimmel erscheinen uns sanft funkelnd vor einem samtschwarzen Hintergrund. Tatsächlich ist jedoch jeder von ihnen – wie unsere Sonne – eine brodelnde Kugel aus unglaublich heißer Materie um einen dichten Kern, in dem durch Kernfusion unvorstellbare Mengen an Energie freigesetzt werden. Sterne sind alles andere als sanft. Sie können Wasserstoff in schwerere Elemente umwandeln, ohne die es keine Asteroiden, Gesteinsplaneten und sicherlich kein Leben gäbe. Auch der Stoff, aus dem wir bestehen, wurde einst in Sternen erbrütet: Wir sind im wahrsten Wortsinn aus Sternenstaub entstanden.

Die Eigenschaften von Sternen unterscheiden sich deutlich: Die Palette reicht von kleinen „kühlen" Sternen, die Billionen Jahre lang ruhig brennen und dann langsam verglühen, bis hin zu heißen Sterngiganten, die ihren Treibstoff wild verschleudern. Die massereichsten Exemplare beenden ihr Leben mit gewaltigen Explosionen, bei denen die entstandenen Elemente in den Kosmos geschleudert werden und einige der seltsamsten Ob-

jekte des Universums zurückbleiben: Neutronensterne und Schwarze Löcher.

Bevor wir uns den spannenden Eigenschaften von Sternen und ihren Lebenszyklen widmen, stellen wir uns aber zunächst die Frage, wie wir eigentlich so viel über die Sterne wissen können. Der nächste Stern (abgesehen von unserer Sonne) ist rund vier Lichtjahre weit entfernt: Wie lassen sich derart ferne Objekte also überhaupt untersuchen? Durch verschiedene Techniken und zahlreiche Beobachtungen war es uns im Laufe der Jahrhunderte möglich, großartige Einblicke in das Leben von Sternen und ihr Inneres zu gewinnen.

Das Licht untersuchen

Vor Beginn der wissenschaftlichen Revolution konnte der Himmel nur mit bloßen Augen beobachtet werden. Unsere Vorfahren erfassten die Positionen der Sterne und trafen Vorhersagen über ihre Bewegungen; über ihre wahre Natur wussten sie jedoch noch wenig. Als das Zeitalter der Wissenschaft anbrach, wurde das Teleskop erfunden und Astronomen konnten plötzlich weiter und klarer sehen als je zuvor. Zusammen mit bedeutenden Entdeckungen in unserem Sonnensystem – wie neuen Monden, den Saturnringen und den beiden letzten Planeten – zeigte das Teleskop auch zahlreiche Sterne, die zuvor noch unbekannt waren. Und so sollte es nicht lange dauern, bis Tausende neue Sterne von führenden Astronomen katalogisiert wurden. Mitte des 19. Jahrhunderts gelang es dem deutschen Astronom Friedrich Bessel dann erstmals, die Entfernung zu einem Stern zu bestimmen (S. 104), wofür er nur ein Teleskop, exakte Messungen und die Mathematik benötigte. Nun war man einen großen Schritt weiter: Ein „Maßstab" für den Weltraum und die Sterne war eingeführt.

Es sollte allerdings noch bis ins Jahr 1859 dauern, bis ein weiterer wissenschaftlicher Durchbruch geschah, der unser Wissen über die Sterne revolutionierte. Gustav Kirchhoff und Robert Bunsen, zwei deutsche Wissenschaftler, entwickelten die Methode der Spektroskopie (S. 101). Sie hatten herausgefunden, dass bei Zerlegung eines Lichtstrahls (wie durch das Prisma links) im erzeugten Lichtspektrum charakteristische Linien auftreten, die anzeigen, auf welche chemischen Elemente das Licht zuvor getroffen ist. Diese Technik offenbarte nicht nur, woraus Sterne wirklich bestehen, sondern auch, wie häufig die verschiedenen Elemente vorkommen. Mittels Spektroskopie lässt sich ebenfalls die Temperatur eines Sterns bestimmen, aus der seine Masse abgeleitet werden kann. Darüber hinaus ist feststellbar, ob sich ein Stern von uns weg- oder auf uns zubewegt und mit welcher Geschwindigkeit er das tut. Durch die Analyse des Sternlichts wissen wir mehr, als wir durch einfache Beobachtung jemals hätten erfahren können – selbst mit den besten Teleskopen.

LICHT UND STRAHLUNG

Bevor wir uns klarmachen, wie wir das Licht nutzen können, um die Charakteristika von Sternen zu analysieren, werfen wir zunächst einen Blick auf die grundlegenden Eigenschaften von Licht.

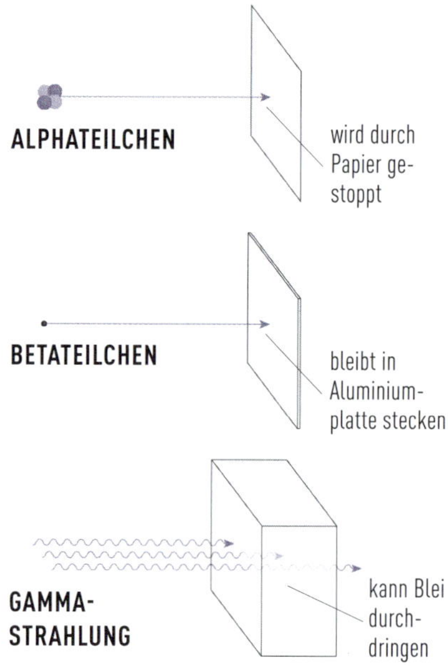

Ab jetzt verwenden wir den Begriff Strahlung für die Energie, die Sterne aussenden, denn Licht umfasst nur das, was wir mit unseren Augen sehen können. Strahlung hingegen deckt auch Bereiche ab, die wir nicht direkt wahrnehmen. Doch was genau ist Strahlung? Nun, es gibt verschiedene Arten und ihnen gemein ist die Übertragung von Energie mittels Wellen oder Teilchen. Bei Alpha- und Betastrahlung bewegen sich geladene Teilchen mit hoher Geschwindigkeit und werden von Materie leicht wieder gestoppt. Elektromagnetische Strahlung (EMS) besteht hingegen aus neutralen und masselosen Photonen, die sich mit Lichtgeschwindigkeit bewegen. Sie schwingen wie Wellen, wobei die Wellenlänge die Natur der Strahlung festlegt. Bestimmte Wellenlängen sehen wir als die verschiedenen Farben des sichtbaren Lichts, doch schon geringfügig längere oder kürzere Wellenlängen sind für uns unsichtbar. Die EMS mit der kürzesten Wellenlänge nennt man Gammastrahlung. Sie kann sogar dichte Materialien wie Blei durchdringen.

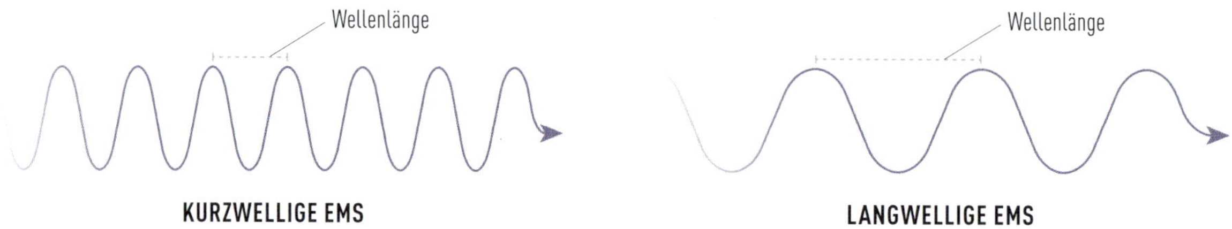

DAS ELEKTROMAGNETISCHE SPEKTRUM

Den gesamten Bereich der EMS bezeichnet man als elektromagnetisches Spektrum (Abb. unten). Es ist bemerkenswert, wie klein der Teil ist, den unsere Augen erfassen können – trotz der vielen Farben, die unseren Alltag bereichern, sehen wir nur einen Bruchteil dessen, was tatsächlich vor sich geht.

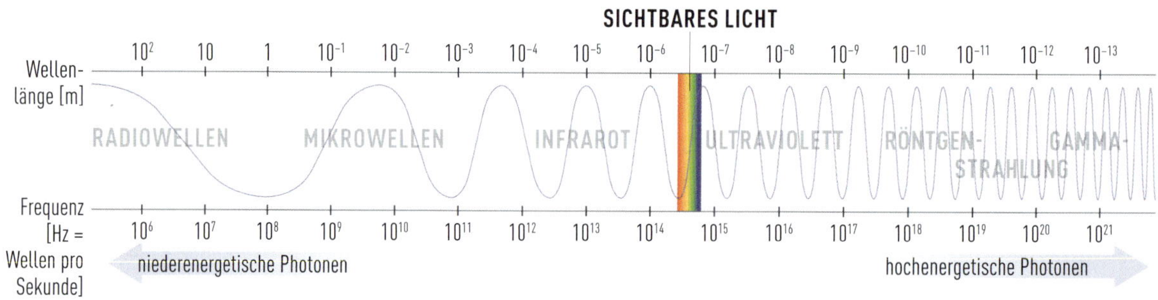

Wie oben erklärt, kann EMS durch ihre Wellenlänge charakterisiert werden, aber auch durch ihre Frequenz oder die Photonenenergie. Letztere beschreibt die Energiemenge je Photon, wobei hochenergetische Photonen EMS mit kurzer Wellenlänge entsprechen. Die Frequenz gibt an, wie viele Schwingungen pro Sekunde ausgeführt werden. Da sich EMS immer mit Lichtgeschwindigkeit fortbewegt, ist die Zahl der Schwingungen pro Sekunde umso kleiner, je größer die Wellenlänge ist.

SPEKTROSKOPIE

In der Abbildung sieht man, wie ein weißer Lichtstrahl auf ein Glasprisma trifft – beim Durchqueren des Prismas wird das Licht in einzelne Farbbänder aufgespalten. Grund dafür ist die *Refraktion* oder Brechung: Wellen, die von einem Medium in ein anderes treten, ändern ihre Ausbreitungsrichtung. Je nach Wellenlänge wird die Bewegungsrichtung der Photonen um unterschiedliche Beträge geändert, wodurch jede Farbe um einen anderen Winkel abgelenkt wird. Im Ergebnis sehen wir, dass sich weißes Licht aus allen Farben des Regenbogens zusammensetzt.

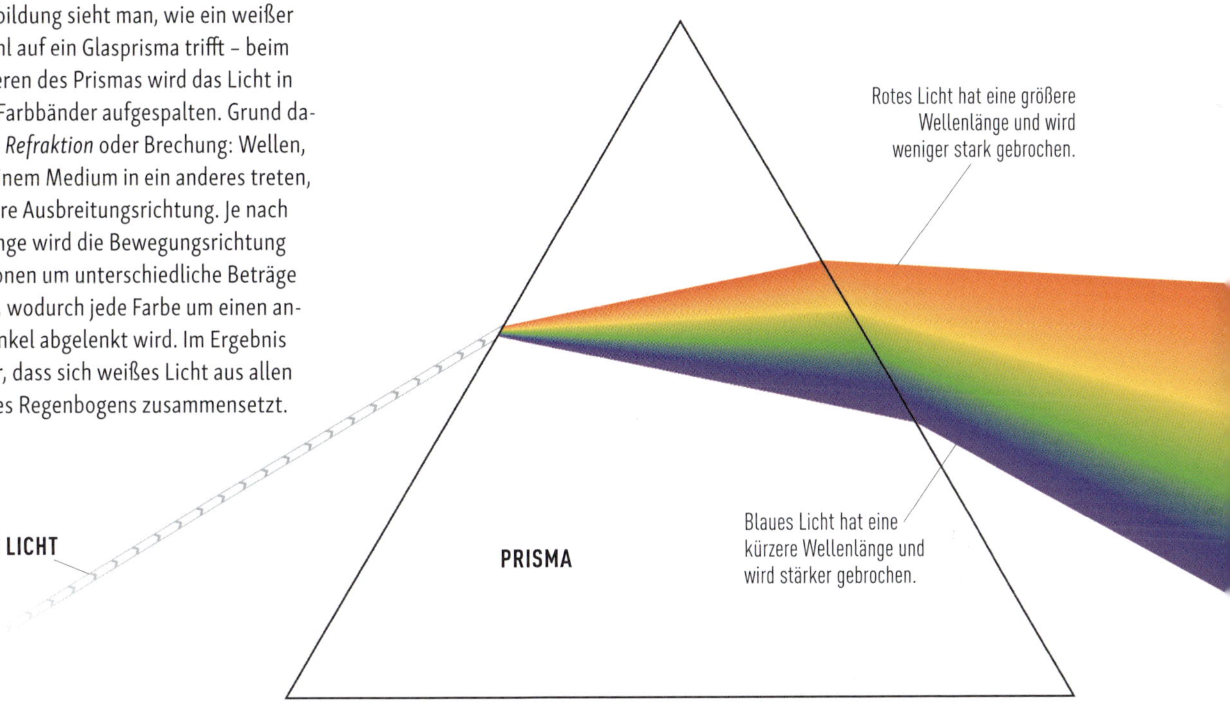

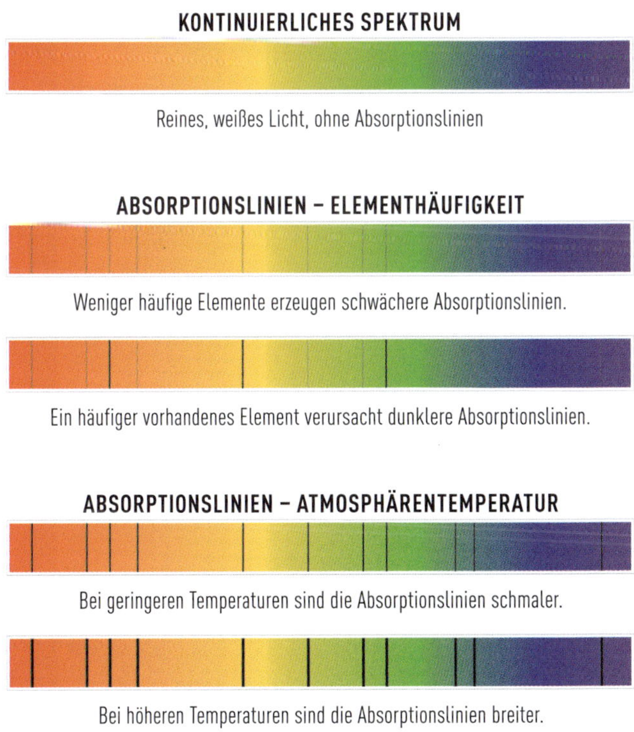

Mit den beschriebenen Gesetzmäßigkeiten können Astronomen auch die Strahlung eines Sterns analysieren, indem sie diese in ihre Bestandteile aufspalten. Allerdings sehen sie dann kein kontinuierliches Spektrum, sondern inmitten der Farben senkrechte schwarze Linien. Diese *Absorptionslinien* zeigen an, dass Photonen bestimmter Wellenlängen in der Sternatmosphäre absorbiert werden und die Position der Linien weist darauf hin, welche chemischen Elemente dies verursachen. Die Linien verraten uns sogar, wie häufig diese Elemente vorkommen: Kräftigere, dunklere Linien weisen auf eine stärkere Präsenz hin. Auch die Temperatur einer Sternphotosphäre lässt sich bestimmen: Sie wird durch die Dicke der Linien angezeigt, wobei breitere Linien mit heißeren Atmosphären einhergehen. Mit der Spektroskopie konnte man aber nicht nur Sterne klassifizieren, sondern sie war auch von entscheidender Bedeutung, um zu verstehen, woraus das Universum insgesamt besteht.

DIE LEUCHTKRAFT

Die Leuchtkraft eines Sterns ist ein Maß für seine *tatsächliche* Helligkeit – im Unterschied dazu, wie hell er von der Erde aus erscheint. Ein naher Stern kann sehr hell wirken, doch viel weniger leuchtkräftig sein als ein entfernterer. Im Alltag geben wir die Leistung von Glühbirnen in Watt an; in der Astronomie messen wir die Leuchtkraft eines Sterns relativ zu unserer Sonne. Kennt man die scheinbare Helligkeit, so kann man seine Leuchtkraft berechnen, wenn die Entfernung bekannt ist.

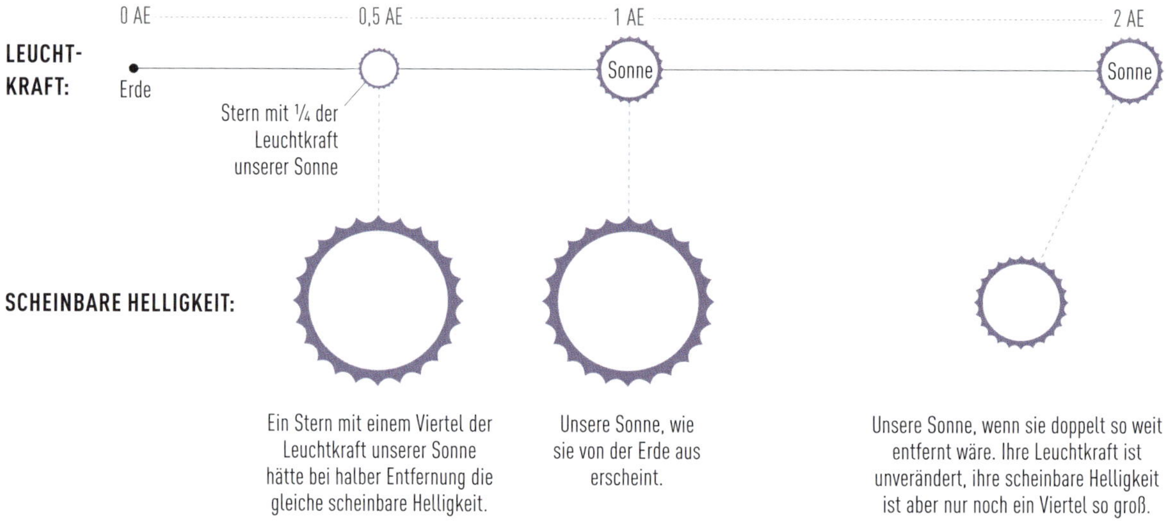

STERNFARBEN

Sterne leuchten in unterschiedlichen Farben. Da ist zum Beispiel der rot glühende Aldebaran, unsere gelblich getönte Sonne oder die blauweiße Wega. Die Farbe eines Sterns liefert einen Hinweis auf die Temperatur seiner Photosphäre – je röter er ist, umso kühler ist er und umso weniger leuchtkräftig im Vergleich. Sind zwei Sterne beispielsweise gleich groß, einer rot und der andere blau, dann ist der blaue Stern leuchtkräftiger. Extrem heiße Sterne emittieren den Großteil ihrer Strahlung als Ultraviolettstrahlung – obwohl sie für uns unsichtbar ist, zählt sie dazu und erhöht die Leuchtkraft der Sterne noch zusätzlich.

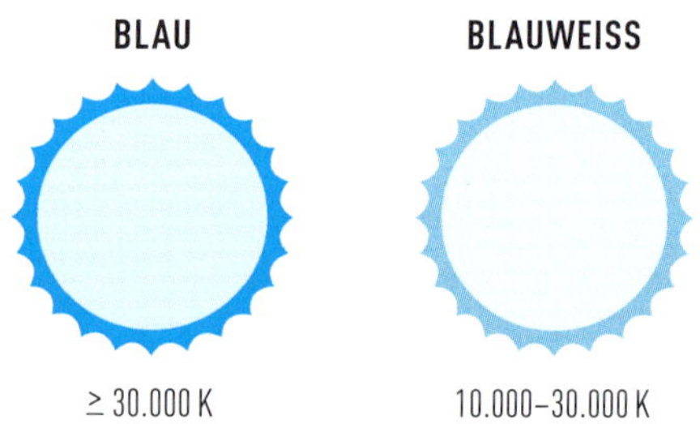

BLAU- UND ROTVERSCHIEBUNG

Wenn sich ein leuchtendes Objekt bewegt, kann dies aufgrund der Wellennatur von Licht und Strahlung einen Einfluss auf seine wahrgenommene Farbe haben.

Ein Körper, der sich auf uns zubewegt, komprimiert die Wellen vor sich und die Wellenlängen werden dadurch kürzer. Im sichtbaren Licht erzeugen kurze Wellenlängen Farben am blauen Ende des Spektrums und es gilt: Je kürzer die Wellenlängen, umso blauer erscheint das Objekt – man bezeichnet das als Blauverschiebung. Rotverschiebung ist das Gegenteil davon: Bewegt sich ein Objekt von uns weg, werden die Wellenlängen größer und das sich entfernende Objekt erscheint röter. Das zugrundeliegende physikalische Phänomen von Stauchung und Streckung bei sich verkleinerndem oder vergrößerndem Abstand nennt man Doppler-Effekt.

Auf der Erde ist dieser Effekt bei Farben von Objekten nicht zu bemerken. Er wird erst wahrnehmbar bei Geschwindigkeiten über 5200 Kilometern pro Sekunde, was rund 75-mal schneller ist als das schnellste menschengemachte Raumschiff. Man kennt das gleiche Phänomen aber beim Schall, der sich ebenfalls wellenförmig ausbreitet. Ein Beispiel ist die Sirene eines schnell fahrenden Polizeiautos: Rast es auf uns zu, werden die Schallwellen komprimiert und erzeugen einen höheren Ton, bewegt es sich weg, wird der Ton tiefer, da die Wellenlängen größer werden.

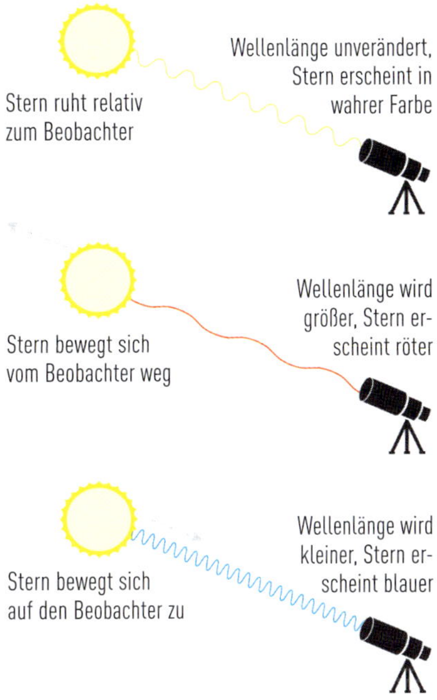

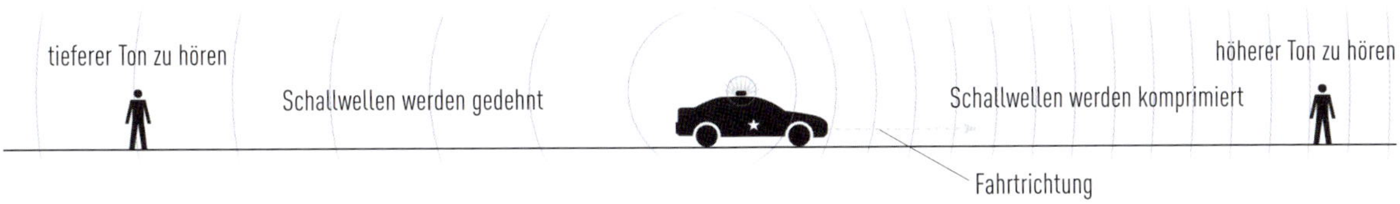

KOSMISCHER STAUB

Im Weltall herrscht kein perfektes Vakuum. Das ganze Universum ist durchzogen von Gas und feinem Staub, der sich aus verschiedenen Mineralen zusammensetzt. Aber wieso können wir überhaupt so weit ins Universum blicken, wenn der Raum mit winzigen Staubpartikeln angefüllt ist – wie kommt das Licht da hindurch? Ganz einfach: Weil die Teilchen unglaublich klein sind, mit Durchmessern von einem millionstel Meter – vergleichbar mit den Partikeln in Zigarettenrauch. Bei dieser Größe blocken sie das Licht nicht, sondern absorbieren und streuen es leicht, was dazu führt, dass der Raum nicht vollkommen durchsichtig ist. Kosmischer Staub absorbiert mehr Licht vom blauen Ende des Spektrums, weshalb ein Himmelsobjekt umso röter erscheint, je weiter es entfernt ist. Wenn das nächste Mal jemand vom „schwarzen Nachthimmel" spricht, können Sie also sagen: In Wahrheit ist er leicht rötlich.

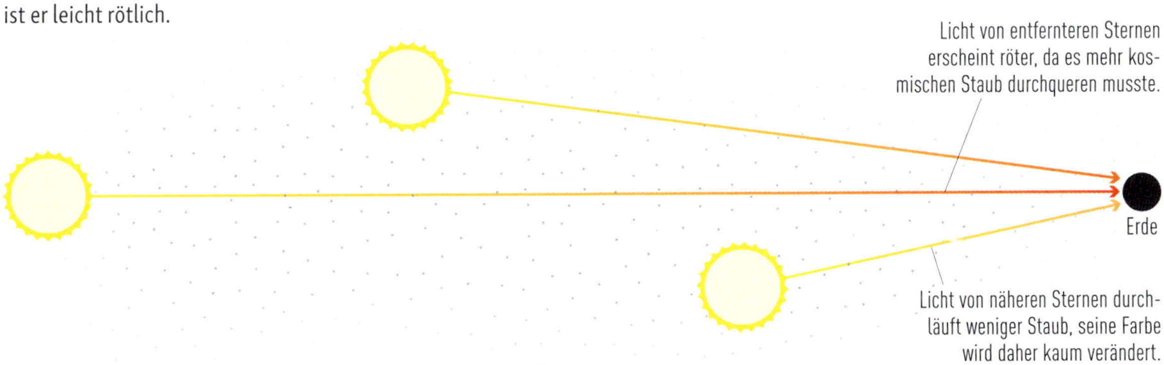

Vermessung von Sternen

Sternentfernungen

Für einen Beobachter auf der Erde sehen die Sterne am Himmel wie kleine Löchlein aus, die durch die schwarze Decke der Nacht gestochen wurden. Wie weit sie entfernt sind, kann man nur vermuten ... ein Lichtjahr? Zehn Lichtjahre? Oder 100-mal so weit? Wenn wir die Entfernungen der Sterne kennen, können wir uns selbst mithilfe eines dreidimensionalen Modells in den großen Bauplan des Kosmos einordnen.

Astronomen können die Distanz eines Sterns berechnen, indem sie seine *Parallaxe* messen – der Begriff beschreibt die Größe der scheinbaren Verschiebung eines Objektes, wenn man es von verschiedenen Positionen aus betrachtet. Halten Sie zur Verdeutlichung einmal Ihren Daumen am ausgestreckten Arm nach oben und kneifen Sie ein Auge zu. Schauen Sie den Daumen danach mit dem anderen Auge an: Er hat relativ zum Hintergrund seine Position verändert. Wenn Sie die Aktion mit Ihrem Daumen viel näher am Gesicht wiederholen, erkennen Sie, dass nähere Objekte eine größere Parallaxe haben.

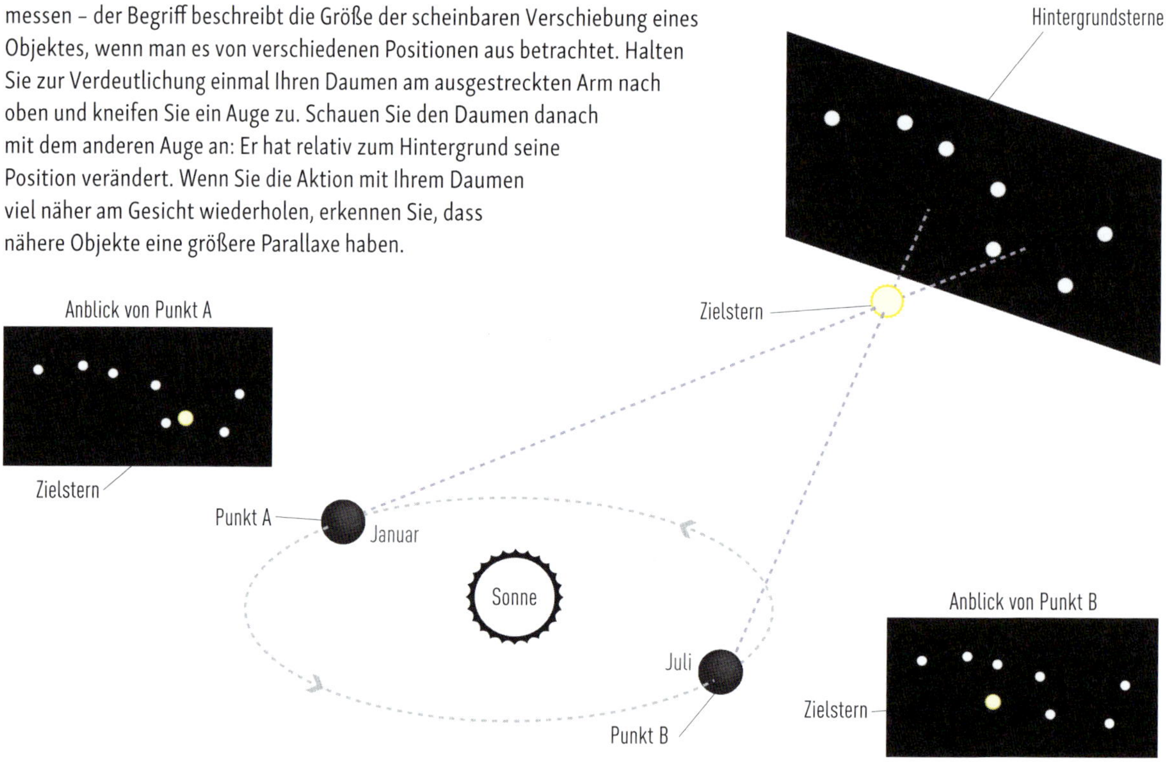

Bei der Messung von Sternparallaxen sollten die beiden Beobachtungspositionen möglichst weit auseinanderliegen. Astronomen warten daher nach der ersten Beobachtung eines Zielsterns sechs Monate, damit die Erde auf ihrer Umlaufbahn um die Sonne eine halbe Umdrehung weiter und somit so weit wie möglich von der ersten Position entfernt ist. Von dort beobachten sie den Stern erneut, um zu sehen, wie groß seine scheinbare Verschiebung ist. Mithilfe von Trigonometrie lässt sich daraus die Sternentfernung berechnen. Sterne sind so weit weg, dass man ihre Distanzen nicht in Kilometern angibt (die Zahlen wären enorm groß), sondern in der Zeit, die das Licht benötigt, um die fragliche Distanz zurückzulegen. Das Licht braucht 8,3 Minuten von der Sonne zur Erde und man sagt, die Sonne ist 8,3 Lichtminuten weit weg. Der nächste Stern – abgesehen von der Sonne – ist bereits 4,2 Lichtjahre (!) entfernt.

Eine Sternparallaxe zu bestimmen, erfordert sehr exakte Messungen – erdgebundene Teleskope sind daher nur begrenzt einsetzbar. Wegen der störenden Erdatmosphäre haben sie eine geringere Auflösung und können Sternparallaxen nur bis in rund 65 Lichtjahre Entfernung erfolgreich messen. Teleskope im Orbit liefern viel präzisere Daten, weshalb sich mit ihnen Sternpositionen messen lassen, die Tausende Lichtjahre weit weg sind.

STERNDURCHMESSER

Möchten wir die Größe der Sonne bestimmen, messen wir ihren Winkeldurchmesser (ihre scheinbare Größe am Himmel) und da wir ihre Entfernung kennen, können wir mithilfe der Trigonometrie ihren wahren Durchmesser berechnen. Das funktioniert, weil die Sonne relativ nah ist und wir ihre scheinbare Größe recht genau messen können. Die Sterne sind allerdings so weit weg, dass sie selbst beim Einsatz der leistungsfähigsten Teleskope auf der Erde winzig erscheinen – und noch dazu ein wenig verschwommen. Um überhaupt Messungen vornehmen zu können, nutzen Astronomen daher die Interferometrie, bei der mindestens zwei Teleskope auf die gleiche Stelle am Himmel ausgerichtet werden. Kombiniert man nun Bilder dieser verschiedenen Teleskope miteinander, lässt sich eine schärfere Abbildung erzeugen, mit der der wahre Durchmesser berechnet werden kann.

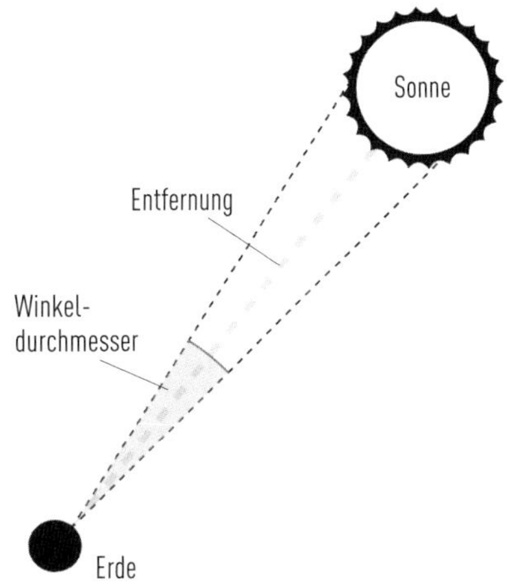

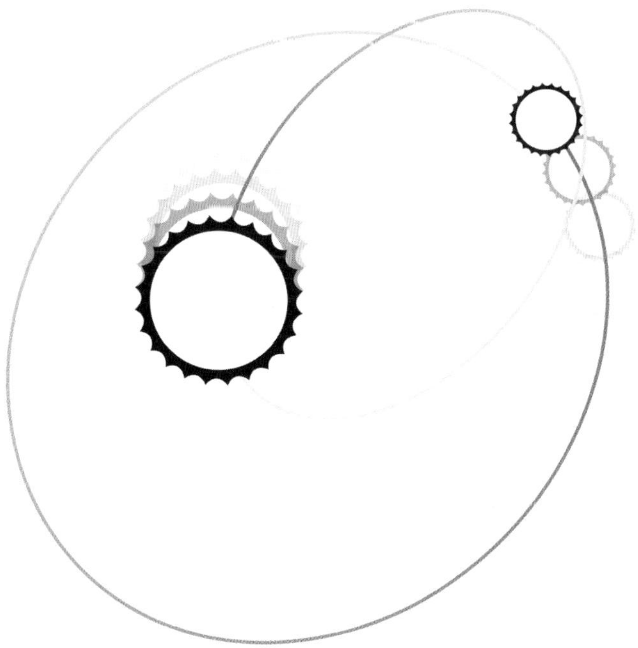

STERNMASSEN

Die Masse eines Sterns lässt sich bestimmen, indem man Körper beobachtet, die ihn umkreisen. Zum Beispiel können wir die Masse der Sonne über die Umlaufdauer der Erde und ihre Entfernung bestimmen. Bei den Sternen wird die Masse meist über Wechselwirkungen mit anderen Sternen abgeleitet. Viele Sterne stehen in Paaren zusammen, die einander umkreisen. Indem man ihre relativen Abstände und Geschwindigkeiten misst, können ihre Massen bestimmt werden.

Nachdem viele Sternmassen mit dieser Methode bestimmt worden waren, erkannte man, dass die Masse eines Sterns in direktem Zusammenhang mit seiner Leuchtkraft steht, wobei kleine Massenzuwächse zu einem schnellen Leuchtkraftanstieg führen. Daher ist die Leuchtkraft ebenfalls hilfreich bei der Bestimmung von Sternmassen.

Nebel

Das Universum ist unvorstellbar riesig und der Großteil davon scheint leer zu sein. Geordnete Materieansammlungen wie Sterne und Planetensysteme sind darin weit verstreut, doch Materie existiert auch in gigantischen, unstrukturierten Wolken, die man als Nebel bezeichnet. Diese prachtvollen Gebilde können Tausende Lichtjahre groß sein und obwohl sie nur wenig dichter sind als der umgebende Raum, sind sie der erste Schritt bei der Entstehung „handfesterer" Himmelskörper.

Es gibt verschiedene Nebelarten mit unterschiedlicher Entstehungsgeschichte: Einige bilden sich durch die allmähliche Verklumpung von Partikeln, die den interstellaren Raum bevölkern, andere sind Überbleibsel sterbender Sterne. Im ersten Fall entwickeln sich Nebel aus dem *interstellaren Medium*, das aus Ionen, Molekülen und Strahlung besteht und den Raum zwischen den Sternen füllt.* Normalerweise ist das interstellare Medium so dünn verteilt, dass sich die Partikel nicht gegenseitig anziehen, durch Störungen können jedoch einzelne Bereiche verdichtet werden. Nebel dieser Art bestehen aus den Elementen, die man im interstellaren Medium findet: Rund drei Viertel davon sind Wasserstoff, der Rest Helium mit Spuren anderer Elemente. Kollabieren Nebelgebiete weiter, verdichtet sich die Materie in sogenannten Sternentstehungsgebieten so stark, dass Kernfusion möglich wird und Sterne entstehen.

Andere Nebel bilden sich nach Supernova-Explosionen – sie zählen zu den gewaltigsten Ereignissen im Universum. Supernovae treten auf, wenn extrem massereiche Sterne das Ende ihres Lebens erreichen und explodieren, wobei sie ihre Materie in den Weltraum schleudern. Da solche Sterne schwerere Elemente erzeugen, enthalten *Supernovaüberreste* ein breiteres Spektrum an Elementen als Nebel, die aus dem interstellaren Medium entstanden sind. Supernovaüberreste können eine neue Generation von Sternen hervorbringen und enthalten auch Material zur Bildung von Gesteinsplaneten. Kleinere Sterne wie die Sonne bilden am Ende ihres Lebens ebenfalls Nebel aus. Typischerweise haben solche Nebel von Sternen mit etwa einer bis acht Sonnenmassen eine nahezu runde Form und wegen ihrer planetenähnlichen Gestalt bezeichnet man sie als *Planetarische Nebel*. In astronomischen Begriffen sind Planetarische Nebel kurzlebig, sie existieren nur einige Zehntausend Jahre.

Gelegentlich erscheinen Nebel auch als dunkle Stellen am Himmel: Das Licht der dahinterliegenden Sterne wird dann vom Gas und Staub darin vollständig absorbiert. In anderen Fällen werden Nebel wiederum von Lichtquellen beleuchtet und unter bestimmten Umständen leuchten sie auch selbst. Ursache dafür sind junge Sterne in Sternentstehungsregionen oder massereiche, heiße Sterne in der Nähe eines Nebels: Die von den Sternen emittierten hochenergetischen Photonen wechselwirken mit der Nebelmaterie, die die Strahlung reflektiert oder reemittiert. Obwohl viele Nebel auch sichtbares Licht aussenden, zeigen sich zahlreiche solcher Gebiete erst auf langbelichteten Aufnahmen und mit speziellen Filtern. Sie präsentieren die Nebel in vollem Glanz und zeigen mehr, als unsere Augen wahrnehmen können.

* „Füllen" ist hier eine Übertreibung, da das interstellare Medium eine mittlere Dichte von nur einem Atom pro Kubikzentimeter hat; es durchzieht jedoch die gesamte Galaxie. Zum Vergleich: In einem Kubikzentimeter Luft befinden sich auf Meereshöhe 25×10^{21} (oder 25.000.000.000.000.000.000.000) Moleküle.

INTERSTELLARE WOLKE

NEBELANALYSE

So, wie wir das Licht von Sternen analysieren, um die Zusammensetzung ihrer Atmosphären zu bestimmen, können wir mithilfe der Spektroskopie (S. 101) auch das Licht untersuchen, das einen Nebel durchlaufen hat. Anhand der vorhandenen Absorptionslinien lässt sich herausfinden, aus welchen Elementen der Nebel besteht und welche Temperatur er besitzt.

Senden Nebel hingegen selbst Strahlung aus – im Unterschied zur reinen Absorption von Strahlung, die sie durchläuft –, sieht das erzeugte Spektrum etwas anders aus. Nebel, die von hochenergetischen Photonen aus den in ihnen eingebetteten Sternentstehungsregionen oder von anderen leistungsstarken Quellen in der Nähe bombardiert werden, bestehen aus ionisierter Materie. Rekombinieren die Ionen wieder mit freien Elektronen, emittieren sie elektromagnetische Strahlung bei spezifischen Wellenlängen. Das Spektrum, das diese Nebelart erzeugt, ist dunkel mit vereinzelten hellen Farbbändern, die man *Emissionslinien* nennt. Auch sie zeigen an, welche Elemente im Nebel vorhanden sind.

Die hier abgebildeten Spektren sind der Einfachheit halber klar strukturiert. In der Realität sind Spektren viel schwieriger zu interpretieren, da sich die verschiedenen Linien überlagern können.

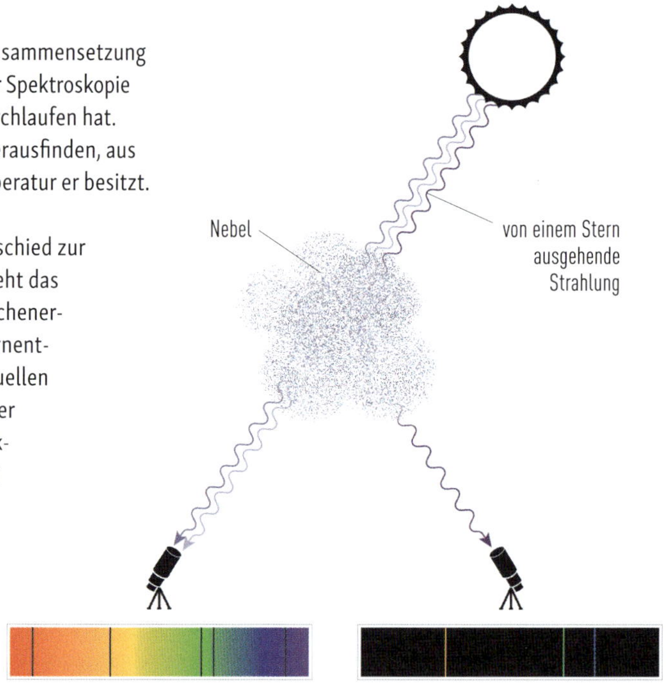

Strahlung, die einen Nebel durchläuft, erzeugt ein Absorptionsspektrum. Wie bei Sternen werden die dunklen Linien durch Atome verschiedener Elemente verursacht, die Photonen bei bestimmten Wellenlängen absorbieren.

Hier wurde der Nebel mit hochenergetischen Photonen eines Nachbarsterns oder einer Sternentstehungsregion bestrahlt. Die Nebelgase reemittieren Photonen bei spezifischen Wellenlängen und erzeugen ein Emissionsspektrum.

GERINGE DICHTE

Trotz ihrer Größe haben Nebel eine erstaunlich geringe Masse. Eine Wolke aus Nebelmaterie von der Größe der Erde hätte eine Masse von nur wenigen Kilogramm. Nur aufgrund der unvorstellbar riesigen Dimensionen gibt es in Nebeln genügend Materie, um Sterne und Planeten zu bilden.

TARANTEL-NEBEL

In 160.000 Lichtjahren Entfernung befindet sich der Tarantelnebel. Wegen seiner enormen Sternentstehungsrate ist er extrem leuchtkräftig – es handelt sich um die aktivste Region, die man in der Lokalen Galaxiengruppe kennt. Der faszinierendste Bereich enthält einen jungen Sternhaufen mit der Bezeichnung NGC 2070, der nur wenige Millionen Jahre alt ist und einige der massereichsten Sterne beherbergt, die je entdeckt wurden. Man findet hier Dutzende junger Sterne mit mehr als 100 Sonnenmassen und zehnfacher Oberflächentemperatur der Sonne neben Hunderttausenden kleineren Exemplaren. Der Nebel hat einen Durchmesser von rund 1600 Lichtjahren.

DAS LEUCHTENDE AUGE

Dieser hübsche Nebel mit dem offiziellen Namen NGC 6751 ist ein Planetarischer Nebel in einer Entfernung von 6500 Lichtjahren. Er entstand vor einigen Tausend Jahren, als ein sterbender Stern seine äußeren Gasschichten in den Weltraum blies. Der Sternrest, den man im Zentrum des Nebels sieht, ist sehr leuchtkräftig mit der unfassbar hohen Oberflächentemperatur von rund 140.000 Grad Celsius – seine hohe Strahlungsintensität im UV-Bereich regt das umgebende Gas zum Leuchten an. Der Nebel hat einen Durchmesser von 0,8 Lichtjahren, was dem 600-fachen Durchmesser unseres Planetensystems entspricht.

Protosterne

Die erste Lebensphase eines Sterns beginnt, wenn er aus einer kollabierenden Gaswolke innerhalb eines Nebels hervortritt. Derart junge Sterne sind noch nicht massereich genug, um im Kern Wasserstoff zu fusionieren; sie glimmen deshalb nur schwach, während sie weiter Materie aus dem umgebenden Nebel aufsammeln.

Ein Protostern ist geboren, sobald sich in seinem Inneren ein dichter, strahlungsundurchlässiger Kern ausgebildet hat. Der Sternembryo zieht weiterhin Materie an, die einfallenden Partikel heizen sich durch Kollisionen auf und senden Infrarotstrahlung aus. Astronomen können die kleinen zukünftigen Sterne als punktförmige Infrarotquellen am Himmel identifizieren, die ansonsten schwierig zu entdecken wären. Sie legen kontiniuierlich an Masse zu und sammeln das umgebende Gas auf, bis es aufgebraucht ist.

Protosterne besitzen noch nicht die inneren Druck- und Temperaturverhältnisse, um Wasserstoff zu fusionieren. Vermutlich findet allerdings eine andere Fusionsreaktion im Kern statt: Deuterium (ein Wasserstoffisotop, S. 116) wird verschmolzen. Da es jedoch deutlich seltener vorkommt als Wasserstoff, finden sehr viel weniger Reaktionen statt. Aktuell geht man davon aus, dass sämtliche Photonen, die durch diese Fusion produziert werden, durch den stellaren Staub, den der Protostern aufgesammelt hat, absorbiert und reemittiert werden.

Ein Protostern wird zum Stern, sobald er in seinem Kern Wasserstoff verbrennt. So hat unsere Sonne schätzungsweise eine Million Jahre als Protostern verbracht – nur ein winziger Bruchteil ihrer insgesamt zehn Milliarden Jahre währenden Lebensspanne. Bei anderen Sternen kann das anders sein: Je massereicher sie sind, desto schneller kollabieren sie und beginnen, Wasserstoff zu fusionieren – umso kürzer ist dann auch ihre Protosternphase.

Braune Zwerge

Nicht alle Protosterne entwickeln sich letztlich zu Sternen; viele von ihnen können nicht genügend Material anhäufen, um die für die Wasserstofffusion notwendigen Temperaturen und Druckbedingungen zu erzeugen. Erreichen Objekte nur bis zu 13 Jupitermassen, werden sie zu Gasriesen wie die großen Planeten in unserem Sonnensystem. Zwischen 13 und 80 Jupitermassen bezeichnet man sie als Braune Zwerge; sie zählen zu den *substellaren* Objekten, da sie keinen Wasserstoff fusionieren.

Braune Zwerge sind nicht sehr leuchtkräftig. Tatsächlich erscheinen sie allerdings nicht braun, sondern im Farbbereich von Magenta, Orange und Rot. Wie im Fall von Protosternen vermutet man, dass Braune Zwerge im Kern Deuterium verschmelzen, sie bleiben dabei aber dunkel und kühl: Die Oberflächentemperaturen der kühlsten Braunen Zwerge liegen unterhalb unserer Raumtemperatur. Mit der Zeit verbrauchen sie ihre Deuteriumreserven und strahlen den Rest ihrer Wärme ab.

Das

H-R-Diagramm

Erreicht ein Protostern eine kritische Masse und die Temperaturen in seinem Inneren steigen hoch genug, dann startet in seinem Kern die Kernfusion, die ihn leuchten lässt – aus dem Protostern ist nun ein vollentwickelter Stern geworden. Sobald er strahlt, können Astronomen über verschiedene Methoden seine grundlegenden Eigenschaften bestimmen: die Leuchtkraft aus seiner scheinbaren Helligkeit zusammen mit seiner Entfernung sowie die Temperatur aus seinem Farbton und über die Spektroskopie. Bis zum späten 19. Jahrhundert waren auf diese Weise Zehntausende von Sternen untersucht worden, wodurch Unmengen an Informationen vorlagen. Um die Ergebnisse zu ordnen, zeichneten die Forscher sie in Diagramme und prüften, ob sich Muster ergaben. Das bekannteste Resultat ist das *Hertzsprung-Russell-Diagramm* (kurz: H-R-Diagramm). Es wurde um 1910 unabhängig voneinander vom Dänen Ejnar Hertzsprung und dem Amerikaner Henry Norris Russell entwickelt. Im Laufe der Zeit wurde das H-R-Diagramm zu einem der wichtigsten Hilfsmittel, die Astrophysiker zum Studium der Sternentwicklung nutzen.

Im H-R-Diagramm wird auf der vertikalen Achse die Leuchtkraft aufgetragen, sodass die hellsten Sterne oben liegen; die horizontale Achse zeigt die Oberflächentemperatur, die nach rechts sinkt – die kühlsten Sterne sind also ganz rechts zu finden. In diesem Diagramm zeigt sich, dass die Beziehung zwischen Temperatur und Leuchtkraft nicht zufällig ist und dass sich Sterne in unterschiedliche Gruppen einordnen lassen. Die meisten befinden sich auf der sogenannten Hauptreihe, einem Streifen, der sich von links oben nach rechts unten durchs Diagramm zieht. Ein neuer Stern kann dann auf der Hauptreihe eingetragen werden, wenn er beginnt, Wasserstoff zu fusionieren; die Masse, die er ansammeln konnte, entscheidet darüber, wo genau auf dem Streifen er liegt. Sehr massereiche Sterne brennen heiß und hell, sie befinden sich am linken oberen Ende des Hauptreihenbandes, Sterne geringer Masse brennen kühl und schwach und liegen am rechten unteren Ende. Einmal auf der Hauptreihe angekommen, verbringen Sterne dort den Großteil ihrer Existenz in einem weitgehend stabilen Zustand, in dem sie Temperatur und Leuchtkraft beibehalten, bis ihr Brennstoff zur Neige geht.

In der Originalversion stellt ein H-R-Diagramm nur Temperatur und Leuchtkraft gegenüber, manchmal werden jedoch zusätzlich die relativen Sterngrößen eingezeichnet. Dies ist auch im Diagramm auf der rechten Seite mit einer Auswahl von Sternen geschehen und wir sehen, dass sich ein weiteres Muster zeigt. Ganz oben rechts in der Darstellung, wo sich die sehr leuchtkräftigen, aber kühlen Sterne aufhalten, sind die Sterngrößen riesig und in der linken unteren Ecke finden wir die kleinsten Sterne.

Zusätzlich zur Temperatur ist an der horizontalen Achse die Spektralklasse eines Sterns angegeben. Sie gibt uns Aufschluss darüber, welche Art von Strahlung er aussendet, was sich in der Sternfarbe widerspiegelt. Sterne vom Typ „O“ links sind die heißesten und blauesten, „M-Sterne“ rechts sind die kühlsten und rötesten.

An der vertikalen Achse kann auch die absolute Helligkeit (ein anderes Maß für die Leuchtkraft) stehen. Je kleiner ihr Wert, umso leuchtkräftiger der Stern.

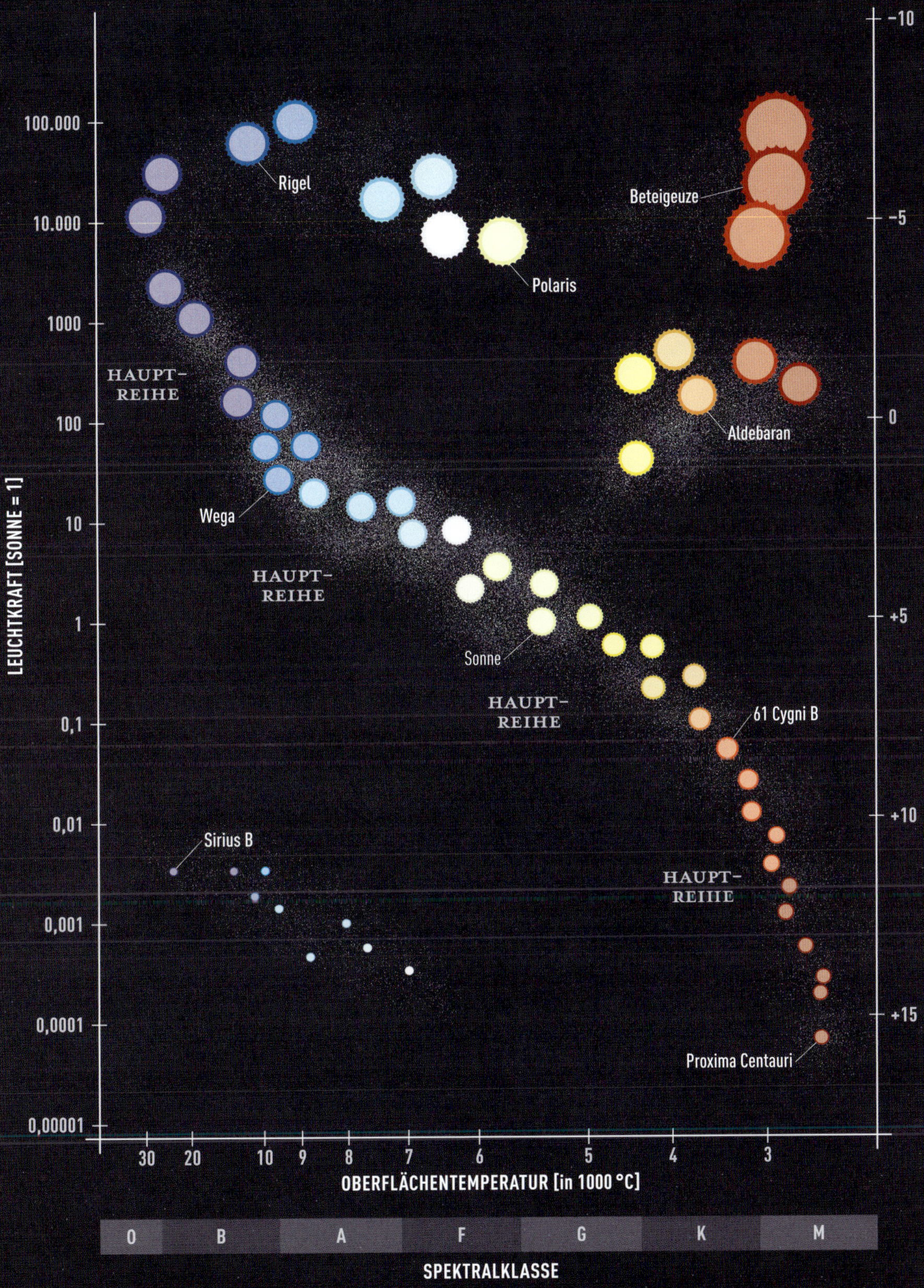
100.000
10.000
1000
100
10
1
0,1
0,01
0,001
0,0001
0,00001
LEUCHTKRAFT [SONNE = 1]
−10
−5
0
+5
+10
+15
ABSOLUTE HELLIGKEIT
Rigel
Beteigeuze
Polaris
HAUPT-
REIHE
Aldebaran
Wega
HAUPT-
REIHE
Sonne
HAUPT-
REIHE
61 Cygni B
Sirius B
HAUPT-
REIHE
Proxima Centauri
30
20
10
9
8
7
6
5
4
3
OBERFLÄCHENTEMPERATUR [in 1000 °C]
O
B
A
F
G
K
M
SPEKTRALKLASSE

113

Hauptreihensterne

Die meisten Sterne im Universum sind Hauptreihensterne und auch unsere Sonne gehört dazu. Sterne auf der Hauptreihe befinden sich im stabilsten, ausgewogensten und langlebigsten Stadium ihrer Existenz: nach dem Beginn der Wasserstofffusion, aber noch vor ihrem Ableben, wenn der Brennstoff ausgeht.

Wenn ein Protostern Materie aus dem umgebenden Nebel ansammelt und größer wird, durchläuft er eine schwerkraftbedingte Kontraktion – ein Prozess, bei dem durch Kompression von Materie Energie freigesetzt wird. Sobald er 0,08 Sonnenmassen erreicht, sind die Bedingungen im Kern geeignet zur Fusion von Wasserstoff – einem weiteren energiefreisetzenden Prozess. Erst wenn die Kernfusion die Energieproduktion dominiert und der Stern seine Energie durch Kontraktion abgegeben hat, bezeichnet man ihn offiziell als Hauptreihenstern.

Zwischen dem Aufleuchten des ersten Lichts und der Abgabe der Kontraktionsenergie bezeichnet man Sterne als *Vorhauptreihensterne*. Sie liegen im Hertzsprung-Russell-Diagramm knapp über dem Band der Hauptreihe. Beim Verlust der Gravitationsenergie durch Kontraktion bewegt sich ein Vorhauptreihenstern im H-R-Diagramm auf die Hauptreihe zu und sobald die Energie vollständig abgegeben ist, fügt er sich in die Hauptreihe ein. Manchmal wird die Vorhauptreihenphase bei der Sternentwicklung auch übersprungen – die massereichsten Sterne kollabieren (in astronomischen Zeiträumen) so schnell, dass die Fusion praktisch sofort beginnt.

Mit dem Erreichen der Hauptreihe erlangen Sterne einen Gleichgewichtszustand, in dem die nach außen wirkende Kraft aus den Fusionsreaktionen im Kern genauso groß ist wie die nach innen wirkende Schwerkraft. In diesem Zustand wachsen Leuchtkraft und Temperatur nur allmählich an und so bewegen sich die Sterne nicht weit von ihrer Ausgangsposition im H-R-Diagramm weg. Sterne verlassen die Hauptreihe, wenn sie einen signifikanten Anteil ihres Wasserstoffs verbraucht haben; dann werden sie leuchtkräftiger und entwickeln sich zu anderen Sterntypen, die wir später noch kennenlernen werden. Die massereicheren Sterne verbringen weniger Zeit auf der Hauptreihe, da sie ihre Wasserstoffvorräte viel schneller verbrauchen. Unsere Sonne wird beispielsweise rund zehn Milliarden Jahre auf der Hauptreihe verbleiben, ein fünfmal so massereicher Stern hat hingegen schon nach 70 Millionen Jahren seinen Wasserstoff verbrannt.

Rund 90 Prozent aller Sterne sind Hauptreihensterne und der Grund dafür liegt darin, dass Sterne in diesem Zustand die meiste Zeit ihres Lebens verbringen. Wenn wir sie beobachten, ist es also besonders wahrscheinlich, dass wir sie in dieser Phase ihrer Existenz sehen. Würden wir eine „menschliche Hauptreihe" für alle Menschen zwischen acht Monaten und 80 Jahren definieren, wäre die Situation ähnlich: Fehlen würden dann nur die Allerjüngsten und die Ältesten.

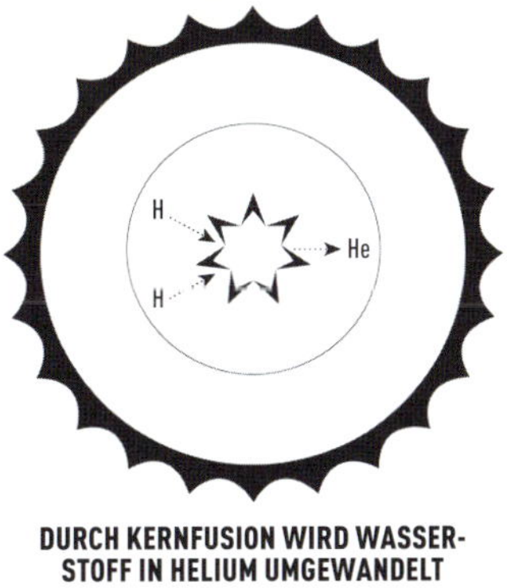

DURCH KERNFUSION WIRD WASSERSTOFF IN HELIUM UMGEWANDELT

Kernfusion in Sternen

KETTENREAKTION

Sterne erreichen die Hauptreihe, wenn sie Wasserstoff verschmelzen oder *verbrennen*, wie man oft sagt. Wir haben schon einen kleinen Einblick erhalten, wie die Fusion in unserer Sonne abläuft (S. 84) und dass durch Kollisionen von Atomkernen Wasserstoff in Helium umgewandelt wird. Es gibt verschiedene Reaktionsketten, durch die Helium erzeugt werden kann – die Grafik unten zeigt die einfachste Variante.

1. Zwei Wasserstoffkerne kollidieren, es entsteht ein Deuteriumkern plus Energie.

2. Ein Deuterium- und ein Wasserstoffkern stoßen zusammen, es bildet sich Helium-3 (s. u.) plus Energie.

3. Zwei Helium-3-Kerne kollidieren, es entstehen zwei Wasserstoffkerne und ein Heliumkern.

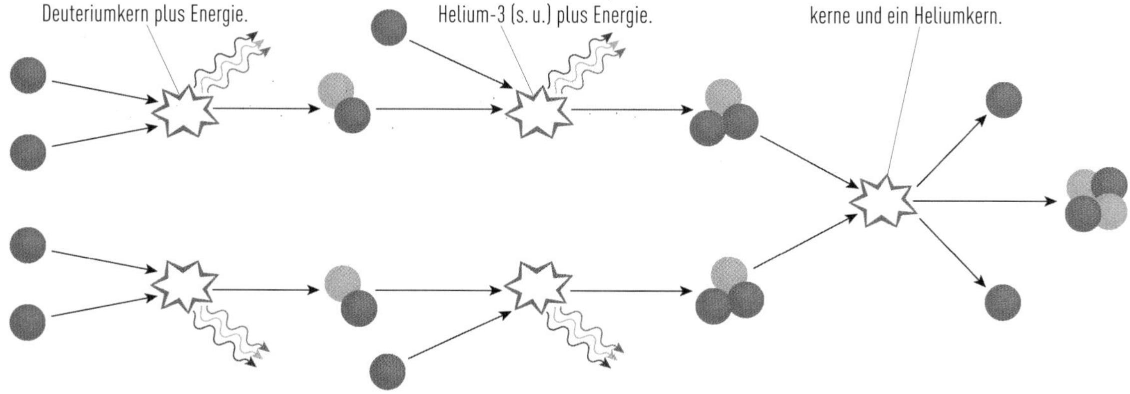

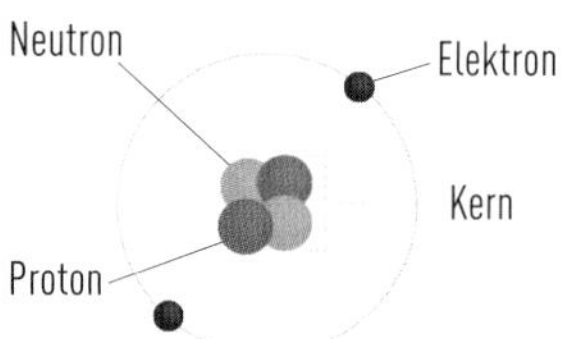

ATOM
Ein Atom ist die kleinste Materieeinheit eines chemischen Elements. Die Anzahl der Protonen im Kern legt fest, um welches Element es sich handelt. Verschiedene Varianten, je nach Anzahl der Neutronen im Kern, bezeichnet man als Isotope.

WASSERSTOFFATOM
das häufigste Isotop von Wasserstoff

WASSERSTOFFKERN
ein einzelnes Proton

DEUTERIUMATOM
ein Wasserstoffisotop mit einem Neutron

DEUTERIUMKERN
ein Proton und ein Neutron

HELIUMATOM
das häufigste Isotop von Helium

HELIUMKERN
zwei Protonen und zwei Neutronen

HELIUM-3-ATOM
ein Heliumisotop mit nur einem Neutron

HELIUM-3-KERN
zwei Protonen und ein Neutron

Die vollständige Serie der oben abgebildeten Reaktionen läuft erst bei Temperaturen von rund zehn Millionen Grad ab. Der zweite Schritt, die Fusion von Deuterium und Wasserstoff, kann jedoch schon bei geringeren Temperaturen auftreten. Er findet daher auch in Braunen Zwergen statt, die nicht heiß genug sind, um Wasserstoffatomkerne miteinander zu verschmelzen und daher viel weniger Energie freisetzen als Sterne. Deuterium macht darüber hinaus nur 0,002 Prozent des Wasserstoffvorkommens im Universum aus und Braune Zwerge verbrauchen auf diese Weise allmählich ihren natürlichen Deuteriumvorrat.

GLEICHGEWICHT

Die durch Kernfusion freigesetzte Energie übt einen nach außen gerichteten Druck gegen die zum Kern gerichtete Schwerkraft aus. Ohne Kernfusion würde ein Stern durch seine schiere Masse kollabieren – was auch geschieht, wenn er eines Tages keinen Brennstoff mehr hat. Wie dies abläuft, hängt sehr stark von seiner Masse ab. Die kleinsten Sterne verbrennen ihren Wasserstoff langsam; ist er verbraucht, endet die Fusion und der Stern fällt in sich zusammen. Massereichere Sterne hingegen erzeugen in ihrem Inneren die nötigen Temperaturen und Druckbedingungen, um weitere Elemente zu fusionieren. Sterne auf der Hauptreihe hingegen befinden sich in einem stabilen Zustand: Die nach außen gerichtete Kraft durch die Wasserstofffusion ist genauso groß wie die nach innen wirkende Schwerkraft – sie expandieren oder kontrahieren nicht.

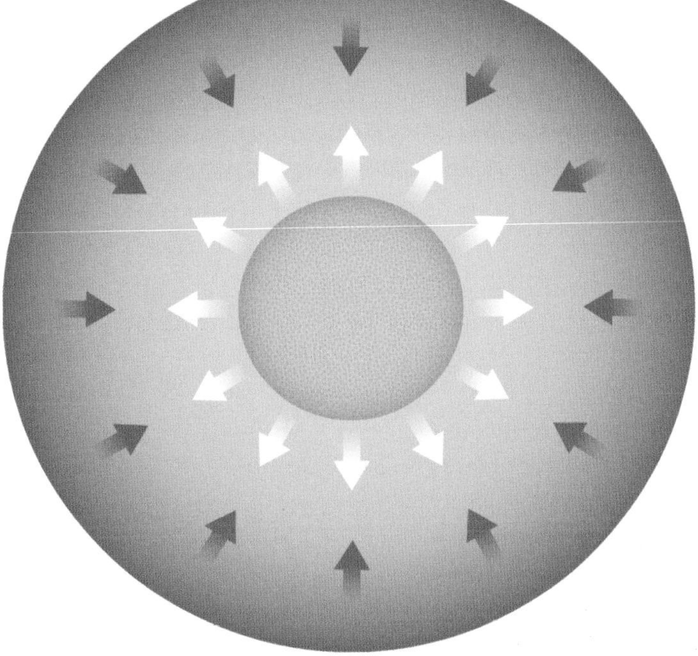

SCHALENSTRUKTUR

In der Abbildung unten befindet sich der Stern Nr. 1 auf der Hauptreihe. Er besteht hauptsächlich aus Wasserstoff. Da er diesen jedoch verbrennt, wandelt er einen Teil davon in Helium um. Während sich das Helium im Kern ansammelt, brennt in einer Schale darüber weiterhin Wasserstoff, wodurch weiteres Helium produziert wird. Bei den massereicheren Sternen geht dieser Prozess weiter, denn durch höheren Druck und größere Temperaturen in ihren Kernen können auch schwerere Elemente produziert werden. Im Zentrum des Heliumkerns wird das schwerere Element Kohlenstoff erzeugt und es entwickelt sich ein Kohlenstoffkern innerhalb einer brennenden Heliumschale, die wiederum von einer brennenden Wasserstoffschale umgeben ist (Stern Nr. 2). Bei sehr massereichen Sternen schreitet der Prozess noch weiter fort und es bildet sich eine Struktur mit vielen Schalen aus, bis das Element Eisen erreicht ist (Stern Nr. 6).

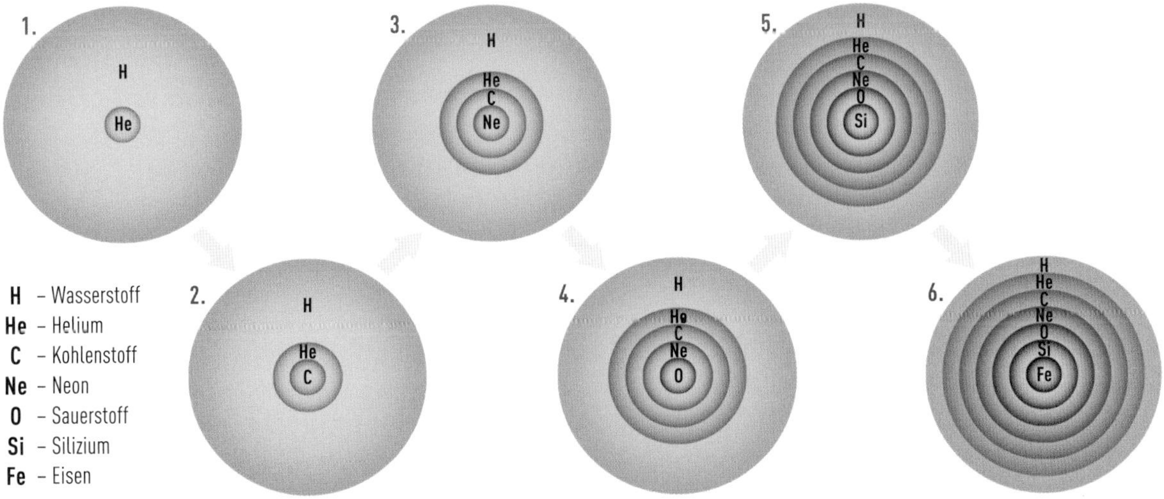

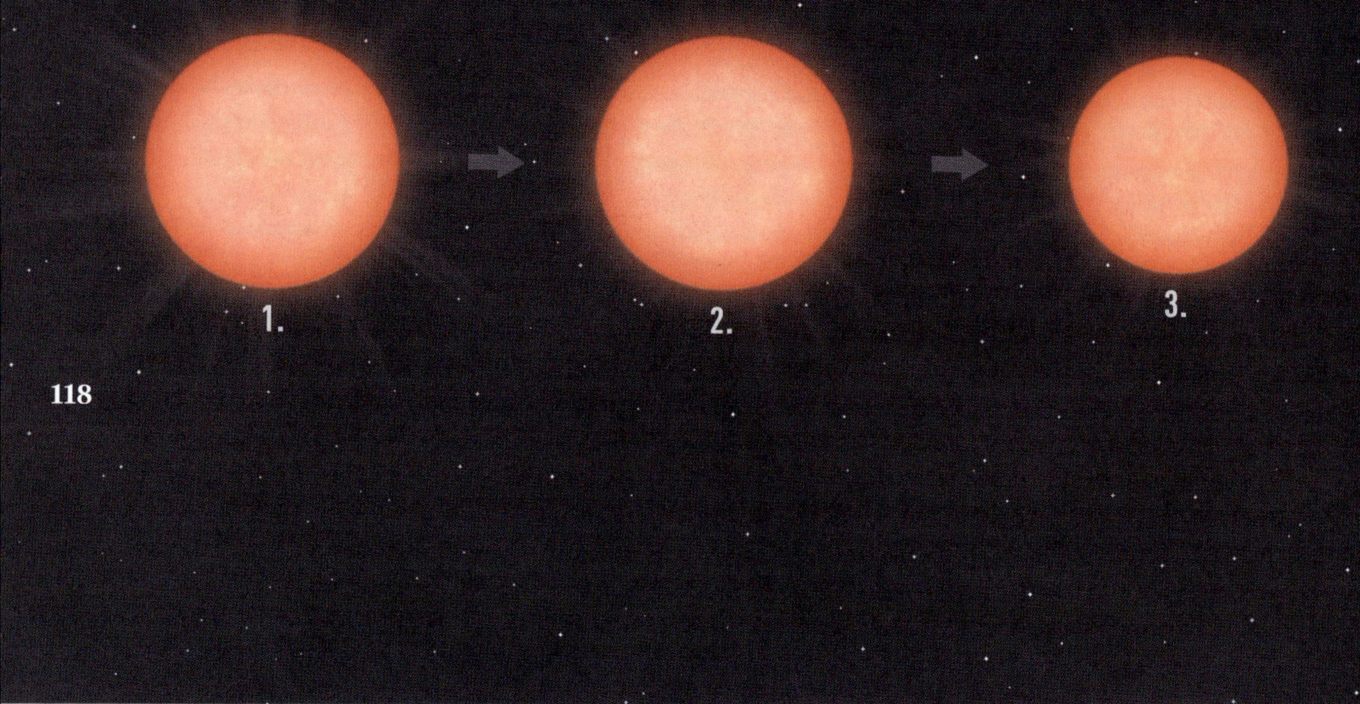

Sterne mit weniger als einer halben Sonnenmasse verbrennen Wasserstoff aufgrund der geringeren Temperaturen und des niedrigeren Drucks in ihrem Inneren sehr langsam. Diese sogenannten *Roten Zwerge* sind klein und relativ kühl und leuchten über einen längeren Zeitraum als jedes andere Objekt im Universum, bevor sie allmählich verglimmen.

1. Ein Roter Zwerg erreicht die Hauptreihe, wenn seine langsame Wasserstofffusion beginnt: Je geringer seine Masse, umso länger brennt er. In leichteren Roten Zwergen können aufgrund weniger extremer Bedingungen im gesamten Sterninneren Konvektionsströme dominieren. Das produzierte Helium wird daher im gesamten Stern verteilt und sammelt sich nicht im Zentrum an. **2.** Das Verhältnis von Helium zu Wasserstoff nimmt durch die Kernfusion ganz langsam zu. Ein Stern mit 0,1-facher Sonnenmasse verbrennt Wasserstoff über den unvorstellbaren Zeitraum von zehn Billionen Jahren. **3.** Zusammenstöße zwischen Wasserstoffkernen werden wegen des steigenden Heliumgehalts allmählich seltener, sodass die Fusionsreaktionen abnehmen. In der Folge verringern sich die nach außen wirkenden Kräfte durch Kernreaktionen und der Stern schrumpft langsam durch seine eigene Schwerkraft. **4.** Die Kernreaktionen flauen immer weiter ab, der Stern schrumpft weiter und wird schwächer. **5.** Sobald der gesamte Stern fast nur noch aus Helium besteht, versiegen die Kernreaktionen und es gibt keinen Strahlungsdruck mehr, der der Schwerkraft entgegenwirkt: Der Stern kollabiert zu einem *Weißen Zwerg*. Diese kleinen Objekte sind sehr dicht; vergleichbar mit einem Körper von der Masse der Sonne, jedoch komprimiert auf die Größe der Erde. Durch diese immense Kontraktion sind Weiße Zwerge bei ihrer Entstehung sehr heiß. Allerdings besitzen sie keine Energiequelle mehr und kühlen durch Abstrahlung von Wärme allmählich ab. Die geringe Leuchtkraft Weißer Zwerge ist demnach ausschließlich der Emission von gespeicherter Wärmeenergie zuzuschreiben, da keine Kernfusionen mehr stattfinden. **6.** Letztendlich kühlt ein Weißer Zwerg soweit ab, dass er kein Licht und keine Wärme mehr aussendet, wodurch er sehr schwer zu entdecken wird. Diese theoretischen Körper bezeichnet man als *Schwarze Zwerge*. Von theoretisch muss man in diesem Zusammenhang sprechen, da Astronomen noch keines dieser Objekte identifizieren konnten; es wird allerdings vermutet, dass aufgrund ihrer langen Entwicklungszeit aktuell auch noch keine existieren. So haben Physiker berechnet, dass es Billionen Jahre dauern könnte, bis aus einem Hauptreihenstern ein Schwarzer Zwerg geworden ist – das ist deutlich länger als das bisherige Alter des Universums von 13,8 Milliarden Jahren.

Proxima Centauri

SPEKTRALKLASSE: **M**

ENTFERNUNG VON DER ERDE
4,24 Lichtjahre

MASSE: **0,122 × Sonne**

LEUCHTKRAFT: **0,0017 × Sonne**

DURCHMESSER: **0,154 × Sonne** (SONNE)

OBERFLÄCHENTEMPERATUR: **2770 °C** (25.000 · 10.000 · 5000 · 4000 · 3000 · 2000 · 1000 · 0)

In 4,4 Lichtjahren Entfernung befindet sich das nächste Sternsystem, Alpha Centauri. Es besteht aus drei Sternen: Alpha Centauri A und B sind unserer Sonne sehr ähnlich, ein dritter – Proxima Centauri – ist ein Roter Zwerg. Die beiden Hauptsterne umkreisen einander in fast 80 Jahren, Proxima Centauri hingegen, der 12.950 Astronomische Einheiten von dem Paar entfernt ist, braucht 550.000 Jahre zur Vollendung eines Umlaufs.

Proxima Centauri ist erheblich kleiner und weniger leuchtkräftig als die anderen Sterne in seinem System; mit dem bloßen Auge ist er nicht sichtbar. Während Alpha Centauri A und B bereits im zweiten Jahrhundert durch den griechischen Gelehrten Ptolemäus dokumentiert worden sind, wurde Proxima erst 1915 entdeckt.

Proxima Centauri besitzt etwa eine achtel Sonnenmasse, ist allerdings deutlich dichter als die Sonne. Da Kernreaktionen in massearmen Sternen mit wesentlich geringerer Häufigkeit erfolgen, steht der zusammendrückenden Schwerkraft wenig Strahlungsdruck entgegen – bisher wurde der Stern zur 33-fachen Sonnendichte komprimiert. Aber was ihm an Größe und Brillanz fehlen mag, kompensiert er durch seine Langlebigkeit. Proximas Wasserstoffvorräte reichen vermutlich noch rund vier Billionen Jahre.

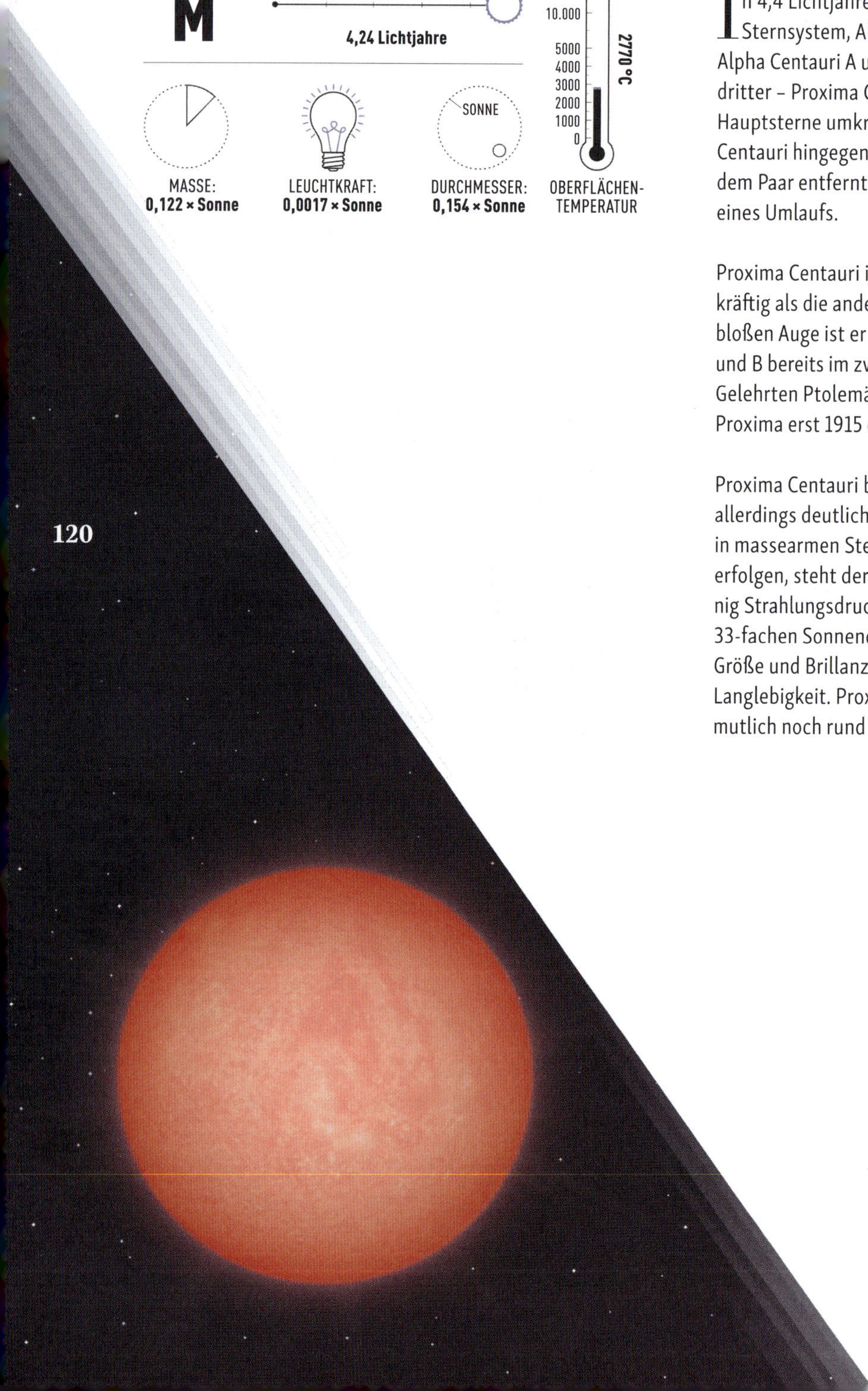

Proxima Centauri, aufgenommen vom Hubble-Weltraumteleskop, 2013

Rote Zwerge

Vermutlich gehören drei Viertel aller Sterne in unserer Heimatgalaxie, der Milchstraße, zu den Roten Zwergen. Über das Verhältnis von Roten Zwergen zu anderen Sternen können Astronomen Rückschlüsse auf das Alter von Galaxien und Sternhaufen ziehen. Da die massereicheren, leuchtkräftigeren Sterne ihren Brennstoff viel schneller verbrauchen und entsprechend früher sterben als die langlebigen Zwerge, enthalten ältere Sternhaufen einen höheren Anteil an Roten Zwergen.

Sterne zwischen 0,5 und acht Sonnenmassen verbrennen Wasserstoff je nach Masse über Millionen bis Milliarden Jahre hinweg. Geht der Brennstoff zur Neige, schwellen sie um ein Vielfaches an und verbringen ihren Lebensabend als *Rote Riesen*. Diese gewaltigen und leuchtkräftigen Sterne werden schnell instabil, wobei sie einen großen Teil ihrer Materie abwerfen und ein heißer, dichter Kern zurückbleibt.

1. Sterne mittlerer Masse verbrennen zu Beginn ihres Lebens Wasserstoff im Kern. Unsere Sonne ist einer davon – sie ist als Gelber Zwerg klassifiziert, es gibt aber auch andere Typen von Hauptreihensternen in diesem Bereich. **2.** Durch die Fusion lagert sich Helium im Sternkern ab und das Wasserstoffbrennen startet in einer Schale darum. Das Anwachsen des Heliumkerns zwingt das Wasserstoffbrennen näher an die Sternoberfläche. Dadurch expandiert der Stern – die Bewegung der Fusionsregionen nach außen heizt die äußeren Sternbereiche auf – und kühlt ab, wenn die Fusionsreaktionen nachlassen, da sich der Wasserstoff nicht im heißesten Sternteil nahe am Kern befindet. **3.** Haben die Fusionsreaktionen ein kritisches Minimum erreicht, fällt der Sternkern in sich zusammen. Beim Kernkollaps gelangt Wasserstoff aus den äußeren Regionen in Richtung des heißen, dichten Zentrums, wo er erneut zu brennen beginnt. Ein Großteil der Energie dieses erneuten Wasserstoffschalenbrennens wird von den äußeren Sternschichten absorbiert, die stark expandieren, wobei sich auch die Leuchtkraft des Sterns erhöht. **4.** Wenn die Expansion stoppt und sich der Stern im Gleichgewicht befindet, ist er zum Roten Riesen geworden. Obwohl die Oberflächentemperaturen geringer sind

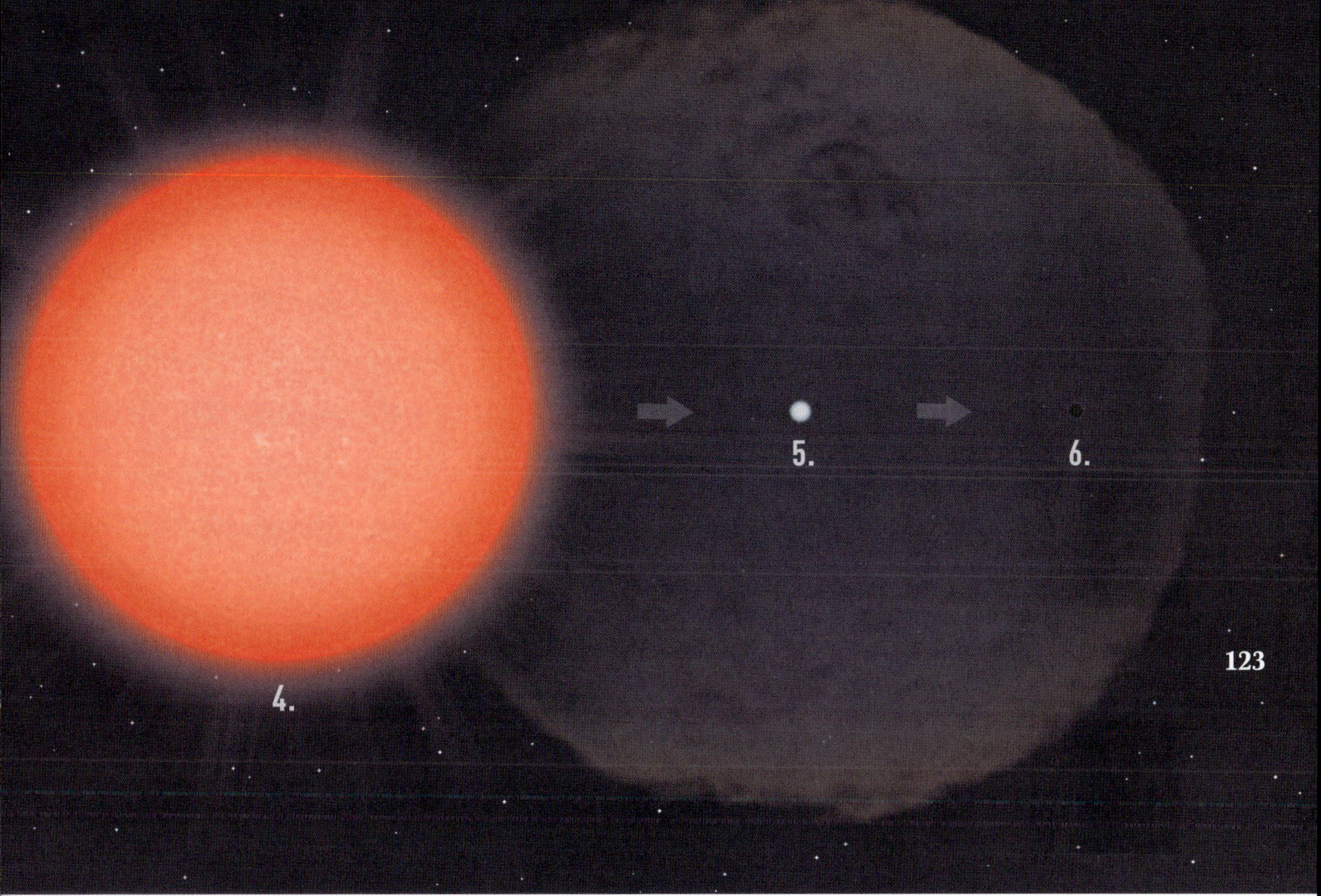

als auf unserer Sonne, können Rote Riesen mehrere Tausend Mal leuchtkräftiger und mehrere Hundert Mal größer sein. Sonnenähnliche Sterne verweilen rund eine Milliarde Jahre im Rote-Riesen-Stadium, während ihr Heliumkern weiter anwächst und seine Temperatur stetig steigt. Sobald der Kern eine bestimmte Temperatur erreicht, beginnt das Helium zu fusionieren wie zuvor der Wasserstoff. Durch Heliumfusion werden die schwereren Elemente Kohlenstoff und Sauerstoff erzeugt, die sich nun im Kernzentrum ansammeln. Ein Stern mit weniger als acht Sonnenmassen erzeugt nicht die notwendige Hitze, um auch Kohlenstoff oder Sauerstoff zu fusionieren, daher wird die Schwerkraft den nach außen gerichteten Strahlungsdruck übersteigen, wenn der Stern das Wasserstoff- und Heliumschalenbrennen nicht mehr aufrechterhalten kann. Es folgt eine Reihe von Pulsationen, wobei nach innen fallende Materie in brennende Fusionsregionen gerät, in denen sie sich wieder entzündet und Energie und Wärme freisetzt. Dies treibt die äußeren Sternschichten erneut nach außen, wo sie an Temperatur und Dichte verlieren – bis die Gravitation sie zurückzieht. **5.** Mit den Leuchtkraft- und Temperaturpulsationen einhergehend tragen stellare Winde einen Großteil der Sternmasse in den Weltraum, bis nur noch ein heißer, dichter Kern übrig bleibt, der von einem Planetarischen Nebel umgeben ist. Der Überrest des Roten Riesen, sein freigelegter Kern, ist jetzt nur noch ein ausgebrannter Weißer Zwerg. **6.** In Billionen von Jahren wird er zu einem Schwarzen Zwerg verblassen.

Mira

SPEKTRALKLASSE:
M

ENTFERNUNG VON DER ERDE
300 Lichtjahre

25.000
10.000
5000
4000
3000
2000
1000
0
2720 °C

MASSE:
1,18 × Sonne

LEUCHTKRAFT:
8400–9360 × Sonne

SONNE
DURCHMESSER:
330–400 × Sonne

OBERFLÄCHEN-
TEMPERATUR

Der Stern Mira, die „Wundersame“, aufgenommen vom Digitized Sky Survey

Nach der Entdeckung von Mira stellte sich schnell heraus, dass dieser Stern anders als die bis dahin bekannten Sterne war. Die erste eindeutige Beobachtung erfolgte 1596 durch David Fabricius, einen deutschen Pfarrer, der den Stern zufällig fand.

Als Fabricius eines Nachts Planeten beobachtete, suchte er einen unscheinbaren Stern als Referenzpunkt, um ihre Bewegungen zu verfolgen. Ungefähr drei Wochen später nahm er die gleiche Himmelsregion wieder in Augenschein und stellte fest, dass sein Referenzpunkt nun signifikant heller war als bei der letzten Sichtung. Einen guten Monat später war der Stern spurlos verschwunden. Fabricius schloss daraus, dass er wohl eine Nova gesehen hätte – einen plötzlichen hellen Lichtblitz, der damals fälschlicherweise mit der Geburt einen Sterns in Verbindung gebracht wurde. Doch erstaunlicherweise war der Stern einige Monate später wieder da.

Astronomen nannten den seltsamen Stern daher Mira, was aus dem Lateinischen stammt und „wundersam“ bedeutet.

Anders als die Sonne und die meisten anderen Sterne hat Mira keine konstante Helligkeit, sondern wechselt alle 333 Tage zwischen dunkel und hell. Das Verhalten dieses Roten Riesen galt damals als neues Phänomen und er war der erste veränderliche Stern, der entdeckt wurde. Wenn Mira besonders hell strahlt, erscheint der Stern von der Erde aus etwa so hell wie die Sterne im Großen Wagen. Leuchtet er schwach, kann man ihn mit bloßem Auge nicht erkennen. Bei den Helligkeitsschwankungen verändert sich auch seine Größe: Im kontrahierten Zustand ist sein Durchmesser 330-mal so groß wie der unserer Sonne und beim Aufblähen erreicht er den 400-fachen Sonnendurchmesser. Wenn Mira am kleinsten ist, ist sie am hellsten, da mehr Material in Regionen gedrückt wird, in denen Kernfusion stattfindet. In diesem Zustand ist der Stern beeindruckende 9300 Mal leuchtkräftiger als unsere Sonne. An Roten Riesen ist jedoch ungeachtet ihrer enormen Größe und Leuchtkraft nicht viel dran – Mira besitzt nur die 1,2-fache Sonnenmasse.

Die Pulsationen dieses rätselhaften Sterns sind ein Hinweis darauf, dass sich Mira von einem Roten Riesen zu einem Weißen Zwerg entwickelt. Wellen von Kernreaktionen stoßen die äußeren Sternschichten weg, bevor die Gravitation sie wieder zurückzieht und der Prozess erneut startet. Mira kämpft um ihr Gleichgewicht, bläst aber mit jedem Anschwellen einen Teil ihrer Materie in den Raum, die fortgetragen wird durch Sternwinde und das interstellare Medium. Mira nähert sich dem Ende ihres Daseins: Eines Tages wird sie ihre äußeren Schichten verloren haben und nur ihren kompakten Kern zurücklassen.

Van Maanens Stern

Auch der niederländisch-amerikanische Astronom Adriaan van Maanen stieß zufällig auf einen außergewöhnlichen Stern, der später sogar seinen Namen tragen sollte. Auf der Jagd nach dem Begleiter eines sonnenähnlichen Sterns in 24 Lichtjahren Entfernung stolperte er geradezu über einen kleinen schwachen Stern zwischen uns und seinem eigentlichen Ziel.

Van Maanen entdeckte seinen Stern bereits im Jahr 1917, als Weißer Zwerg wurde er jedoch erst 1923 identifiziert. Er war der dritte Weiße Zwerg, den Astronomen beobachten konnten und ist der uns nächste seiner Art. Anders als die bereits bekannten Exemplare war er nicht Teil eines Doppelsternsystems, sondern ein „Einzelreisender“. Auf die Existenz der bis dahin bekannten Weißen Zwerge war über die Schwerkraft geschlossen worden, die sie auf ihre Partnersterne ausübten, wodurch diese „wackelten“; der Fund dieses schwachen kleinen Sterns in der Leere des Alls war also wirklich ein Glücksfall. Und van Maanens Stern ist wirklich äußerst schwach: Unsere Sonne emittiert mehr Licht an einem Tag als dieser Stern in 15 Jahren. Als Weißer Zwerg ist der Stern sehr dicht: Seine Masse beträgt rund 67 Prozent der Sonnenmasse, wobei sein Durchmesser nur einem Prozent des Sonnendurchmessers entspricht.

Kürzlich hat van Maanens Stern wieder verstärkt Interesse auf sich gezogen. Kurioserweise nicht aufgrund neuer Beobachtungen – im Gegenteil, der Fund, der die Fantasie der Astronomen beflügelt hat, ist über 100 Jahre alt: Im Jahr 1917, kurz nach der Entdeckung des Sterns, wurde sein Licht auf eine spektrografische Fotoplatte gebannt und in der Sammlung des Carnegie-Observatoriums abgelegt.

Das Sternspektrum stellte ein Rätsel dar: Absorptionslinien wiesen deutlich auf die Präsenz von schweren Elementen wie Kalzium, Magnesium und sogar Eisen hin. Dieses Material hätte aber längst zum Sternkern gesunken sein müssen und dürfte nicht in der oberen Sternatmosphäre präsent sein. Die Platten wurden nach ihrem Wiederauftauchen 2016 erneut untersucht und Astronomen mutmaßten, dass sich die schweren Elemente in einem steinigen Trümmerring um den Stern befinden. Man bezeichnete ihn als „verunreinigten“ Weißen Zwerg. Die schlüssigsten Theorien gehen davon aus, dass diese felsigen Materialien einst Planeten waren, die zerstört wurden, als sich der Stern zu einem Roten Riesen aufblähte. Als van Maanens Stern seinen gesamten Brennstoff verbraucht hatte, kollabierte er zu einem Weißen Zwerg und ließ von den Planeten nur noch Schutt übrig. Wenn das stimmt, könnte das Schicksal der inneren Planeten unseres Sonnensystems erschreckend ähnlich sein.

SPEKTRALKLASSE:
D

ENTFERNUNG VON DER ERDE
14,07 Lichtjahre

MASSE: 0,67 × Sonne

LEUCHTKRAFT: 0,00017 × Sonne

SONNE
DURCHMESSER: 0,011 × Sonne

25.000
10.000
5000
4000
3000
2000
1000
0
5840 °C
OBERFLÄCHEN-TEMPERATUR

Das Leben unserer Sonne

Bevor wir uns den größten Sternen im Universum zuwenden, betrachten wir das Leben unserer Sonne. Die einzelnen Etappen sind im H-R-Diagramm rechts markiert, sodass wir ihren Weg vom ersten Aufleuchten bis zum trostlosen Verblassen verfolgen können.

1. Vor rund 4,6 Milliarden Jahren beginnt eine Gaswolke, die hauptsächlich aus Wasserstoff und Helium besteht, unter ihrer eigenen Schwerkraft zu kollabieren. Spuren schwererer Elemente sind ebenfalls vorhanden; sie sind ein Relikt einer Supernova-Explosion in der Umgebung, die wahrscheinlich auch der Auslöser für den Kollaps der Gaswolke war. Beim Sturz der Materie zur Mitte beginnt sie zu rotieren, wobei sich der größte Teil im Zentralbereich ansammelt und der Rest zu einer Scheibe abflacht. Als im Zentrum genügend Materie vorhanden ist, startet die Kernfusion. **2.** Nach dem Beginn des Wasserstoffbrennens im Kern gelangt die Sonne auf die Hauptreihe, sobald sie ihren Gleichgewichtszustand erreicht hat. Dieser tritt ein, wenn die nach außen wirkende Kraft durch die Kernreaktionen durch das Gewicht der Sternmaterie ausgeglichen wird und die Sonne gleichmäßig leuchtet. Mit der Zeit steigen Temperatur und Dichte im Kern an, wodurch sich die Fusionsrate erhöht und die Sonne auf der Hauptreihe noch etwas heller wird. Zurzeit liegt der Zuwachs bei rund einem Prozent pro 100 Millionen Jahre. So wird unser Stern ungefähr zehn Milliarden Jahre verbringen, von denen wir fast die Hälfte hinter uns haben. **3.** Während die Sonne leuchtet, erzeugt sie in ihrem Kern Helium und das Wasserstoffbrennen verlagert sich allmählich in eine Schale um das sich ständig vermehrende Helium – an diesem Punkt ist die Sonne kein Hauptreihenstern mehr. Über den Zeitraum von einer halben Milliarde Jahren verdoppelt sie ihre Größe, bevor die Expansionsrate dramatisch ansteigt. In der folgenden halben Milliarde Jahre schwillt der Stern auf den etwa 200-fachen Durchmesser und die 1000-fache Leuchtkraft an. Die Sonne ist nun zu einem Roten Riesen geworden und hat Merkur, Venus und vielleicht auch die Erde verschluckt. Sie wird noch rund eine Millarde Jahre in diesem Stadium bleiben und während dieser Zeit etwa ein Drittel ihrer Masse durch Sternwinde verlieren. **4.** Wenn die Bedingungen für weiteres Wasserstoffschalenbrennen um den Kern herum nicht mehr gegeben sind, beginnt der Stern zu kollabieren, wodurch die Temperaturen und der Druck im Zentrum ansteigen. Bei einem sogenannten Heliumblitz entzündet sich Helium im Kern explosionsartig. Man vermutet, dass dabei sechs Prozent des Heliums innerhalb von Minuten in Kohlenstoff umgewandelt werden. Nach dem Einsetzen des Heliumbrennens im Kern nehmen Durchmesser und Leuchtkraft auf das etwa Zehnfache bzw. 50-Fache ihrer jetzigen Werte ab. **5.** Da Helium mit der Zeit gezwungenermaßen in einer Schale um den anwachsenden Kohlenstoffkern brennt, umgeben von einer ebenfalls brennenden Wasserstoffschale, schwillt die Sonne wieder an. Diese Phase ähnelt dem Anwachsen zum Roten Riesen, obwohl es diesmal bedeutend schneller geht. Etwa 20 Millionen Jahre nach dem Beginn des Anschwellens wird die Sonne zunehmend instabil, da ihre Brennstoffvorräte zur Neige gehen. Sie pulsiert in Bezug auf Leuchtkraft und Größe, da sie periodisch zu kollabieren beginnt, wodurch erneut Kernreaktionen angefacht werden, die sie wieder expandieren lassen. **6.** Die Sonnenpulsationen nehmen zu, bis die Kontraktionen und die nachfolgenden Expansionen so extrem werden, dass die äußeren Sternregionen in den Raum abgeworfen werden, wo sie einen Planetarischen Nebel ausbilden. Der verbleibende Kern von etwa einer halben Sonnenmasse ist dicht und heiß. **7.** Der Planetarische Nebel wird sich in nur 10.000 Jahren auflösen, der restliche Sonnenkern wird unbegrenzt überdauern. Für eine sehr kurze Zeit – vielleicht 200 Jahre – bleibt die Leuchtkraft recht konstant. Da der Gravitation keine Kernfusion mehr entgegenwirkt, kontrahiert der Stern und heizt sich auf. Dabei gibt er große Mengen an Wärmestrahlung ab. **8.** Nach dem Ende der Kontraktion fällt die Sonnenleuchtkraft ab, der Kern ist aber noch über 100.000 Grad heiß. Dieser Sonnenkern, bestehend aus hoch verdichtetem Kohlenstoff und Sauerstoff, ist jetzt ein Weißer Zwerg. In diesem Zustand verbleibt er für Billionen von Jahren, wobei er nach und nach seine Wärme abstrahlt. Wenn er irgendwann einmal keine Wärme und kein Licht mehr aussendet, verschwindet er aus dem H-R-Diagramm und tritt sein Schicksal als dunkler Schwarzer Zwerg an.

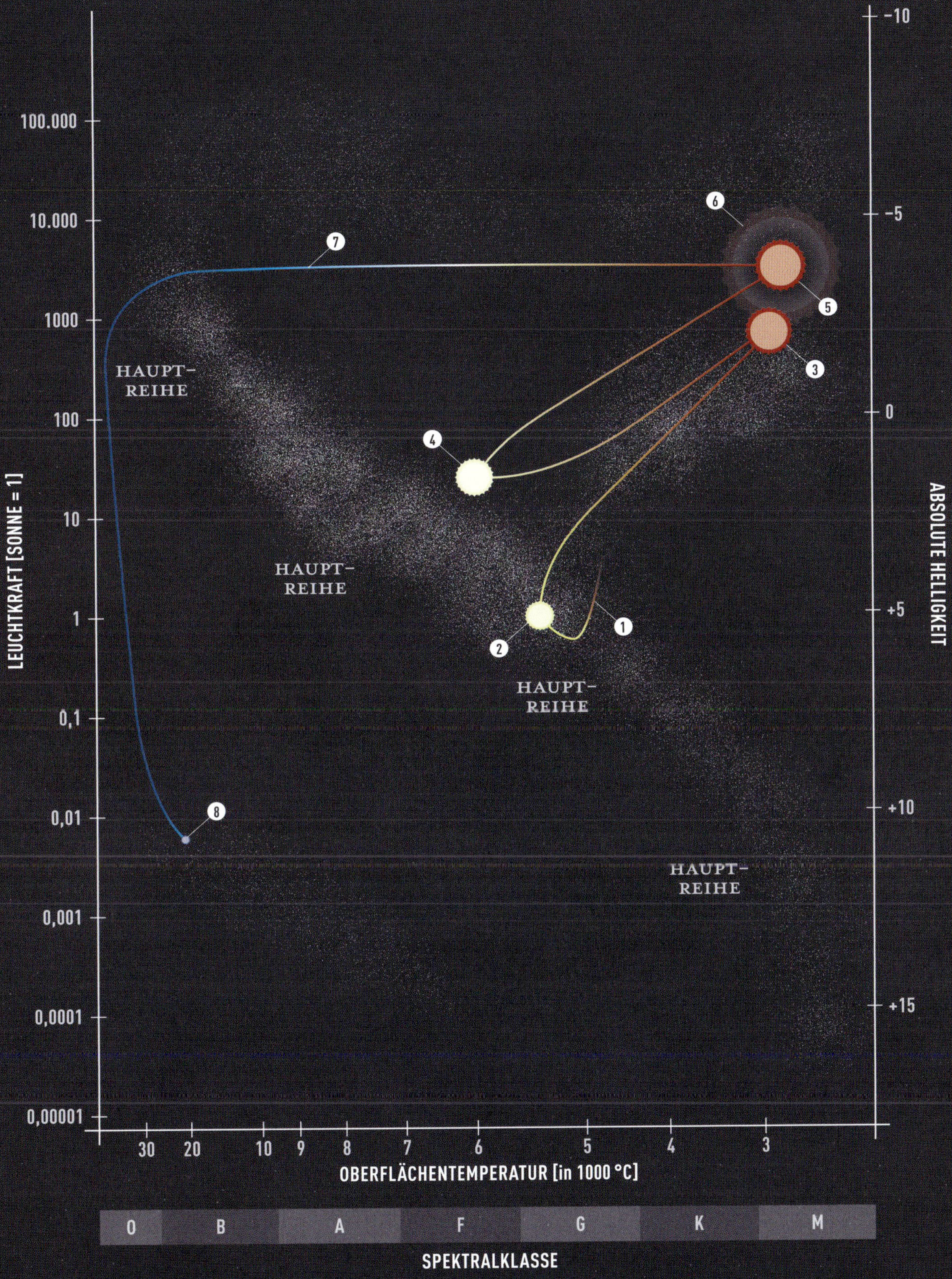

LEUCHTKRAFT [SONNE = 1]
100.000
10.000
1000
100
10
1
0,1
0,01
0,001
0,0001
0,00001
ABSOLUTE HELLIGKEIT
−10
−5
0
+5
+10
+15
HAUPT-
REIHE
HAUPT-
REIHE
HAUPT-
REIHE
HAUPT-
REIHE
1
2
3
4
5
6
7
8
30
20
10
9
8
7
6
5
4
3
OBERFLÄCHENTEMPERATUR [in 1000 °C]
O
B
A
F
G
K
M
SPEKTRALKLASSE

Massereiche Sterne

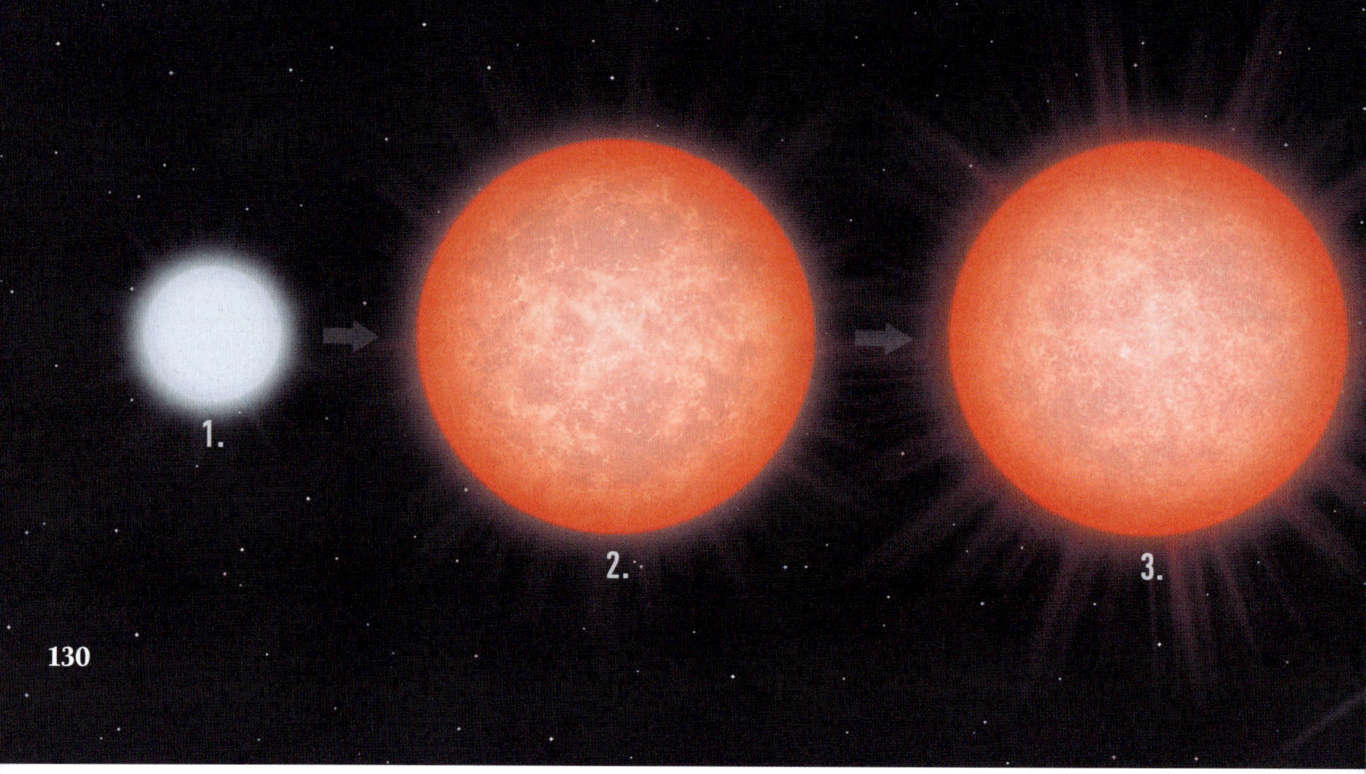

Die massereichsten Sterne im Universum sind auch die leuchtkräftigsten, doch je heller sie scheinen, umso kürzer ist ihr Leben. Die extremen Temperaturen und Druckbedingungen in ihrem Inneren sorgen dafür, dass Fusionsreaktionen häufiger auftreten als in Sternen geringerer Masse und so verbrauchen sie ihren Brennstoff schneller. Sterne mit mehr als acht Sonnenmassen produzieren einige schwerere Elemente in ihrem Inneren, doch erst, wenn sie ihr Ende erreichen, werden die allerschwersten geschmiedet. Beim Kollaps dieser Sterngiganten kommt es zu unvorstellbar heftigen Explosionen, in denen die selteneren Elemente des Universums hervorgebracht und verstreut werden.

1. Auch massereiche Sterne starten auf der Hauptreihe mit dem Verbrennen von Wasserstoff. Aufgrund ihrer größeren Masse brennen sie heller und bei höherer Temperatur. Während masseärmere Sterne Milliarden Jahre auf der Hauptreihe konstant leuchten, verbrennen massereiche Sterne ihren Wasserstoff im Kern im Laufe von nur wenigen Millionen Jahren. **2.** Wie ihre masseärmeren Kollegen bilden sie einen Heliumkern aus und Wasserstoff beginnt in einer Schale um den Kern zu brennen. Der Stern expandiert, wobei er einen mehr als 1000-fachen Sonnendurchmesser erreichen kann. Er hat nun die Hauptreihe verlassen und wird als Roter Überriese bezeichnet. Diese Sterne sind so massereich, dass die Bedingungen für eine Heliumfusion im Kern bereits gegeben sind, sie beginnt also anders als bei masseärmeren Sternen „sanft". **3.** Durch die Heliumfusion wird Kohlenstoff produziert und es bildet sich ein Kohlenstoffkern aus, umgeben von Schalen aus brennendem Helium und Wasserstoff. Mit jedem neuen Element, das entsteht, schrumpft der Kern ein bisschen, da die neuen Atomkerne viel dichter sind als diejenigen, aus denen sie entstanden sind. Dieses Schrumpfen zieht die umgebenden Regionen nach innen, wodurch Druck und Temperatur im Kern steigen. In massereichen Sternen kann auch Kohlenstoff fusionieren. Dabei wird Neon produziert, das zum Zentrum sinkt und einen weiteren Kern inner-

halb des Kohlenstoffkerns bildet. Dieser Prozess wiederholt sich, wobei jedes neue Element zu einem schwereren fusioniert, das Richtung Zentrum sinkt, bis das Sterninnere eine Zwiebelstruktur hat: konzentrische Schalen, jede aus einem anderen Element. Das schwerste Element, das auf diese Art erzeugt werden kann, ist Eisen. Es ist das letzte Element, das in einem Sternkern produziert wird. Jede Etappe bei der Fusion eines neuen Elements erfolgt schneller als die vorangegangene. Zwischen dem Beginn der Kohlenstofffusion und dem Zeitpunkt, zu dem sich Eisen bildet, liegt nur ein kosmischer Wimpernschlag; in massereicheren Sternen nur wenige Hundert Jahre. **4.** Das Auftreten von Eisen läutet den Untergang des Sterns ein. Bis hierhin hat jedes Element, das durch Fusion erzeugt wurde, Energie freigesetzt – Energie, die den Stern nach außen hin und gegen die Gravitation stützt. Eisen aber benötigt mehr Energie, um zu verschmelzen, als es in diesem Prozess freisetzt. So bricht in Überriesensternen irgendwann die Hölle los: Erreicht ihr Eisenkern eine gewisse Masse, kommt es zu einem Ungleichgewicht, das zum Kollaps führt. Dieser plötzliche Zusammenbruch löst eine Explosion aus, die man Supernova nennt – eine Explosion, so gewaltig, dass sie im halben Universum sichtbar ist. Supernovae können wegen der unfassbaren Hitze und Druckbedingungen, die sie erreichen, schwerere Elemente als Eisen erzeugen, die in den Kosmos geschleudert werden. **5.** Beträgt die Hauptreihenmasse eines Sterns weniger als rund 20 Sonnenmassen, endet der Kollaps des verbleibenden Kerns bei etwa 20 Kilometern Durchmesser, es bildet sich ein *Neutronenstern*. Dabei handelt es sich um ein unglaublich dichtes Objekt mit sehr hoher Oberflächentemperatur. Im Inneren eines Neutronensterns findet keine Kernfusion mehr statt, er kühlt mit der Zeit aus. **6.** Beträgt die ursprüngliche Masse des Sterns mehr als 20 Sonnenmassen, kann nichts den Kollaps mehr aufhalten. Die gesamte Sternmaterie wird zu einem einzigen Punkt zusammengedrückt, in dem die Gravitation so extrem ist, dass noch nicht einmal das Licht ihrem Sog entkommt. Ein *Schwarzes Loch* ist entstanden.

Beteigeuze

Beteigeuze ist einer der größten mit bloßem Auge sichtbaren Sterne. Als Roter Überriese ist er bereits am Ende seines Lebens angekommen. Alles deutet darauf hin, dass der Kollaps und die nachfolgende Supernova-Explosion dieses sehr leuchtkräftigen Sterns nahe bevorstehen könnten. Aber keine Sorge, in astronomischen Begriffen bedeutet das irgendwann in den nächsten 100.000 Jahren – und 500 Lichtjahre weit entfernt befinden wir uns deutlich außerhalb der Gefahrenzone.

Wegen seiner Helligkeit ist der Stern schon seit der Antike bekannt. Der Name Beteigeuze stammt aus dem Arabischen, bedeutet „Hand des Orion" und nimmt Bezug auf seine Position im Sternbild Orion. Aufzeichnungen zu seiner roten Farbe reichen bis ins alte Griechenland zurück, ein weiteres seiner Hauptmerkmale wurde jedoch erst im 19. Jahrhundert entdeckt. Zwischen 1836 und 1840 überwachte Sir John Herschel den Stern, denn er hatte bemerkt, dass Beteigeuze Sterne überstrahlte, die normalerweise heller waren als er. In diesem Zeitraum notierte er zwei Fälle, in denen die Leuchtkraft einen Höhepunkt erreichte und dann wieder abnahm, worauf eine Periode der Stabilität folgte. 1849 registrierte Herschel den Beginn eines weiteren Aktivitätszyklus, in dem die Sternhelligkeit erneut variierte und 1852 ein Maximum erreichte. Diese Aktivitätsperioden setzten sich über die Jahre fort und wurden von Astronomen auf der ganzen Welt aufgezeichnet, wobei auffiel, dass sie zwar immer wiederkehrten, ihre Stärke aber variierte. Solche Sterne werden als halbregelmäßig veränderlich bezeichnet, es sind Riesen oder Überriesen, die um ihr Gleichgewicht ringen, während ihre Brennstoffreserven schwinden.

Beteigeuze ist rund 750-mal so groß wie die Sonne; stünde er an ihrer Stelle, würde er alle Gesteinsplaneten, den Asteroidengürtel und vielleicht sogar Jupiter einhüllen. Dank seiner Größe ist er unglaublich leuchtkräftig: Mit 100.000-facher Sonnenleuchtkraft zählt er trotz seiner großen Entfernung zu den hellsten Sternen am Nachthimmel. Wie andere Rote Überriesen hat er eine geringe Oberflächentemperatur. Der Großteil seiner enormen Masse ist im Sternzentrum konzentriert, wo er schwerere Elemente fusioniert, während die weniger dichten äußeren Schichten sich ausgedehnt haben und daher abgekühlt sind.

Man vermutet, dass Beteigeuze die Hauptreihe vor rund einer Million Jahren verlassen hat und dass er die vergangenen 40.000 Jahre lang ein Roter Überriese war. Wenn sein Kern kollabiert, werden unsere Nachkommen ein überwältigendes Lichtspektakel am Himmel genießen können. Mindestens einige Wochen lang wird es sogar am Tage deutlich sichtbar sein.

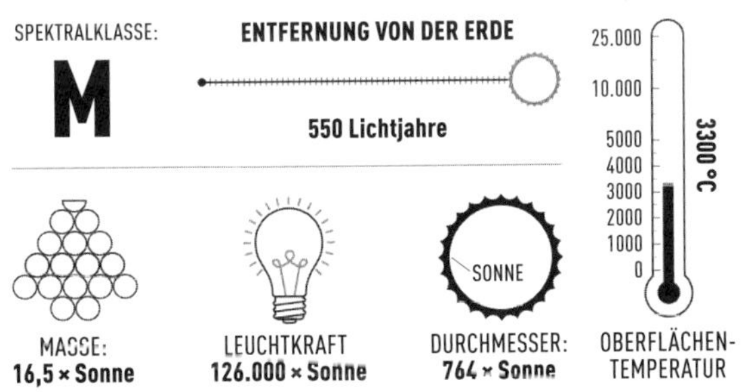

Supernovae

Zu den gewaltigsten Ereignissen im Universum zählen Supernova-Explosionen. Sie treten bei den massereichsten Sternen auf, wobei sich die gewichtigsten Einwohner des Kosmos am Ende ihres Lebens selbst in Stücke reißen. Diese Explosionen sind so gigantisch und hell, dass eine einzige Supernova locker 100 Milliarden Sterne überstrahlen kann – so viele wie in einer ganzen Galaxie.

Wir haben bereits erfahren, wie Sterne in ihrem Inneren chemische Elemente erzeugen und dass aus jedem Element durch Fusion ein schwereres entsteht. Man könnte nun meinen, dass sich dieser Prozess endlos fortsetzt, solange der Stern genügend Masse besitzt. Die Eigenschaften von Eisen bescheren dem Ganzen jedoch ein Ende: Wird dieses Element erzeugt, sind die Tage eines Sterns gezählt. Eisenkerne sind – wie die anderen Elemente in einem Stern – dichter als die Kerne des vorherigen Elements: Heliumkerne sind also beispielsweise dichter als Wasserstoffkerne. Daher benötigt jedes neue Element weniger Raum als das letzte und der Sternkern kontrahiert. Diese Kontraktionen sind für die Temperatur- und Druckerhöhung im Kernzentrum notwendig, um das nächste Element in der Kette erzeugen zu können. Wenn sich also Eisen im Kernzentrum ansammelt, hat es wie die anderen Elemente die natürliche Tendenz, den Kern kontrahieren zu lassen.

Was Eisen jedoch von anderen Elementen unterscheidet, ist, dass es mehr Energie benötigt, um zu fusionieren, als es dabei abgibt. Daher treten im zentralen Eisenkern keine Kernreaktionen mehr auf. Die Reaktionen im Umfeld des Sternkerns nehmen ebenfalls ab und so verringert sich die nach außen gerichtete Kraft, wodurch das Schrumpfen und Aufheizen des bereits kontrahierenden Kerns verstärkt wird. Ab einer bestimmten Masse kollabiert der Kern und die Temperaturen steigen noch weiter. Die Situation verschärft sich außerdem dadurch, dass Eisenkerne bei diesen extremen Temperaturen und Druckbedingungen die umherflitzenden freien Elektronen absorbieren. Diese Elektronen stützen den Kern normalerweise zusätzlich und ohne ihren Druck gibt es nichts mehr, das die Übermacht der Gravitation stoppen kann. Die Materie stürzt mit einem signifikanten Bruchteil der Lichtgeschwindigkeit nach innen. Das alles passiert unglaublich schnell: Die Implosion des Kerns dauert nur den Bruchteil einer Sekunde. Dabei verkleinert er sich von mehreren Hundert Kilometern Durchmesser auf nur noch Dutzende Kilometer, was zu sengender Hitze führt. Durch einfallende Materie, die von diesem dichten Kern abprallt, bildet sich eine Stoßwelle nach außen, die mit weiterem einfallenden Material aus den äußeren Sternschichten kollidiert und es abbremst. Währenddessen wird im Kern eine zahllose Menge an Neutrinos freigesetzt – geisterhafte, subatomare Teilchen, die normalerweise so gut wie nicht mit Materie interagieren. Diese kleinen Teilchen nehmen eine wahrhaft atemberaubende Menge an Energie mit sich: In nur einem winzigen Moment setzen sie mehr als die 100-fache Energie frei, die die Sonne in ihrem ganzen Leben erzeugt. An diesem Punkt kommt es zur Explosion. Wenn die Neutrinos aus dem Kern nach außen bersten, prallen sie auf die dichte, angesaugte Materie, die sofort zurückgedrängt und mit zehn Prozent der Lichtgeschwindigkeit in den Weltraum geschleudert wird. Bei dieser immensen Energieexplosion werden schwerere Elemente als Eisen geschmiedet, die gemeinsam mit den anderen Elementen in den Weltraum verstreut werden. Im Kern bleibt nur noch ein unglaublich kompaktes Objekt mit sonderbaren Eigenschaften zurück, weitaus dichter als ein Weißer Zwerg. Abhängig von der Masse des kollabierenden Kerns ist dies entweder ein Neutronenstern oder ein Schwarzes Loch – zwei der bizarrsten Schöpfungen, die die Natur zu bieten hat.

Nur ein winziger Bruchteil an Sternen ist massereich genug, um zu einer Supernova zu werden, daher sind diese Ereignisse in einer Galaxie ziemlich selten. In unserer Milchstraße zum Beispiel finden nur etwa drei pro Jahrhundert statt, zu ihrer Untersuchung schauen wir daher häufig in andere Galaxien, um eine sinnvolle Stichprobengröße zu erhalten.

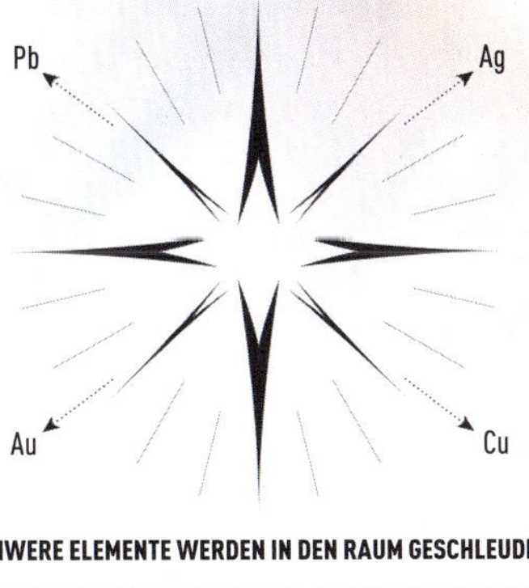

SCHWERE ELEMENTE WERDEN IN DEN RAUM GESCHLEUDERT

SUPERNOVATYPEN

Auf den vorangegangen Seiten haben wir erfahren, wie ein massereicher Stern sein Leben als Supernova beendet. Durch die Analyse des Lichts, das uns von diesen apokalyptischen Ereignissen erreicht, können wir die vorhandenen Elemente bestimmen und so die Lebensgeschichte des Vorgängersterns rekonstruieren. Abgesehen von ihren Lichtkurven lassen sich Supernovae auch auf die folgende Weise charakterisieren, was zu den vier heute gebräuchlichen Hauptklassen führt.

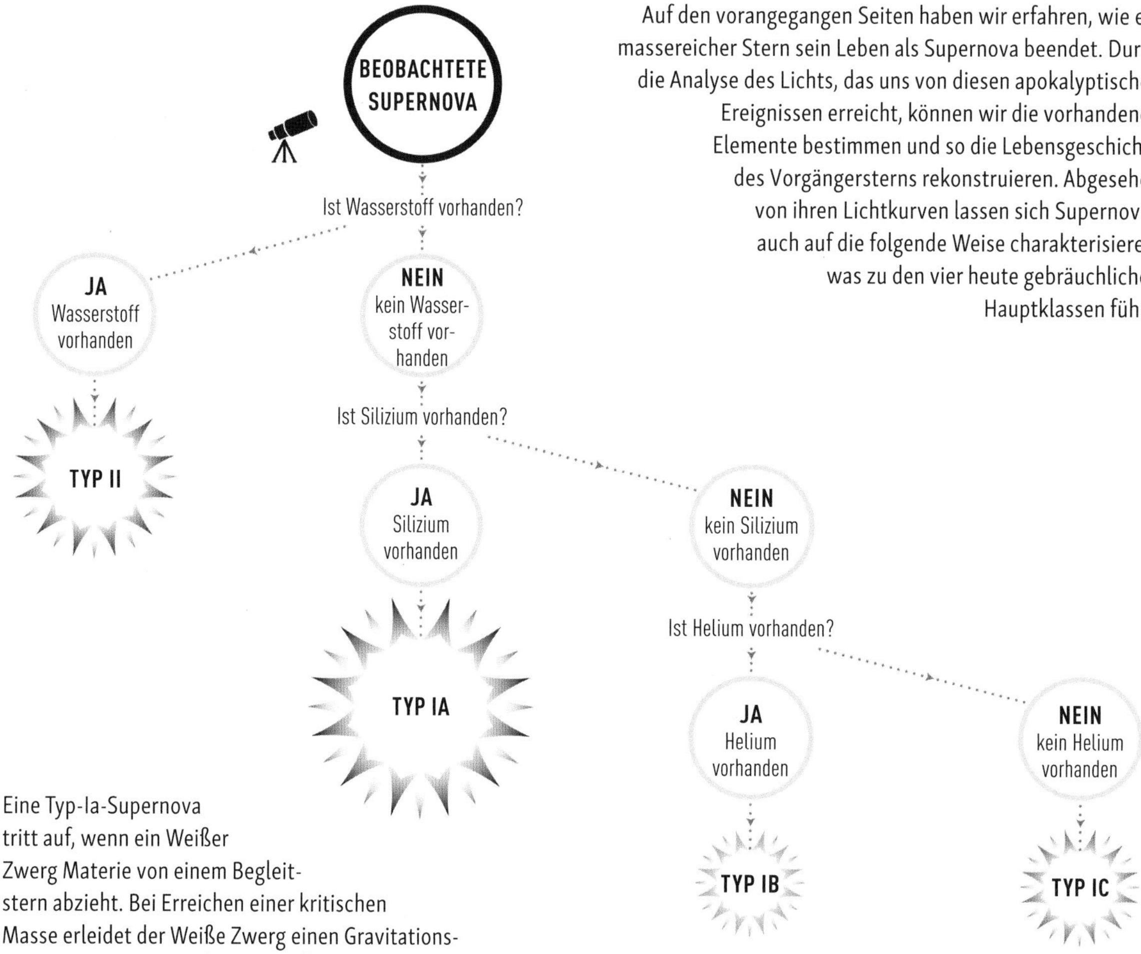

Eine Typ-Ia-Supernova tritt auf, wenn ein Weißer Zwerg Materie von einem Begleitstern abzieht. Bei Erreichen einer kritischen Masse erleidet der Weiße Zwerg einen Gravitationskollaps und explodiert (Abb. unten). Typ-Ia-Supernovae sind am hellsten, daher werden sie häufiger gesichtet als andere und lassen sich bis in große Entfernungen nachweisen. Typ-Ib-, Typ-Ic- und Typ-II-Supernovae treten auf, wenn massereiche Sterne unter ihrer Schwerkraft kollabieren, sobald die Fusionsreaktionen enden. Die Typen Ib und Ic ereignen sich bei Sternen, die ihre Wasserstoffhülle im späteren Leben verloren haben. Die Ursache können starke Sternwinde oder Materialverlust an einen Begleitstern sein.

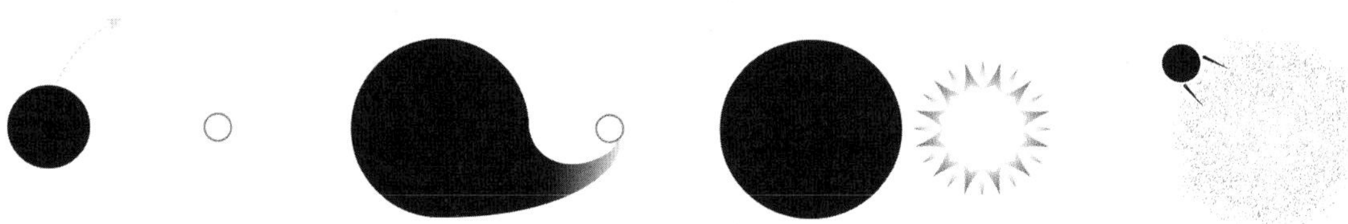

Ein Hauptreihenstern umläuft einen kleinen, aber massereichen Weißen Zwerg.

Der Hauptreihenstern schwillt gegen Ende seines Lebens zu einem Roten Riesen an. Nähern sich seine dünnen äußeren Schichten dem Weißen Zwerg, zieht der dichte, gravitativ stärkere Nachbar Gas von ihm ab.

Die Masse des Weißen Zwerges wächst, bis sie eine kritische Größe erreicht: Er kollabiert und explodiert als Supernova.

Die Wucht der Supernova katapultiert den anderen Stern in den Weltraum.

KEPLERS SUPERNOVA

Diese letzte freiäugig sichtbare Supernova in unserer Galaxie leuchtete 1604 auf. Während ihrer größten Helligkeit war sie das hellste Licht am Nachthimmel und sogar drei Wochen lang tagsüber zu sehen. Aufzeichnungen von verschiedenen Kontinenten bestätigen die Explosion, die auch Johannes Kepler untersuchte und die sich 20.000 Lichtjahre von der Erde entfernt ereignete.

Rechts sehen wir den Überrest der Supernova in einem Komposit aus Bildern von Röntgen-, optischen und Infrarotteleskopen in voller Pracht. Nur die moderne Technologie erlaubt uns, die Schönheit des extrem heißen Gases und der winzigen Staubpartikel zu sehen, die diese Explosion in den Weltraum gejagt hat.

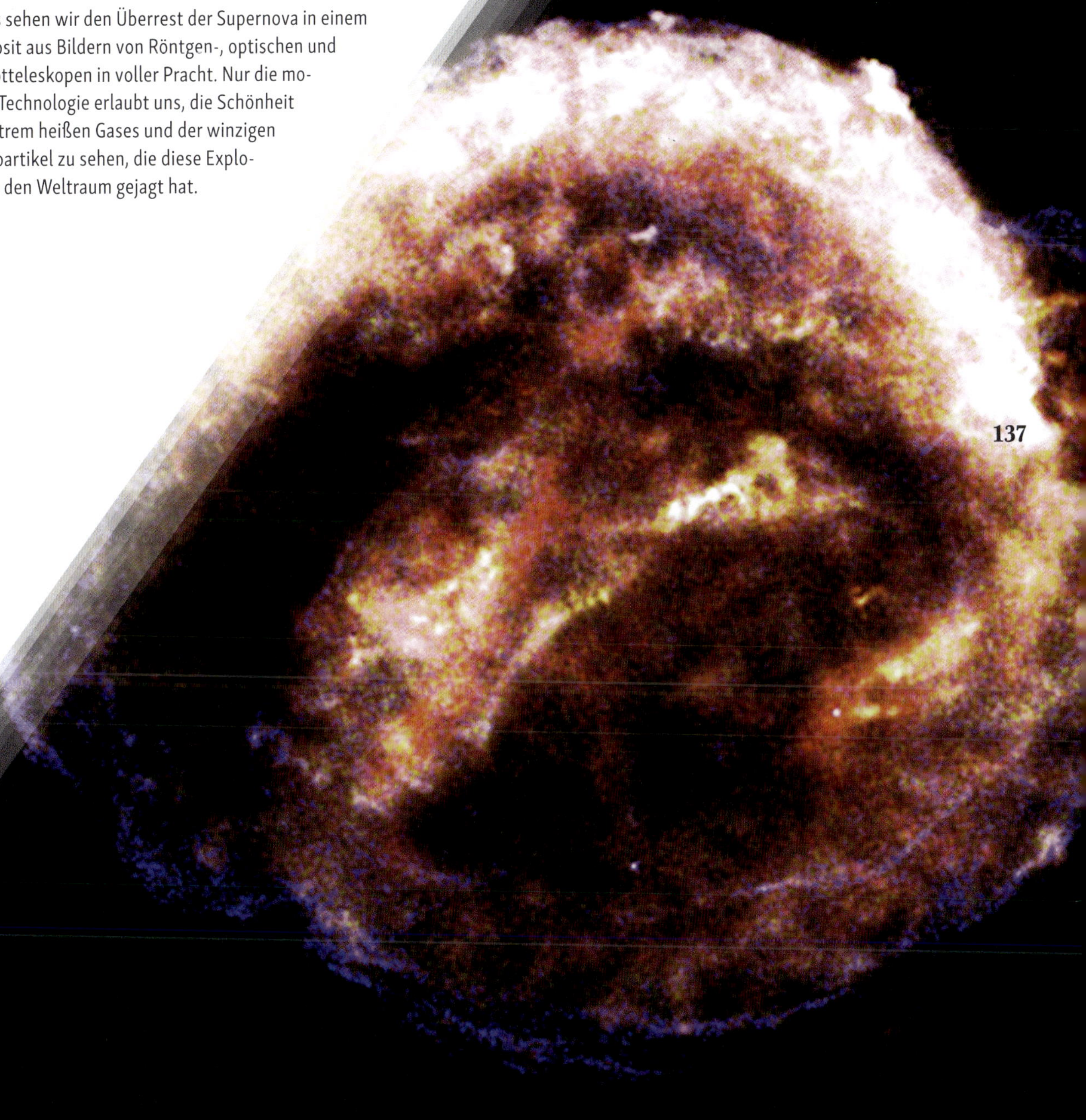

Neutronensterne

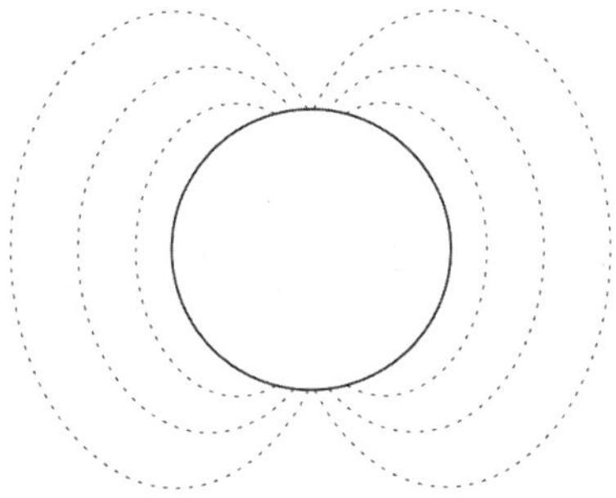

STARKE MAGNETFELDER

Neutronensterne zählen zu den seltsamsten Himmelsobjekten. Was ihnen an Größe fehlen mag, kompensieren sie durch ihre extrem starken Magnetfelder und ihre enorme Schwerkraft, die sogar das Licht ablenken kann. Ein Hauptreihenstern von mehr als achtfacher Sonnenmasse ist nötig, um nach einer Supernova-Explosion einen Neutronenstern entstehen zu lassen.

Neben der nach außen gerichteten Kraft durch die Kernfusion wird ein Sternkern auch durch den sogenannten Entartungsdruck der Elektronen stabilisiert – ein quantenmechanisches Phänomen, nach dem sich Elektronen einem Zusammenquetschen vehement widersetzen. Wenn der nach einer Supernova zurückbleibende Sternkern mehr als die 1,4-fache Sonnenmasse besitzt, kann aber auch diese Kraft der extremen Gravitation eines solch dichten Objektes nicht standhalten. Der Kern kollabiert weiter und der Druck steigt, bis die Materie nicht länger in der Form existiert, wie wir sie kennen. Elemente gibt es nicht mehr, nur noch subatomare Teilchen, die sich immer schneller bewegen müssen, um sich gegenseitig aus dem Weg zu gehen, da der Raum, den sie einnehmen können, immer kleiner wird. Nahezu in der gesamten Materie des Sterns werden die Protonen und Elektronen zu Neutronen zusammengequetscht. Ein solches Objekt fusioniert also nicht länger Atomkerne wie ein Stern, sondern zerlegt sie in ihre Bestandteile und fusioniert sie aufgrund seiner immensen Gravitation. Wenn der Sternkern bis auf etwa 20 Kilometer Durchmesser zusammengestürzt ist, enthält er im Wesentlichen nur noch Neutronen mit ein paar vereinzelten Elektronen und Protonen, die überlebt haben. Der äußere Bereich dieses dichten Himmelskörpers besteht aus normaler, extrem komprimierter Materie und bildet eine rund 1,5 Kilometer dicke Kruste. Hier ist die Oberflächenschwerkraft 100 Milliarden Mal stärker als auf der Erde. Eine Person, die bei uns 70 Kilogramm wiegt, würde auf einem Neutronenstern sieben Milliarden Tonnen wiegen. Das wäre allerdings nicht von Bedeutung, denn durch die enorme Schwerkraft würde ein Mensch augenblicklich zerquetscht werden.

Neutronensterne sind mit zunehmendem Alter immer schwerer zu entdecken. Einmal geformt, produzieren sie keine Wärme mehr und kühlen allmählich aus, wodurch sie immer leuchtschwächer werden. Ältere Neutronensterne sind daher nur über ihre extrem schwache Infrarotstrahlung zu finden sowie über ihre Schwerkraftwirkungen auf andere Sterne. Bei jungen Neutronensternen ist das anders: Sie rotieren schnell und senden Strahlenbündel aus, die wir lokalisieren können. Als man den ersten Neutronenstern entdeckte, sorgte er mit seinen regelmäßigen Radiopulsen für große Aufregung. Da die Pulse einem außerirdischen Leuchtsignal ähnelten, bezeichnete man den Stern kurzerhand als LGM-1 – LGM für „Little Green Men". Bald darauf wurde jedoch nachgewiesen, dass die sich alle 1,4 Sekunden wiederholenden Radiowellenausbrüche von einem Pulsar stammten, einem schnell rotierenden Neutronenstern, der solche Energiebündel erzeugen kann. Der nordirischen Astrophysikerin Jocelyn Bell Burnell, die den Pulsar 1967 aufgespürt hatte, wurde damit einige Jahre später „eine der bedeutendsten wissenschaftlichen Entdeckungen des 20. Jahrhunderts" bescheinigt.

DICHTE

Die Atome normaler Materie bestehen hauptsächlich aus leerem Raum und nahezu die gesamte Masse eines Atoms steckt im Kern. Könnte man ein Atom auf die Maße eines Fußballfeldes vergrößern und würde den Kern, der dann etwa die Größe einer Murmel hätte, auf die Mittellinie platzieren, so würden die Elektronen mit weniger als einem tausendstel Protondurchmesser irgendwo in der Nähe der Torlinie herumschwirren.

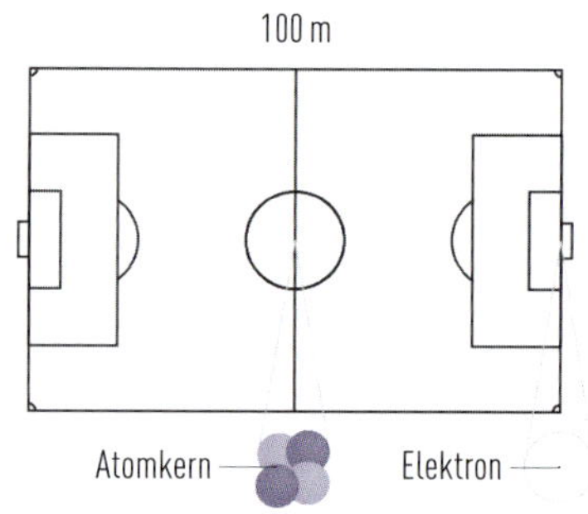

Neutronensterne können viel dichter werden, da sie nicht aus raumeinnehmenden Atomen bestehen. In einem Neutronenstern wäre der gesamte Fußballplatz mit Murmeln gefüllt statt mit nur einem Atom. Eine Streichholzschachtel mit Neutronensternmaterial, auch *Neutronium* genannt, würde rund drei Milliarden Tonnen wiegen – so viel wie ein halber Kubikkilometer des Planeten Erde.

GRAVITATIVE LICHTABLENKUNG

Die Schwerkraft eines Neutronensterns ist so stark, dass sie einen Lichtstrahl um den Stern herum krümmt. Dies verzerrt nicht nur das Erscheinungsbild von Objekten direkt hinter dem Neutronenstern, sondern verändert auch sein eigenes Aussehen. Blickt man von einem festen Standpunkt aus auf ein kugelförmiges Objekt, sieht man normalerweise die Hälfte seiner Gesamtoberfläche. Ist das Objekt aber so massereich wie ein Neutronenstern, kann man aufgrund dieser Lichtablenkung unter Umständen auch beide Pole sowie Regionen von der anderen Seite sehen.

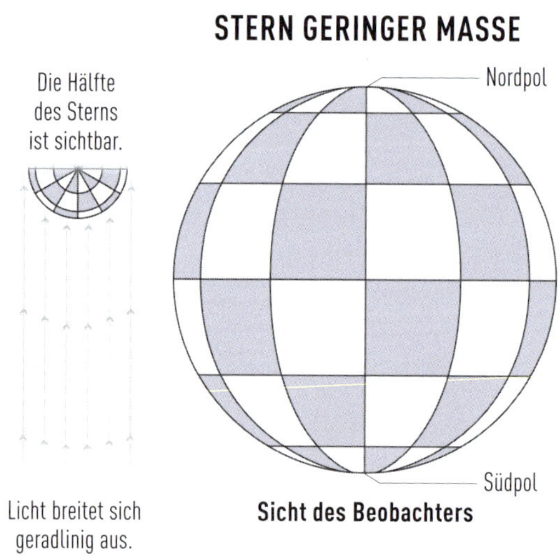

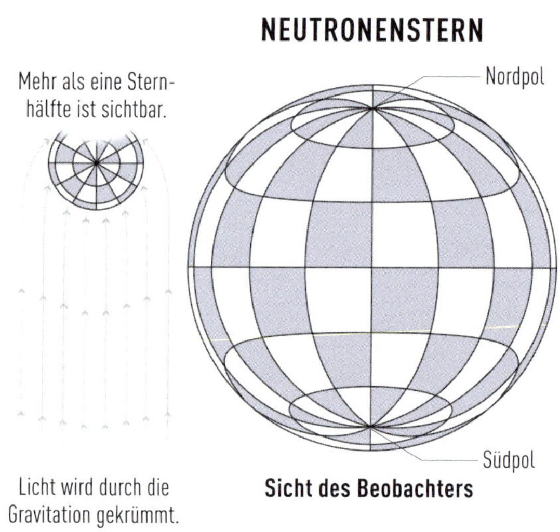

PULSARE

Aufgrund ihrer großen Masse und ihres geringen Durchmessers drehen sich Neutronensterne sehr schnell. Man kann sich das recht gut mit der Analogie zu einer Eiskunstläuferin klarmachen: Dreht sich die Läuferin auf der Stelle und zieht dabei ihre Arme an, rotiert sie schneller, streckt sie die Arme hingegen aus, verlangsamt sich ihre Drehung. Neutronensterne sind unvergleichlich viel massereicher als Eiskunstläuferinnen und für Sterne außerdem sehr klein, daher ist dieser Effekt noch ausgeprägter. Ein Stern kann, bevor er zur Supernova wurde, vielleicht eine langsame Rotation gehabt haben, nach dem Kollaps zum Neutronenstern kann er sich hingegen mehrere Hundert Mal pro Sekunde drehen. Dieser unglaublichen Rotationsrate verdanken Neutronensterne auch ihr enorm starkes Magnetfeld.

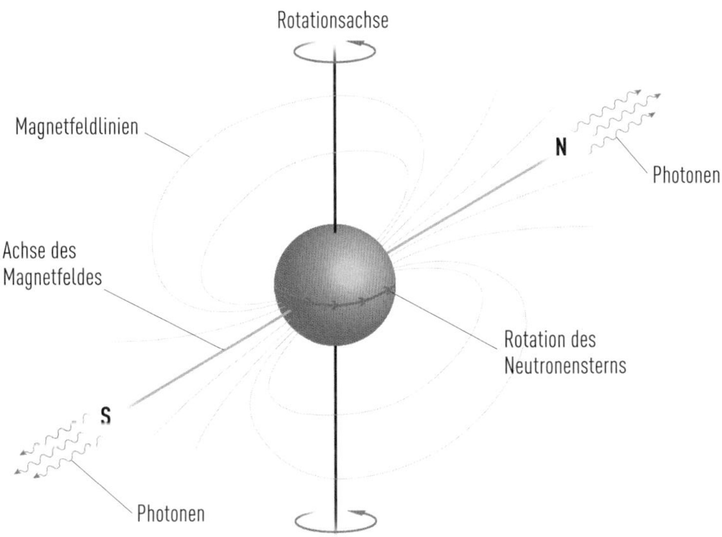

Die starken Magnetfelder von Neutronensternen sind zusammen mit ihrer schnellen Rotation die Ursache dafür, dass sie zwei Strahlenbündel von Radiowellen in den Weltraum feuern. Ein Bündel geht vom magnetischen Nordol des Sterns aus, das andere vom magnetischen Südpol, und wegen der Drehung des Sterns fegen diese Strahlen durch den Kosmos wie die Lichtblitze eines Leuchtturms. Weisen sie dabei in Richtung Erde, registrieren wir sie als regelmäßige Lichtpulse und katalogisieren den Stern als *Pulsar*.

Die Rotation von Neutronensternen oder Pulsaren nimmt mit der Zeit ab, da die Emission von Strahlung wie eine leichte Bremskraft wirkt. Drehen sich die Sterne irgendwann so langsam, dass die Pulse aufhören, werden sie schwer zu lokalisieren.

BINÄRE PULSARE

In einem Pulsar-Binärsystem umkreisen sich ein Pulsar und ein weiterer Stern. Sind die beiden Körper einander nah genug, kann die mächtige Schwerkraft des Neutronensterns Material von seinem weniger massereichen Begleitstern absaugen. Da nun Extramasse auf den Neutronenstern fließt, steigt seine Umdrehungsrate, wodurch sich sein Magnetfeld und die Intensität der Strahlungsbündel verstärken.

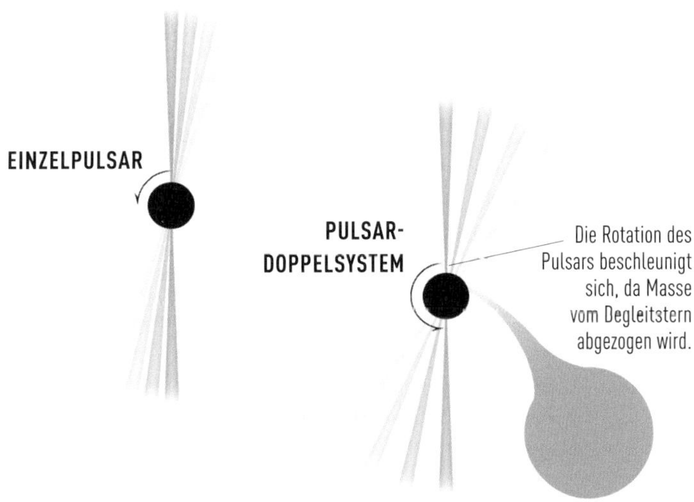

Schwarze Löcher

Schwarze Löcher sind faszinierend und nur die massereichsten Sterne werden am Ende ihres Lebens zu solchen Kuriositäten. Wegen ihrer unglaublichen Dichte ist die Gravitation so immens, dass keine Materie und noch nicht einmal das Licht entkommen kann. Im Jahr 1915 zeigte Einsteins Allgemeine Relativitätstheorie, dass solche Gebilde theoretisch existieren könnten. Da derart dunkle Objekte extrem schwer zu beobachten sind, konnte ihre Anwesenheit zunächst nur durch ihren Einfluss auf andere Himmelsobjekte bestätigt werden. Erst im Jahr 2019 war man mithilfe eines globalen Netzwerks von Radioteleskopen in der Lage dazu, ein Schwarzes Loch direkt abzubilden.

Enthält der Sternkern, der nach einer Supernova zurückbleibt, mehr als drei Sonnenmassen, kann der Kollaps der Materie nicht mehr aufgehalten werden. Nach dem Überwinden des Elektronen-Entartungsdrucks, wodurch alle subatomaren Teilchen zu Neutronen zusammengequetscht werden, kollabieren solch massereiche Kerne weiter. Die Gravitation ist so groß, dass auch die dicht gepackten Neutronen irgendwann nachgeben. Übersteigt die Dichte diejenige eines Neutronensterns, passiert etwas Seltsames: Die Schwerkraft an der Oberfläche wird so gewaltig, dass selbst das Licht nicht schnell genug ist, um ihrem Sog zu entkommen. Es gibt nun also einen Raumbereich, in den Materie wie in ein Loch fallen kann und da ihm kein Licht entkommt, ist es schwarz: ein Schwarzes Loch.

Sobald die Gravitation so groß wird, dass die Fluchtgeschwindigkeit der Lichtgeschwindigkeit entspricht, gibt es einen sogenannten *Ereignishorizont*, eine dunkle Hülle um ein Schwarzes Loch, die es verborgen hält. Der Name erklärt sich von selbst: Jedes Ereignis, das sich dahinter abspielt, entzieht sich unserer Kenntnis, da jegliches Licht davon uns nicht erreichen kann – es befindet sich hinter unserem Horizont. Knapp außerhalb des Ereignishorizonts wird das Licht zwar verzerrt, aber wenn es sich in die „richtige" Richtung bewegt, kann es ein Verschlucktwerden vermeiden. Daher sehen wir einen Halo um den Ereignishorizont, der vom Licht entfernter Sterne stammt, das sich auf seinem Weg um die darin enthaltene Masse krümmt. Wenn das Schwarze Loch aktiv ist und Masse aus seiner Umgebung anzieht, bildet die einfallende Materie eine rotierende Scheibe aus. Nähert sich die Materie dem Schwarzen Loch, bewegt sie sich schneller, was eine Menge Reibung erzeugt, die Wärmestrahlung freisetzt. Durch die Lichtverzerrung um den Ereignishorizont ist es möglich, auch Teile der Akkretionsscheibe zu sehen, die sonst durch das Schwarze Loch verdeckt wären. Das ist im Bild auf der rechten Seite veranschaulicht: Das dickere leuchtende Band, das sich um den oberen Rand des Ereignishorizonts windet, zeigt in Wirklichkeit die Rückseite der Akkretionsscheibe.

Alles innerhalb des Ereignishorizontes unterliegt unmittelbar der Schwerkraft, die die gesamte Materie in einen unendlich kleinen Punkt quetscht, den man als *Singularität* bezeichnet. In der Theorie ist dies ein Punkt ohne Ausdehnung, aber mit unendlich hoher Dichte, in dem Raum und Zeit unendlich verzerrt sind. Fällt weitere Materie in das Schwarze Loch, landet sie stets in der Singularität. Obwohl diese unendlich klein bleibt, trägt die zusätzliche Masse zur Gesamtmasse des Lochs bei, wobei massereichere Schwarze Löcher ausgedehntere Ereignishorizonte haben. Der Ereignishorizont eines Schwarzes Lochs mit zehnfacher Sonnenmasse hätte einen Durchmesser von nur 60 Kilometern.

Die Theorie zur Beschreibung von Schwarzen Löchern ist unglaublich kompliziert und selbst nach etlichen Forschungsjahrzehnten wird noch immer über die genaue Natur dieser Objekte diskutiert. Zunächst glaubte man, dass sie ewig bestehen; es ließ sich jedoch ableiten, dass auch diese dichten Sternreste einige Teilchen emittieren, wenngleich diese Strahlung nur extrem schwach ist. Langsam, sehr langsam werden Schwarze Löcher letztendlich verdampfen und dabei die letzten „Überlebenden" in einem alternden Universum sein.

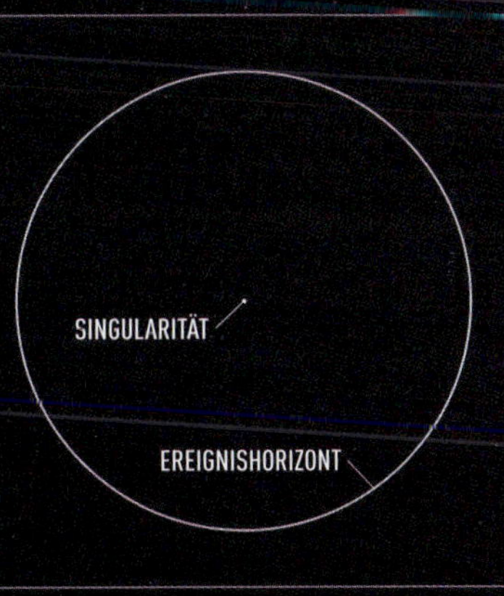
SINGULARITÄT
EREIGNISHORIZONT

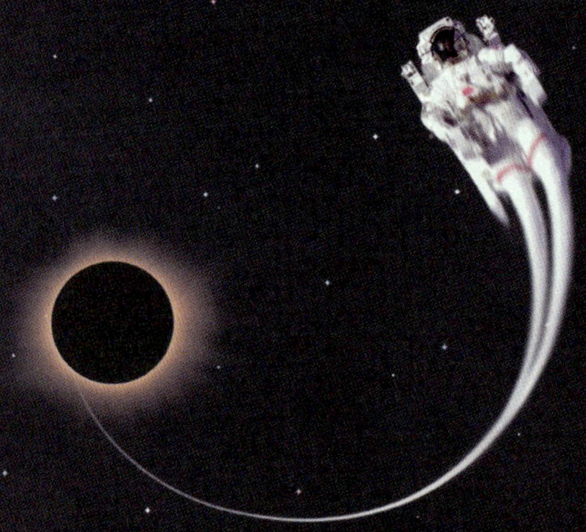

SPAGHETTISIERUNG

Im Abschnitt über die Gezeitenkräfte (S. 14) haben wir erfahren, dass die Schwerkraft eines Objekts stärker an der zugewandten Seite eines umlaufenden Körpers zerrt als an der abgewandten Seite. Bei einem Schwarzen Loch ist es das gleiche Prinzip, allerdings viel extremer. Sollten Sie mit den Füßen voran in ein Schwarzes Loch fallen, kann die Kraft, die auf Ihre Füße wirkt, millionfach stärker sein als die an Ihrem Kopf. Sie werden langgezogen, da Ihre Füße dem Körper davonrasen, welcher wiederum schneller als Ihr Kopf ist. Bevor Sie in das Schwarze Loch stürzen, werden Sie viele Kilometer lang, aber dünner als ein Haar sein. Dieser Prozess, den Astronomen treffend als *Spaghettisierung* bezeichnen, findet relativ nah an der Singularität statt. Bei Schwarzen Löchern mit stellaren Massen von bis zu einigen Dutzend Sonnenmassen passiert dies noch außerhalb des Ereignishorizonts und so wären Sie schon tot, bevor Sie diese geheimnisvolle Grenze erreichten.

KOSMISCHE STAUBSAUGER?

Es ist ein weit verbreiteter Irrglaube, dass Schwarze Löcher wie gigantische Staubsauger alles um sich herum einsaugen. In Wahrheit „verspeisen" sie trotz ihrer außerordentlich großen Schwerkraft nur Körper, die ihnen sehr nahe kommen.

Die Schwerkraft eines Objektes ist abhängig von seiner Masse und der Entfernung von seinem Zentrum. Die Sonne hat beispielsweise einen Radius von ungefähr 700.000 Kilometern, wir können uns ihrem Zentrum also nur bis auf 700.000 Kilometer annähern. Könnten wir die Sonne auf rund sechs Kilometer Durchmesser zusammendrücken, würde sie zu einem Schwarzen Loch werden. Dann könnten wir ihrem Zentrum viel näher kommen und bemerken, wie die Schwerkraft wächst und wächst.

Schwarze Löcher haben auf entfernte Objekte also identische Gravitationsauswirkungen wie Sterne gleicher Masse. Könnten wir die Sonne gegen ein Schwarzes Loch gleicher Masse austauschen, würde die Erde ihren Umlauf in exakt gleicher Weise fortsetzen.

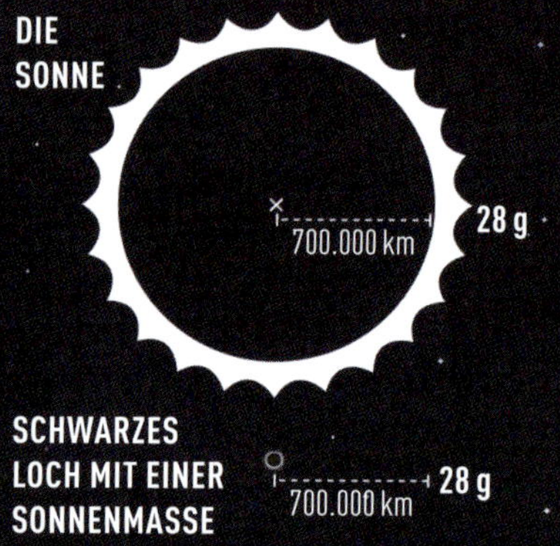

Die Gravitation an der Sonnenoberfläche ist 28-mal stärker als die Oberflächenschwerkraft der Erde (= 1 g), also 28 g. Würde die Sonne zu einem Schwarzen Loch komprimiert, wäre die Gravitation in der Entfernung, in der sich zuvor ihre Oberfläche befand, noch genauso stark.

RAUMZEIT

Mit seiner Relativitätstheorie (S. 15) begründete Einstein die Vorstellung, dass der Raum nicht völlig leer ist, sondern eine Art unsichtbare Struktur hat, in die Materie und Energie eingebettet sind. Was wir als Gravitation wahrnehmen, ist eine Krümmung dieses Raums; große Massen verzerren ihre Umgebung und bewirken, dass kleinere Körper sie auf gekrümmten Bahnen umlaufen.

Einsteins Theorie besagt auch, dass die Raumzeit eine Einheit ist, in der weder Raum noch Zeit unabhängig voneinander beeinflusst werden können. Große Massen verzerren daher ebenso die Zeit. Für jemanden in unmittelbarer Nähe eines massereichen Objekts vergeht die Zeit langsamer als für jemanden in weiter Entfernung. Dies konnte auf der Erde experimentell bestätigt werden: Uhren in größeren Höhen gehen schneller als solche am Boden.

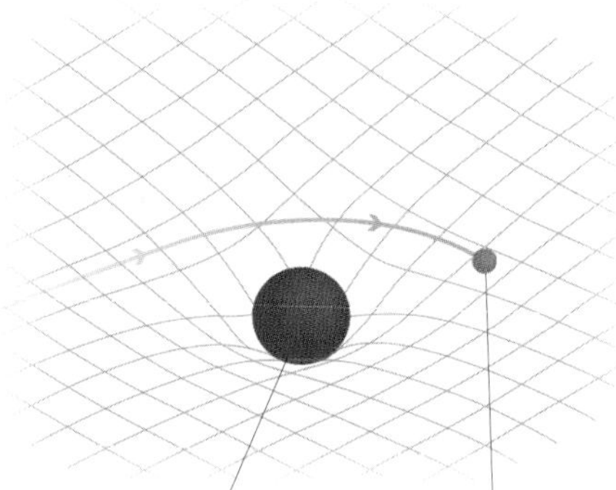

MASSEREICHER STERN

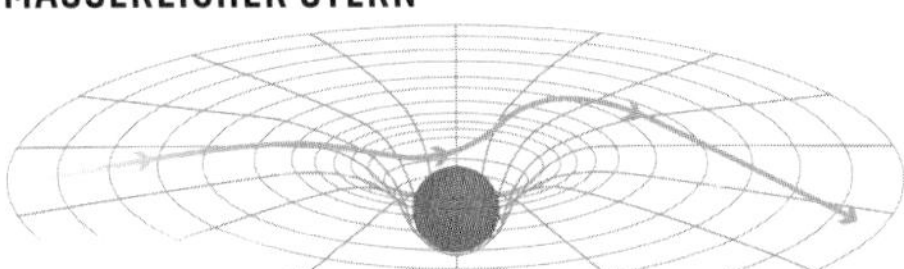

SCHWARZES LOCH

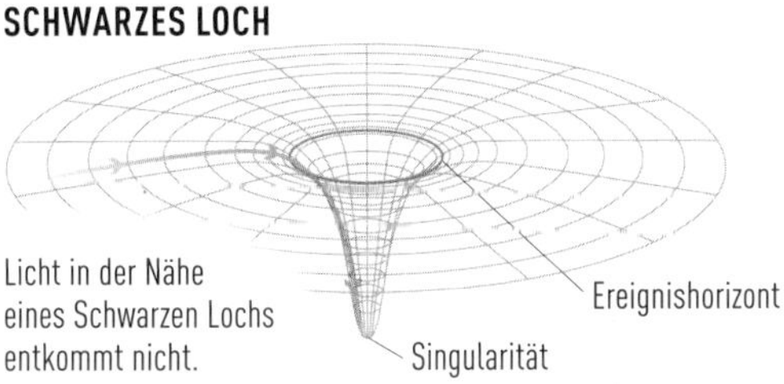

Schwarze Löcher verzerren die Raumzeit so stark, dass die Zeit am Ereignishorizont praktisch stehen bleibt. Wenn Sie in ein Schwarzes Loch fallen, läuft die Zeit für Sie normal weiter, Sie werden einfach verschluckt. Aber wenn Sie eine Uhr dabei haben, könnten entfernte Zuschauer bemerken, dass Ihre Uhr immer langsamer läuft. Für die Zuschauer dauert Ihr Sturz buchstäblich ewig. Sobald das Licht der Schwerkraft nicht mehr entkommen kann, entschwinden Sie allerdings ihrem Blickfeld.

Noch merkwürdiger ist das Geschehen aus Ihrer Perspektive. Schauen Sie zurück, während Sie in das Schwarze Loch stürzen, zeigt sich Ihnen der gegenteilige Effekt – Sie sehen das Universum in immer schnellerem Tempo. Am Ereignishorizont läuft die gesamte restliche Zeit in einem Blitz hochenergetischer, tödlicher Strahlung ab.

HAWKING-STRAHLUNG

Der berühmte Physiker Stephen Hawking hat als Erster erkannt, dass Schwarze Löcher vermutlich doch eine winzige Menge an Strahlung aussenden. Denn selbst im leersten Raum entstehen ständig Paare aus Teilchen und Antiteilchen, die sich wieder vernichten. Geschieht dies am Rand eines Ereignishorizonts, kann eines der beiden Teilchen verschluckt werden, während das andere weggeschleudert wird und dem Schwarzen Loch Energie entzieht. Obwohl der Effekt verschwindend klein ist, wird das Loch mit der Zeit verdampfen – allerdings erst nach einer Ewigkeit: Ein Schwarzes Loch von einer Sonnenmasse benötigt 10^{64} Jahre, um zu verschwinden.

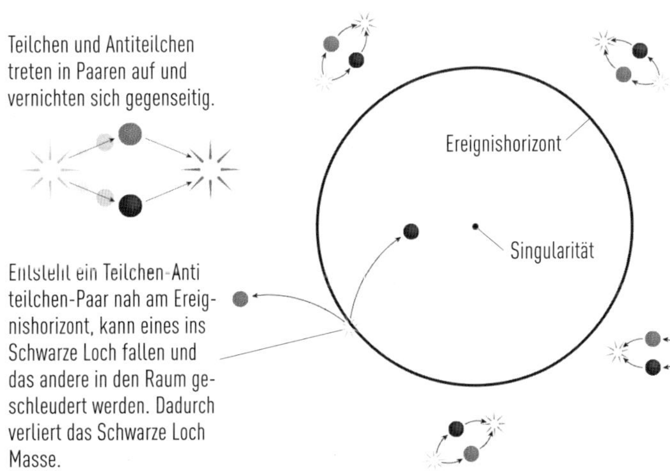

Der Lebenszyklus von Sternen

Alle Sterne beginnen ihr Leben auf die gleiche Art durch den Kollaps von ausgedehnten Gaswolken. Das Schicksal eines Sterns hängt davon ab, wieviel Materie er im Laufe dieses Prozesses ansammeln kann. Diese beiden Seiten geben einen Überblick über die Entwicklung von Sternen verschiedener Masse.

NEBEL

Eine dichte Nebelregion beginnt zu kontrahieren.

PROTOSTERN

Materie verklumpt und bildet einen Protostern. Die Temperaturen steigen, Wasserstofffusion findet aber noch nicht statt.

MASSEREICHER HAUPTREIHENSTERN

MEHR ALS 8 SONNENMASSEN

Massereiche Sterne sind hell, sie fusionieren allerdings nur einige Millionen Jahre lang Wasserstoff in ihren Kernen.

MITTELSCHWERER HAUPTREIHENSTERN

MEHR ALS 0,5 SONNENMASSEN UND WENIGER ALS 8 SONNENMASSEN

Das Wasserstoffbrennen im Kern von Sternen mittlerer Masse hält Dutzende Millionen bis Milliarden Jahre an.

MASSEARMER HAUPTREIHENSTERN

WENIGER ALS 0,5 SONNENMASSEN

Massearme Sterne verbrennen Wasserstoff sehr langsam, ihr schwaches Leuchten hält Billionen Jahre an.

SCHWARZES LOCH

Ist der verbleibende stellare Kern schwerer als drei Sonnenmassen, bildet sich ein Schwarzes Loch.

ROTER ÜBERRIESE

Wenn das Wasserstoffschalenbrennen beginnt, schwillt der Stern zu einem Roten Überriesen an und startet mit der Fusion schwererer Elemente.

SUPERNOVA

Produziert der Stern im Kern Eisen, kollabiert er und explodiert als Supernova, wobei er Materie in den Weltraum schleudert.

NEUTRONENSTERN

Hat der übrig gebliebene Sternkern weniger als drei Sonnenmassen, wird er zu einem Neutronenstern.

ROTER RIESE

Sobald das Wasserstoffschalenbrennen beginnt, schwillt der Stern zu einem Roten Riesen an. Geht sein Brennstoff zur Neige, bläst er seine äußeren Schichten ab und es bildet sich ein Planetarischer Nebel.

WEISSER ZWERG

Versiegt das Wasserstoff- und Heliumschalenbrennen, kollabiert der Stern zu einem Weißen Zwerg.

SCHWARZER ZWERG

Ein Weißer Zwerg strahlt seinen Wärmevorrat über viele Billionen Jahre ab, bevor er zu einem Schwarzen Zwerg wird.

ROTER ZWERG

Wenn der Wasserstoff zur Neige geht und die Fusionsreaktionen versiegen, beginnt ein Roter Zwerg zu schrumpfen.

WEISSER ZWERG

Ist die Fusion beendet, kollabiert der Stern zu einem heißen, dichten Weißen Zwerg mit geringer Leuchtkraft.

SCHWARZER ZWERG

Ein Weißer Zwerg wird zu einem Schwarzen Zwerg, wenn er seine gesamte Wärme abgestrahlt hat.

Die größten Sterne

Die größten Sterne im Universum gehören zu den seltensten. Rote Überriesen existieren nur kurze Zeit als derart gigantische Kolosse, bevor sie als Supernova explodieren. Wegen ihrer großen Ausdehnung ist die Oberflächentemperatur dieser Sterne vergleichsweise gering für einen Stern, durch ihre enorme Größe sind sie dennoch extrem leuchtkräftig. Die Ausmaße der größten Überriesen sind absolut überwältigend; einige sind hier in Relation zu Jupiter, der Sonne und Sirius A dargestellt.

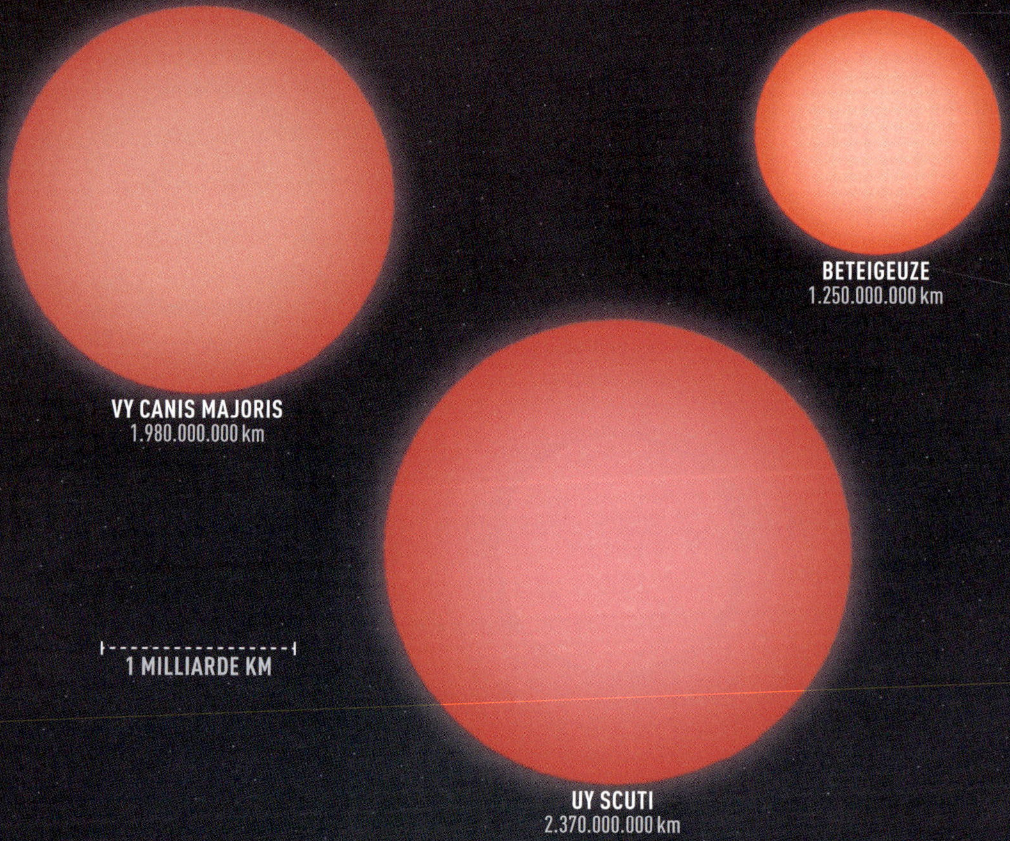

Die Größen geben die Sterndurchmesser an.

Nicht-Hauptreihen-sterne

Wo Hauptreihensterne im H-R-Diagramm liegen und wie der Weg unserer Sonne über die verschiedenen Phasen ihres Lebens hinweg im Diagramm verläuft, wissen wir bereits. Nun wollen wir das Diagramm noch einmal nutzen, um uns mit Sterngruppen zu beschäftigen, die nicht auf der Hauptreihe liegen.

ÜBERRIESEN

Überriesen sind entlang eines horizontalen Streifens am oberen Ende des H-R-Diagramms angesiedelt, wobei Blaue Überriesen links und Rote rechts liegen. Einst waren sie alle Hauptreihensterne (mit mindestens acht Sonnenmassen), die die Hauptreihe verlassen haben, da sie keinen Wasserstoff mehr im Kern verbrennen. Beginnt die Kernfusion weiter entfernt vom Kern, blähen sich die äußeren Schichten des Sterns gewaltig auf. Blaue Überriesen entwickeln sich nur aus Sternen mit mehr als 25 Sonnenmassen; sie sind ungemein heiß und leuchtkräftig, was aber gleichzeitig bedeutet, dass sie sehr kurzlebig und selten sind. Rote Überriesen sind weniger massereich, haben aber größere Ausmaße als Blaue Überriesen, was zu geringeren Oberflächentemperaturen führt.

RIESEN

Die Gruppe der Riesensterne befindet sich rechts oberhalb der Hauptreihe; die Sterne hier waren einst Hauptreihensterne geringer bis mittlerer Masse (von rund 0,5- bis achtfacher Sonnenmasse). Wie Überriesen verbrennen Riesensterne keinen Wasserstoff mehr im Kern und sobald die Kernfusion in einer Schale um den Kern beginnt, expandieren ihre äußeren Bereiche. Da Riesen weniger Masse haben als Überriesen, sind sie nicht so groß und leuchtkräftig wie sie.

WEISSE ZWERGE

Unten links im H-R-Diagramm befinden sich die kleinen, dichten Weißen Zwerge. Sie sind die Überreste von Sternen, denen der Brennstoff ausgegangen ist und die nicht genügend Masse hatten, um eine Supernova auszulösen. Ihre sehr geringe Leuchtkraft resultiert aus der thermischen Strahlung, die sie abgeben, denn Kernfusion findet in ihrem Inneren nicht mehr statt.

BRAUNE ZWERGE

Die masseärmsten Hauptreihensterne findet man rechts unten im H-R-Diagramm. Verlängert man die Hauptreihe noch weiter nach unten, trifft man auf die Braunen Zwerge: Sterne, die niemals genügend Masse erlangt haben, um Wasserstoff zu fusionieren. Ihre geringe Leuchtkraft beruht auf der Abstrahlung ihrer thermischen Energie und zu einem kleinen Teil auf der langsamen Fusion von Deuterium und eventuell auch Lithium.

Schwarze Löcher und Neutronensterne tauchen im H-R-Diagramm nicht auf, da sie nicht hell leuchten.

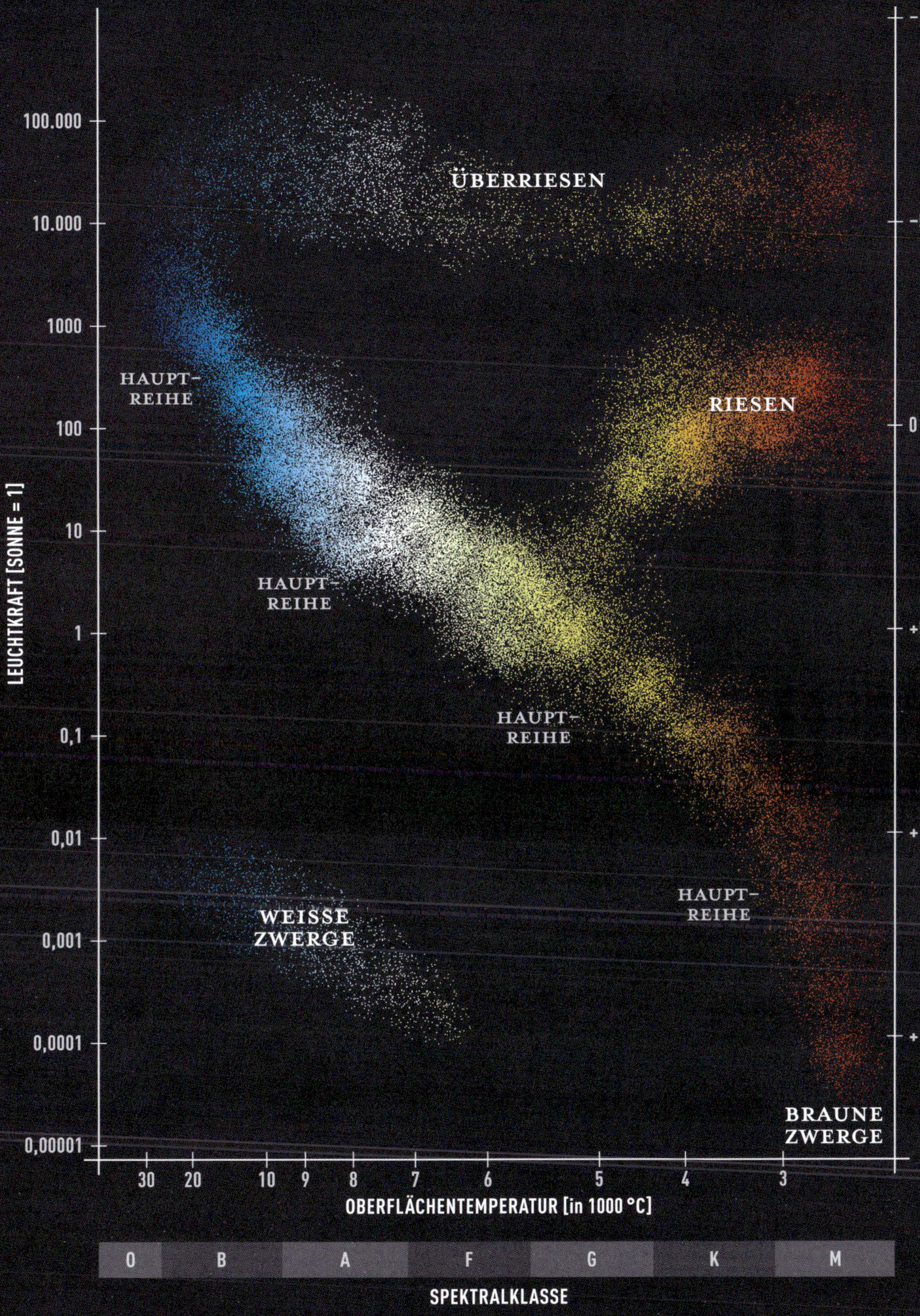
ÜBERRIESEN
HAUPT-
REIHE
RIESEN
HAUPT-
REIHE
HAUPT-
REIHE
WEISSE
ZWERGE
HAUPT-
REIHE
BRAUNE
ZWERGE
LEUCHTKRAFT [SONNE = 1]
100.000
10.000
1000
100
10
1
0,1
0,01
0,001
0,0001
0,00001
ABSOLUTE HELLIGKEIT
-10
-5
0
+5
+10
+15
30
20
10
9
8
7
6
5
4
3
OBERFLÄCHENTEMPERATUR [in 1000 °C]
O
B
A
F
G
K
M
SPEKTRALKLASSE

151

Mehrfach-sternsysteme

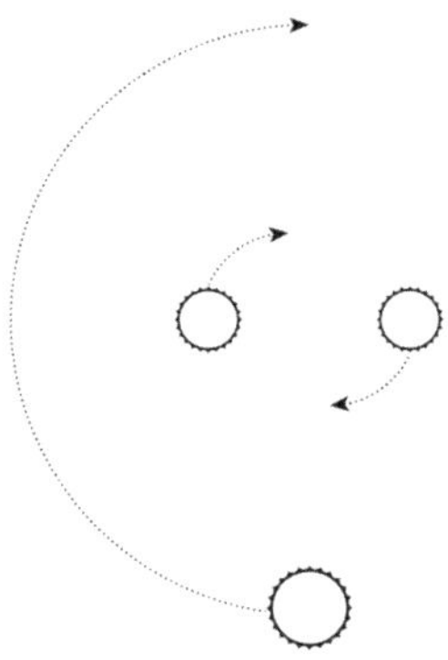

Viele der Lichtpunkte am Nachthimmel sind in Wahrheit keine Einzelsterne wie die Sonne, sondern gehören zu Mehrfachsternsystemen. Die meisten davon umlaufen einander in Paaren, man bezeichnet sie als Doppelsterne; andere befinden sich in Gruppen von drei oder mehr Sternen. Unseren Augen hier auf der Erde erscheint ein Mehrfachstern häufig als einzelner Lichtfleck, da wir diese weit entfernten Lichtquellen nicht trennen können. Tatsächlich sind aber vier Fünftel aller Sterne Teil eines Mehrfachsystems, unsere Sonne ist in dieser Hinsicht also nicht gerade typisch.

Mehrfachsterne können prinzipiell auch dadurch entstehen, dass sich Einzelsterne über ihre Schwerkraft einfangen, wobei die Wahrscheinlichkeit dafür jedoch extrem gering ist. Angesichts der schieren Menge an Mehrfachsystemen muss es also einen verbreiteteren Entstehungsprozess geben. Im Allgemeinen haben sich alle Sterne eines Systems zeitgleich aus derselben Molekülwolke gebildet, die beim Zusammenziehen in Fragmente zerfallen ist. Obwohl sie sich gemeinsam gebildet haben und entwickeln, sind sie meist sehr unterschiedlich, abhängig davon, wie viel Materie sie ansammeln konnten, denn die Masse ist ja der wichtigste Parameter bei der Festlegung der Eigenschaften eines Sterns: Sie beeinflusst seine Temperatur, Größe und Lebensdauer. Bilden sich Sterne nah beieinander, können sie in unterschiedlichen Entwicklungsstadien auf vielfältige Art miteinander wechselwirken. Beispielsweise kann ein Stern, der sich gegen Ende seines Lebens stark aufbläht, Materie an seinen Begleiter verlieren.

In einigen Fällen umkreisen sich Doppelsterne so eng, dass sich ihre Oberflächen berühren (langfristig werden sie dann wohl verschmelzen). Für einen Umlauf benötigen sie in diesem Fall vielleicht nur wenige Minuten. Lassen sich enge Doppelsterne selbst mithilfe von Teleskopen nicht trennen, setzt man Techniken wie die Spektroskopie zu ihrer Untersuchung ein. Dann zeigt sich in den Messdaten, ob mehr als eine Lichtquelle vorhanden ist. Andere Doppelsterne können Zehntausende Astronomische Einheiten voneinander entfernt und deutlich mit dem bloßen Auge zu trennen sein; sie haben Umlaufperioden von Jahrhunderten oder Jahrtausenden.

In einem Pulsar-Doppelsystem, in dem ein Stern einen Pulsar umläuft (S. 141), kann der massereichere Pulsar von seinem weniger gehaltvollen Nachbarn Materie abziehen, wenn die Sterne nah genug zusammenstehen. Im Jahr 2016 wurde der erste blinkende Pulsar-Doppelstern entdeckt, der statt eines Neutronensterns einen Weißen Zwerg aufweist. Zusammen mit einem Roten Zwerg bildet er das Sternsystem AR Scorpii, das sich in einem Abstand von rund 1,4 Millionen Kilometern umkreist. In nur dreifacher Mondentfernung von der Erde läuft das Paar also in etwas mehr als 3,5 Stunden umeinander. Da Weiße Zwerge eine erheblich geringere Dichte haben als Neutronensterne, rotieren sie sehr viel langsamer, im Fall des Weißen Zwerges von AR Scorpii dauert eine Rotation fast zwei Minuten. Bei jeder Umdrehung fegen zwei vom Magnetfeld des Weißen Zwerges (das 100.000-mal stärker ist als das der Erde) erzeugte Strahlenbündel über den Begleitstern, wodurch sich der Rote Zwerg aufhellt und wieder verdunkelt. Diese Helligkeitsvariationen sehen wir als kurze, regelmäßige Lichtpulse.

Auch Planeten wurden um Doppelsternsysteme schon entdeckt, obwohl sie nicht so verbreitet sind wie bei Einzelsternen. Beobachtungen des Kepler-Weltraumteleskops haben gezeigt, dass die meisten sonnenähnlichen Einzelsterne von mehreren Planeten umlaufen werden, während das bei Doppelsternen nur bei einem Drittel der Fall ist. Dass Planeten um Doppelsterne Leben beherbergen könnten, ist unwahrscheinlich, da für seine Entstehung relativ stabile Bedingungen erforderlich sind. Zudem kann die Hitze auf Planeten im Licht zweier Sonnen sengend sein und die Nächte werden potenziell durch den Aufgang der zweiten Sonne unterbrochen. Da sich die beiden Sonnen als Doppelstern umkreisen, werden sie außerdem nicht beide einen fixen Abstand zum Planeten haben, woraus weitere Hitze- und Strahlungsschwankungen resultieren.

Sirius A & B

Sirius A

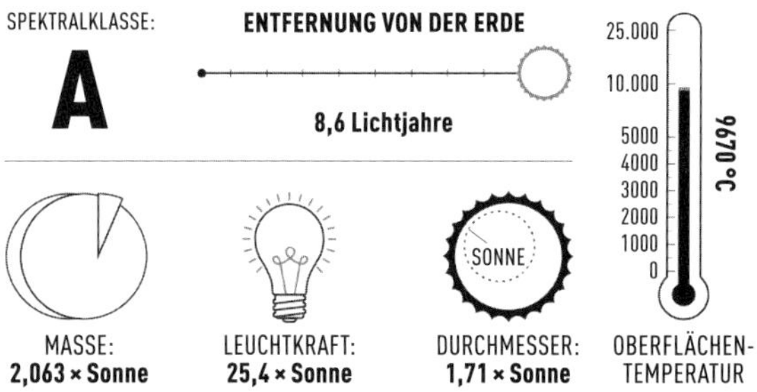

Sirius ist der hellste Stern am Nachthimmel, weshalb er bereits in einigen der frühesten astronomischen Aufzeichnungen auftaucht. Wie viele andere Sterne, verbirgt sich Sirius periodisch im Licht der Sonne, deren Lauf über den Himmel von der Jahreszeit abhängt. Eine Zeitlang versinkt er dann kurz vor Sonnenauf- oder kurz nach Sonnenuntergang im Glanz des Tagesgestirns. Das Wiedererscheinen von Sirius am Morgenhimmel, das mit der jährlichen Nilschwemme zusammenfiel, ließ ihn im alten Ägypten zum Symbol der Fruchtbarkeit werden. Für die alten Griechen läutete das Auftauchen von Sirius den Beginn heißer, trockener Sommer ein und die alten Römer opferten ihm Tiere für reiche Ernten. Neben den genannten Kulturen gibt es viele weitere, in denen der strahlend helle Sirius eine bedeutende Rolle spielte. Es ist erstaunlich, wie ein funkelnder Lichtfleck am Himmel das Leben und die Handlungen vieler Millionen Menschen beeinflusst hat.

Obwohl wir von Sirius' Existenz schon seit den Anfängen der menschlichen Zivilisation wissen, wurde erst 1844 entdeckt, dass er ein Doppelstern ist. Bei der Untersuchung seiner Bewegung bemerkte der deutsche Astronom Friedrich Bessel, dass er von seinem vorhergesagten Kurs abgewichen war. Richtigerweise schloss er daraus, dass der Stern einen unsichtbaren Begleiter haben müsse, der seine Bahn beeinflusst. Es dauerte allerdings noch weitere 15 Jahre, bevor eine direkte Beobachtung durch den amerikanischen Teleskophersteller und Astronomen Alvan Graham Clark den geheimnisvollen zweiten Stern offenbarte.

Sirius B

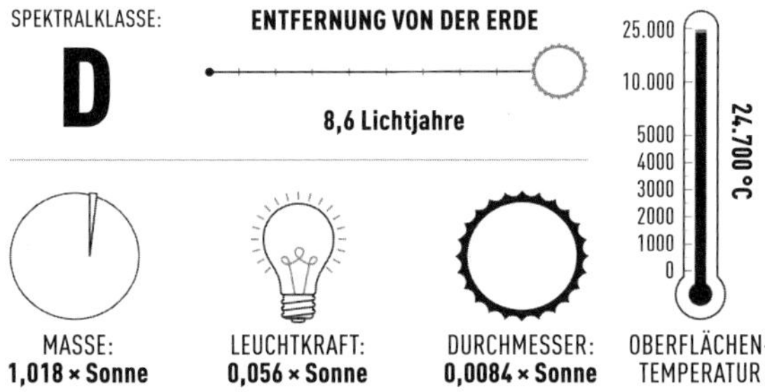

Sirius B ist ein schwacher Weißer Zwerg, der 10.000-mal weniger leuchtkräftig ist als Sirius A. Da Sirius B eine so winzige Lichtquelle ist, konnte seine Masse erst 2005 unter Einsatz des Hubble-Weltraumteleskops exakt bestimmt werden. Gegenwärtig ist der Stern geringfügig massereicher als die Sonne, was ihn zu einem der schwersten aktuell bekannten Weißen Zwerge macht; von der Größe her ist er hingegen etwas kleiner als die Erde. Vermutlich besaß Sirius B bei seinem ersten Aufleuchten die fünffache Sonnenmasse und somit deutlich mehr als sein Partner, der ihn jetzt klein erscheinen lässt. Bei der Verwandlung vom Roten Riesen in einen Weißen Zwerg vor etwa 124 Millionen Jahren hat Sirius B den Großteil seiner Materie abgeworfen und übrig blieb der heiße, dichte Kern.

Der größere, hellere und bekanntere der beiden Sterne, Sirius A, verbrennt noch Wasserstoff in seinem Kern. Mit zweifacher Masse und 25-facher Leuchtkraft der Sonne beträgt seine Verweilzeit auf der Hauptreihe rund eine Milliarde Jahre, von der er etwa ein Viertel hinter sich hat. Danach wird er in das Rote-Riesen-Stadium eintreten, bevor er zu einem Weißen Zwerg wird. Derzeit umkreisen sich die beiden Sterne mit einer Umlaufzeit von 50 Jahren.

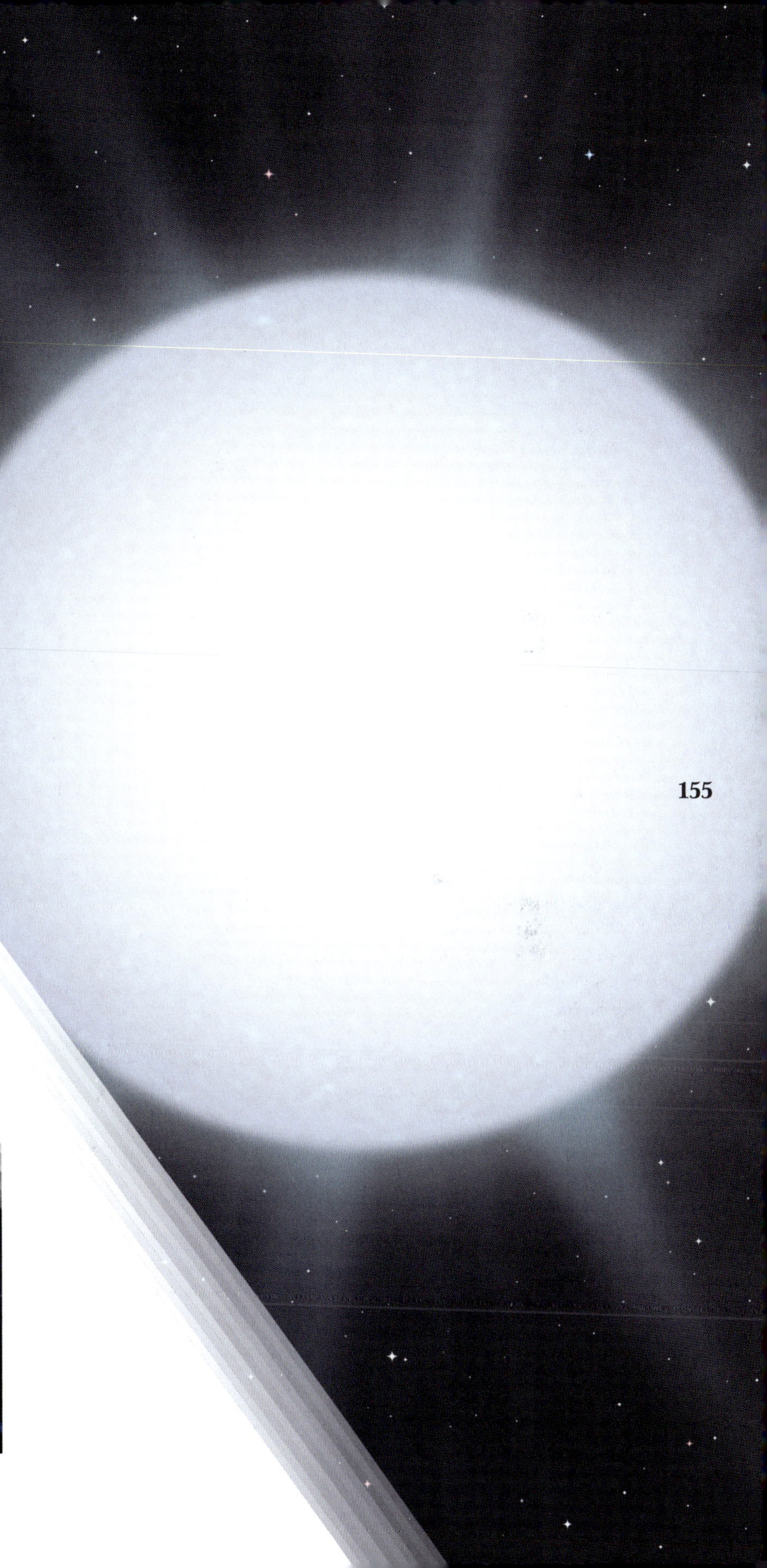

Foto aufgenommen vom Hubble-Weltraumteleskop 2003. Sirius A strahlt in der Mitte, Sirius B ist links unten als kleines Pünktchen zu sehen.

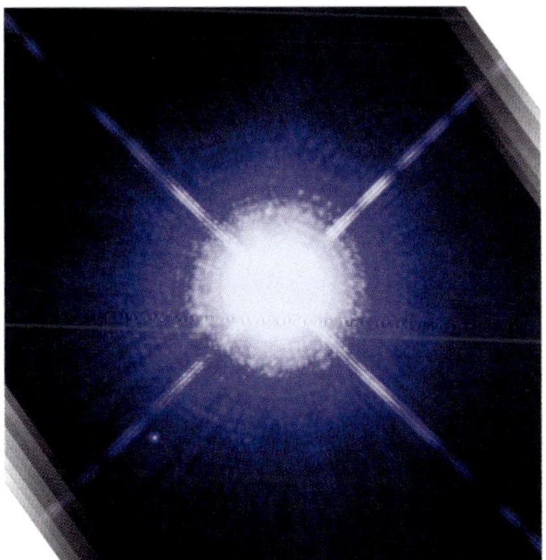

Sternbilder

Nördliche Hemisphäre

1. FISCHE (PISCES)
2. PEGASUS
3. WALFISCH (CETUS)*
4. FÜLLEN (EQUULEUS)
5. WIDDER (ARIES)
6. DREIECK (TRIANGULUM)
7. DELFIN (DELPHINUS)
8. EIDECHSE (LACERTA)
9. ANDROMEDA
10. STIER (TAURUS)
11. ADLER (AQUILA)
12. PFEIL (SAGITTA)
13. FÜCHSCHEN (VULPECULA)
14. SCHWAN (CYGNUS)
15. KEPHEUS (CEPHEUS)
16. KASSIOPEIA (CASSIOPEIA)
17. PERSEUS
18. LEIER (LYRA)
19. GIRAFFE (CAMELOPARDALIS)
20. FUHRMANN (AURIGA)

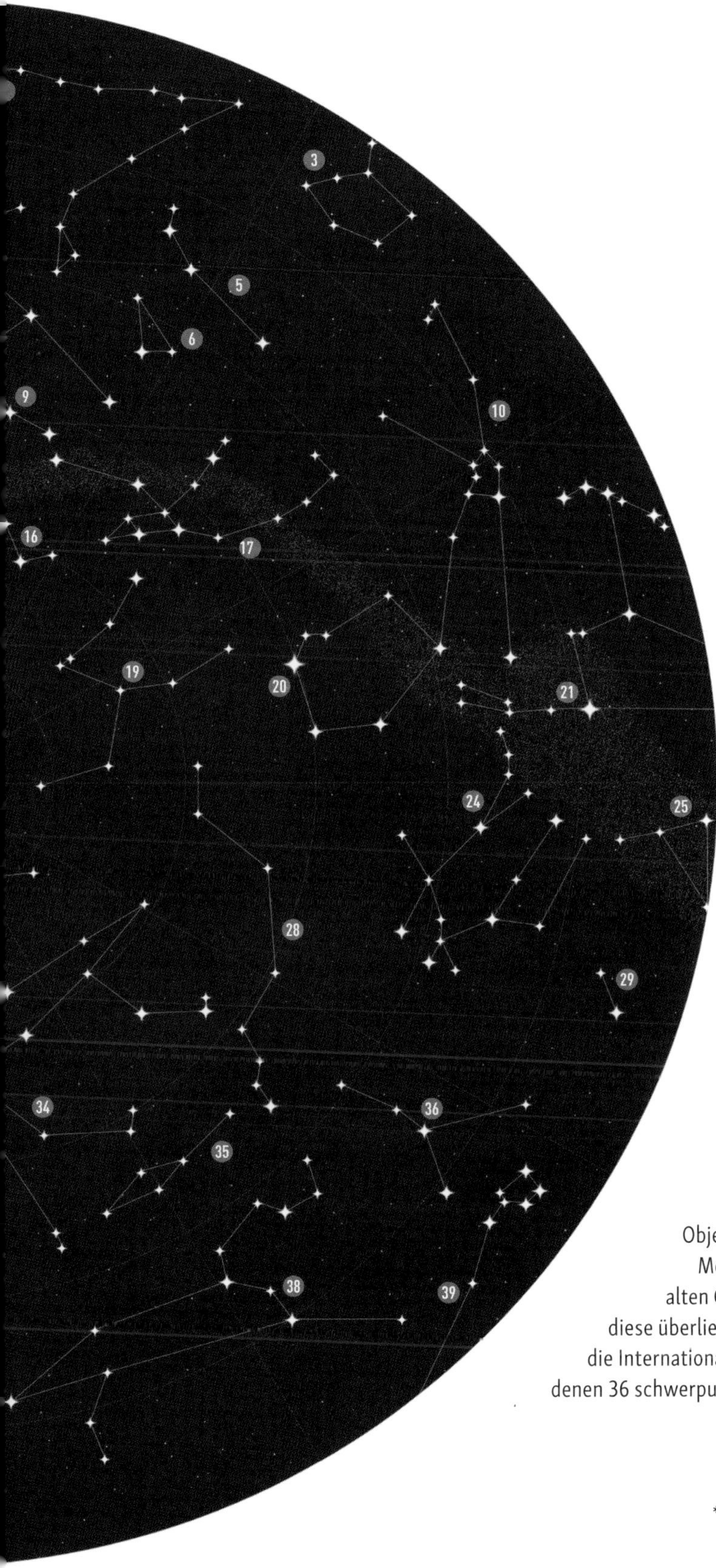

ORION* 21
DRACHE (DRACO) 22
KLEINER BÄR (URSA MINOR) 23
ZWILLINGE (GEMINI) 24
EINHORN (MONOCEROS)* 25
SCHLANGENTRÄGER (OPHIUCHUS)* 26
HERKULES (HERCULES) 27
LUCHS (LYNX) 28
KLEINER HUND (CANIS MINOR) 29
SCHLANGE (SERPENS)* 30
NÖRDLICHE KRONE (CORONA BOREALIS) 31
RINDERHIRTE (BOOTES) 32
JAGDHUNDE (CANES VENATICI) 33
GROSSER BÄR (URSA MAJOR) 34
KLEINER LÖWE (LEO MINOR) 35
KREBS (CANCER) 36
HAAR DER BERENIKE (COMA BERENICES) 37
LÖWE (LEO) 38
WASSERSCHLANGE (HYDRA)* 39
JUNGFRAU (VIRGO) 40

Es ist uns Menschen zu eigen, dass wir in der Welt um uns herum nach Mustern suchen – den nächtlichen Sternenhimmel eingeschlossen. Seit den Anfängen der Zivilisation haben wir daher Sterngruppen zu Bildern zusammengefasst, die Götter, Helden, mythologische Tiere und andere Objekte darstellen. Die ersten Sternbilder stammen aus Mesopotamien, Sumer und Babylon, später fügten die alten Griechen und Römer ihre mythologischen Figuren in diese überlieferte Sammlung ein. Heute gibt es 88 offiziell durch die Internationale Astronomische Union definierte Sternbilder, von denen 36 schwerpunktmäßig am nördlichen Himmel zu finden sind, die anderen 52 am südlichen Himmel.

Lateinische Sternbildnamen in Klammern.
* Teile des Sternbilds überlappen auf die südliche Hemisphäre.

Sternbilder

Südliche Hemisphäre

1. WALFISCH (CETUS)*
2. WASSERMANN (AQUARIUS)
3. BILDHAUER (SCULPTOR)
4. SÜDLICHER FISCH (PISCIS AUSTRINUS)
5. STEINBOCK (CAPRICORNUS)
6. ERIDANUS
7. CHEMISCHER OFEN (FORNAX)
8. PHÖNIX (PHOENIX)
9. KRANICH (GRUS)
10. MIKROSKOP (MICROSCOPIUM)
11. PENDELUHR (HOROLOGIUM)
12. TUKAN (TUCANA)
13. INDIANER (INDUS)
14. ORION*
15. HASE (LEPUS)
16. GRABSTICHEL (CAELUM)
17. SCHWERTFISCH (DORADO)
18. NETZ (RETICULUM)
19. KLEINE WASSERSCHLANGE (HYDRUS)
20. PFAU (PAVO)
21. TELESKOP (TELESCOPIUM)
22. SÜDLICHE KRONE (CORONA AUSTRALIS)
23. SCHÜTZE (SAGITTARIUS)
24. SCHILD (SCUTUM)
25. TAUBE (COLUMBA)
26. MALER (PICTOR)
27. TAFELBERG (MENSA)

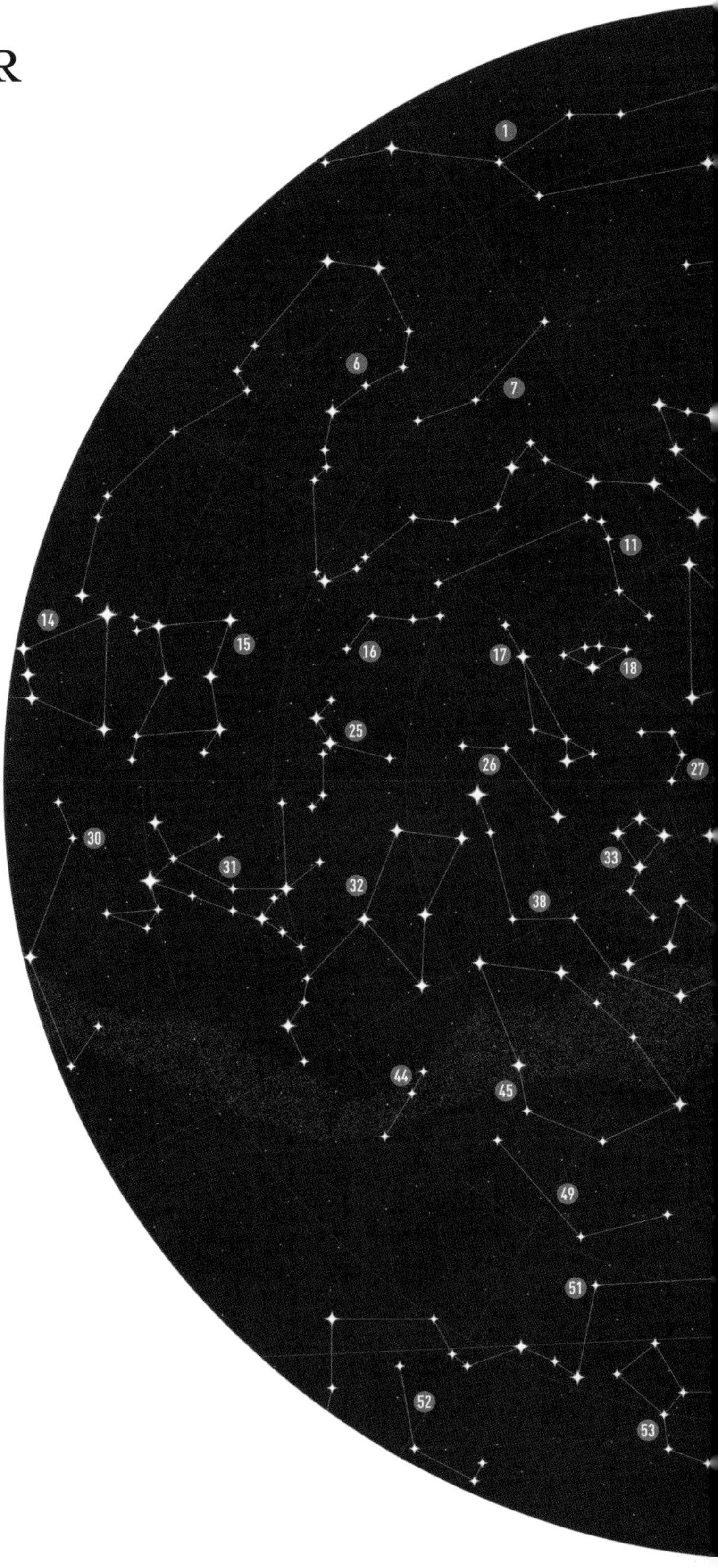

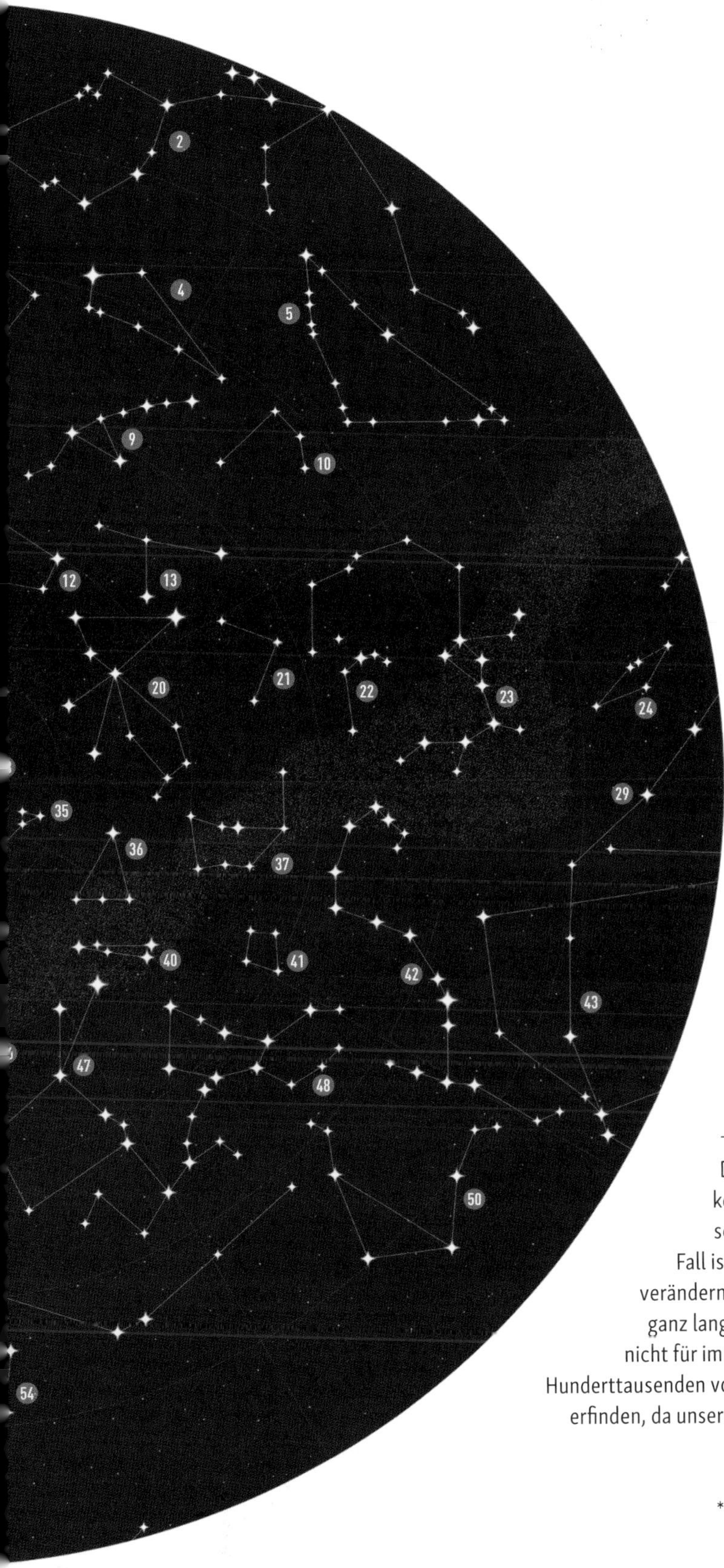

OKTANT (OCTANS) 28
SCHLANGE (SERPENS)* 29
EINHORN (MONOCEROS)* 30
GROSSER HUND (CANIS MAJOR) 31
HINTERDECK (PUPPIS) 32
FLIEGENDER FISCH (VOLANS) 33
CHAMÄLEON (CHAMAELEON) 34
PARADIESVOGEL (APUS) 35
SÜDLICHES DREIECK (TRIANGULUM AUSTRALE) 36
ALTAR (ARA) 37
SCHIFFSKIEL (CARINA) 38
FLIEGE (MUSCA) 39
ZIRKEL (CIRCINUS) 40
WINKELMASS (NORMA) 41
SKORPION (SCORPIUS) 42
SCHLANGENTRÄGER (OPHIUCHUS)* 43
SCHIFFSKOMPASS (PYXIS) 44
SEGEL (VELA) 45
KREUZ DES SÜDENS (CRUX) 46
ZENTAUR (CENTAURUS) 47
WOLF (LUPUS) 48
LUFTPUMPE (ANTLIA) 49
WAAGE (LIBRA) 50
WASSERSCHLANGE (HYDRA)* 51
SEXTANT (SEXTANS) 52
BECHER (CRATER) 53
RABE (CORVUS) 54

Die Sterne vermitteln uns ein Gefühl von Beständigkeit, ihre Positionen am Nachthimmel scheinen fix zu sein – heute wissen wir allerdings, dass das nicht der Fall ist. Da sich alle Sterne im Verhältnis zu uns bewegen, verändern sich die Muster, die sie am Himmel erzeugen, ganz, ganz langsam. Die Sternbilder, die wir heute kennen, werden nicht für immer existieren. Potenzielle Erdenbürger in Zehn- bis Hunderttausenden von Jahren müssen ihre eigenen Symbole und Figuren erfinden, da unsere zu verzerrt sein werden, um sie noch zu erkennen.

Lateinische Sternbildnamen in Klammern.
* Teile des Sternbilds überlappen auf die nördliche Hemisphäre.

„Ich möchte nicht glauben. Ich möchte wissen.“

Carl Sagan, 1934–1996

Exoplaneten

Andere Welten

Seit Jahrhunderten schon fragen wir uns, ob zwischen den Sternen, die wir nachts sehen, auch andere Welten existieren. Es mag uns heute seltsam erscheinen, aber in früheren Zeiten war dies eine provokative Vorstellung.

Im 16. Jahrhundert versuchte der italienische Philosoph Giordano Bruno, die kopernikanische Theorie weiterzuentwickeln, nach der die Sonne und nicht die Erde im Zentrum des Universums stand. Er schlug vor, dass um die Sterne wie um unsere Sonne Planeten kreisen könnten. Wegen eines ganzen Bündels an Ideen, die dem katholischen Glauben entgegenstanden, wurde er schlussendlich durch die römische Inquisition auf dem Scheiterhaufen verbrannt.

Fast 400 Jahre später konnten wir die Existenz dieser fernen Welten tatsächlich nachweisen. Wir kennen heute Tausende von Exoplaneten und Hunderte von Sternsystemen, die Heimat von mehr als einem Planeten sind und die bestätigen, dass unser Vielplaneten-Sonnensystem nichts Ungewöhnliches ist. Die intensive Untersuchung von Exoplaneten, ihrer Sterne und ihrer Umlaufbahnen ermög-

licht uns auch ein besseres Verständnis der Entwicklung und Dynamik unseres eigenen Sonnensystems.

Durch die Optimierung unserer Technologien und Arbeitsmethoden wächst die Häufigkeit neuer Funde rasant. Vor dem Hintergrund, dass Planeten sogar noch zahlreicher vorhanden sind als Sterne, ist die Suche nach Welten wie unserer und nach außerirdischem Leben inzwischen ein wichtiger Forschungszweig in der Astronomie.

Wie Planeten entstehen

Sonnensysteme wie unseres bilden sich aus gigantischen Molekülwolken, die um ein Vielfaches größer sind als sie selbst. Durch Akkretion (S. 14) wird aus dem spärlich verteilten Material in diesen Wolken allmählich ein geordnetes Planetensystem mit einem neuen Stern, der im Zentrum leuchtet. Diese Hypothese wurde erstmalig im 18. Jahrhundert vom deutschen Philosophen Immanuel Kant aufgebracht. Obwohl die Theorie im Lauf der Zeit mehrfach modifiziert wurde, um sie an neue Beobachtungen anzupassen, sind ihre Grundideen erhalten geblieben.

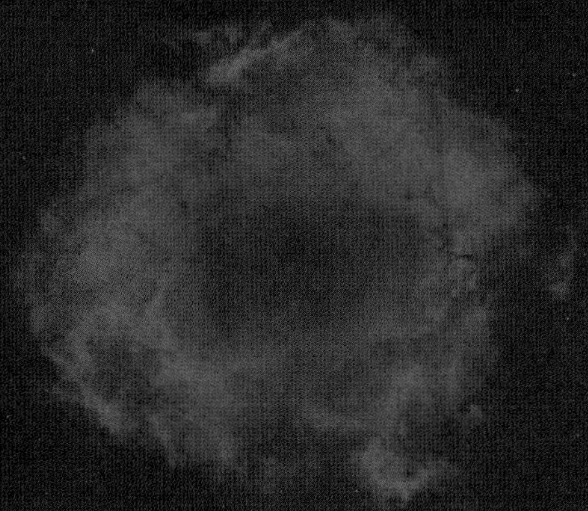

1. Eine Molekülwolke, hauptsächlich aus Wasserstoff und Helium sowie aus Staubkörnern, die schwerere Elemente enhalten, beginnt unter der eigenen Schwerkraft zu kontrahieren. Gas und Staub werden Richtung Zentrum gezogen und die Wolke fängt an, langsam zu rotieren.

2. Die Zentralregion der Wolke wird besonders dicht und ein Protostern (S. 110) glimmt auf. Da sich die Wolke weiter zusammenzieht, dreht sie sich schneller und flacht zu einer protoplanetaren Scheibe ab.

5. Der Protostern wird zu einem ausgewachsenen Stern. Seine Strahlung bläst den Großteil des restlichen Gases und nicht verklumpten Staubes aus dem neuen Sonnensystem heraus.

3. Aufgrund von Inhomogenitäten in der Scheibe bilden sich durch Schwerkrafteinfluss Ringe aus. Darin entstehen sogenannte Planetesimale durch die Akkretion kleinerer Partikel.

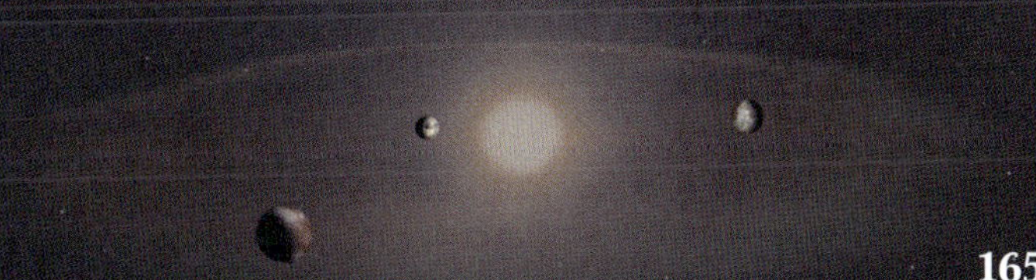

4. Die Planetesimale ziehen sich an und stoßen zusammen, so bilden sich aus den Ringen schließlich Planeten.

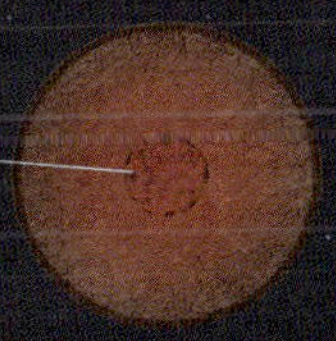

Da kleinere Körper auf die Planeten einschlagen, erhitzen sie sich während ihres Wachstums. Ist ein Planet aufgeschmolzen, sinken dichtere Elemente zum Kern.

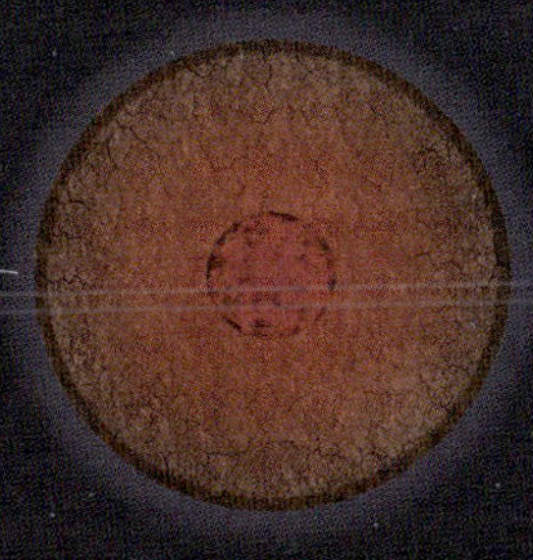

Erreicht ein Planet eine etwas größere Masse als Mars, kann er potenziell eine ausgedehnte Atmosphäre halten.

Diese Theorie erklärt problemlos, warum die Planeten in unserem Sonnensystem praktisch in einer Ebene um die Sonne laufen, denn sie haben sich alle aus derselben flachen Scheibe gebildet. Abgesehen von Merkur weichen die Bahnebenen aller Planeten nur um wenige Grad voneinander ab und fallen zudem mit der Äquatorebene der Sonne zusammen. Die Theorie erklärt auch, warum alle Planeten die Sonne in der gleichen Richtung umlaufen, denn dies war der Drehsinn der protoplanetaren Scheibe. Beobachtungen von anderen Planetensystemen stützen diese Hypothese.

Planetenarten

Die Eigenschaften eines Planeten, wie seine chemische Zusammensetzung, Temperatur, Umlaufperiode, das Vorhandensein einer Atmosphäre oder eines Magnetfelds, lassen sich allesamt auf seine Entstehung in der protoplanetaren Scheibe zurückführen – katastrophale Ereignisse einmal ausgenommen. Wegen des breiten Spektrums an Merkmalen unterteilt man Planeten mit weitgehend ähnlichen Eigenschaften in Arten.

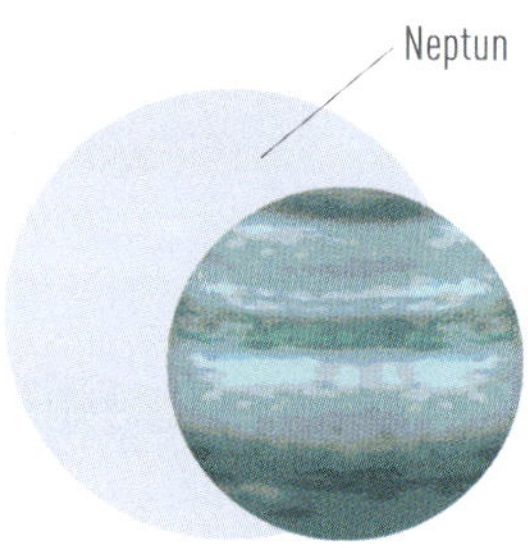

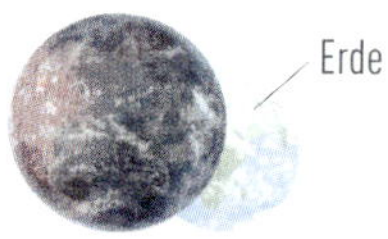

SUPERERDEN
Planeten mit einer größeren Masse als die Erde, bis rund zehn Erdmassen. Sie müssen keine Erdähnlichkeit im Hinblick auf sonstige Gegebenheiten oder Bewohnbarkeit haben.

MININEPTUNS
„Gaszwerge" mit Wasserstoff-Helium-Atmosphäre und tiefliegenden Schichten aus Eis, Gestein oder flüssigen Ozeanen. Ihre Masse ist geringer als die von Neptun, aber viel größer als die der Erde.

RIESEN
Riesenplaneten enthalten vor allem Gas oder Eis (Gas-/Eisriesen), können aber auch vorwiegend aus Gestein bestehen (Mega-Erden). Unabhängig davon besitzen sie im Allgemeinen dicke Atmosphären aus Wasserstoff und Helium.

SUBERDEN
Planeten mit erheblich kleinerer Masse als die Erde.

MESOPLANETEN
Planetare Körper, die kleiner sind als Merkur, aber größer als Ceres (1000 bis 5000 km im Durchmesser).

ZWERGPLANETEN
Massereich genug, um durch ihre eigene Schwerkraft eine runde Form auszubilden, konnten aber ihre Umlaufbahnen nicht von anderen Objekten und Trümmern freiräumen.

TERRESTRISCHE PLANETEN

Auch bekannt als Gesteinsplaneten, bestehen im Wesentlichen aus Silikatgesteinen oder Metallen.

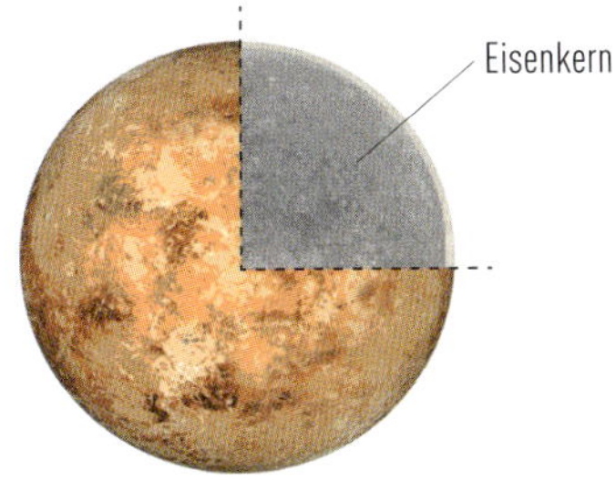

EISENPLANETEN

Terrestrische Planeten mit einem eisenreichen Kern und wenig oder keinem Mantel, wie z. B. der Planet Merkur.

SILIKATPLANETEN

Terrestrische Planeten, die vor allem aus Silikatgesteinen bestehen.

WÜSTENPLANETEN

Terrestrische Planeten, die sehr wenig oder kein Wasser besitzen.

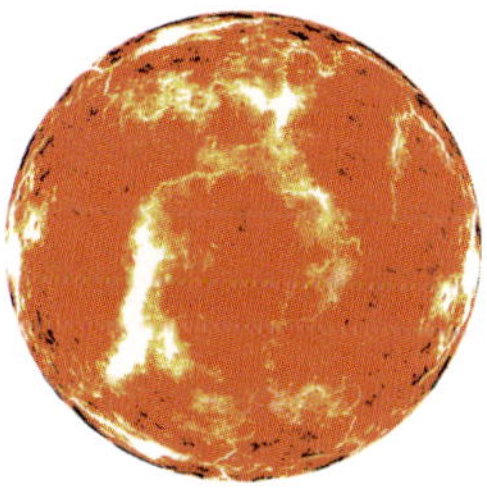

LAVAPLANETEN

Heiße terrestrische Planeten, deren Oberfläche mit geschmolzener Lava bedeckt ist.

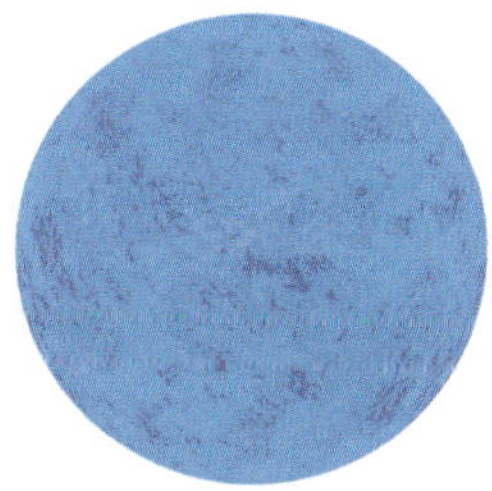

OZEANPLANETEN

Planeten, bei denen ein beträchtlicher Teil der Masse von Wasser (oder manchmal anderen Flüssigkeiten) gestellt wird.

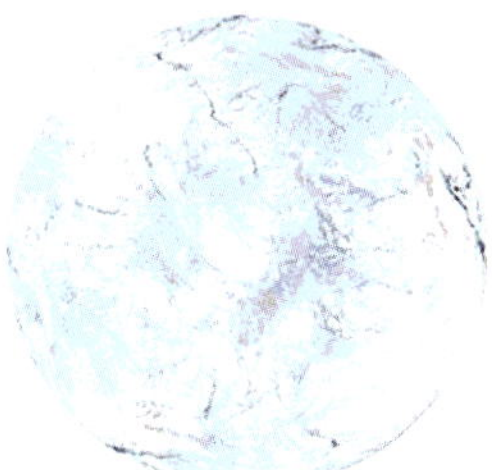

EISPLANETEN

Planeten mit einer Oberfläche aus Wassereis oder anderen gefrorenen Substanzen.

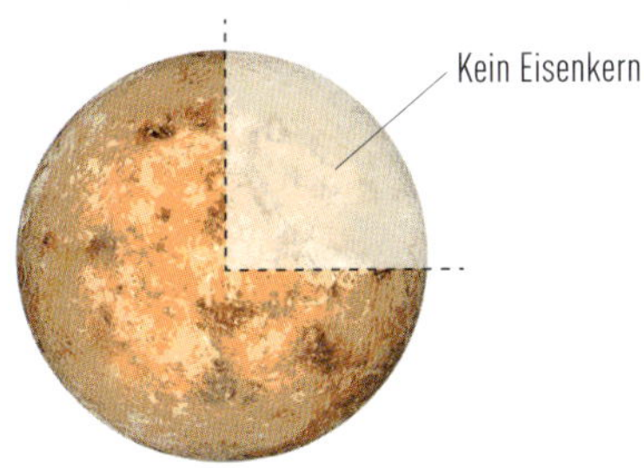

KERNLOSE PLANETEN

Planeten, bei deren Entstehung kein Eisen vorhanden war, sodass sie keinen Metallkern und kein Magnetfeld besitzen.

Anordnung von Planeten

Vor der ersten Entdeckung eines Exoplaneten nahm man an, dass sämtliche Planetensysteme aufgebaut sein würden wie unseres. Heute, nachdem in mehr als 3000 Sternsystemen Planeten identifiziert wurden, wissen wir, dass wir nicht falscher hätten liegen können. Planetensysteme sind unglaublich vielfältig – so wie die Planeten selbst.

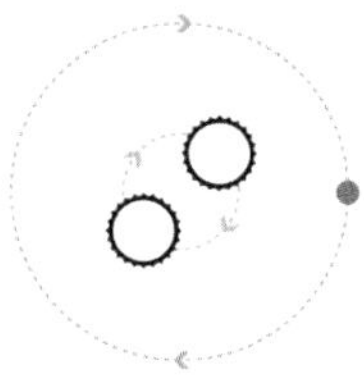

ZIRKUMBINÄRER PLANET
ein Planet, der einen Doppelstern umläuft

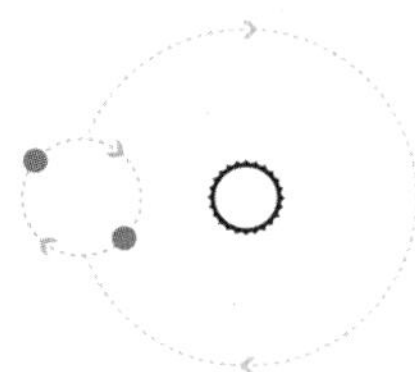

DOPPELPLANET
zwei Objekte von planetarer Masse, die einander umlaufen

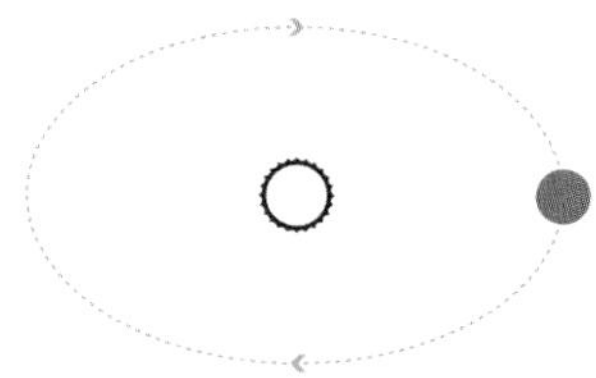

EXZENTRISCHER JUPITER
ein Gasriese, der seinen Stern auf einer langgestreckten Bahn umrundet

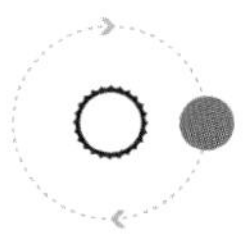

HEISSER JUPITER
Gasriese, der seinen Stern sehr eng umläuft und daher eine hohe Temperatur in den äußeren Atmosphärenschichten aufweist. Die Umlaufzeit beträgt wenige Tage.

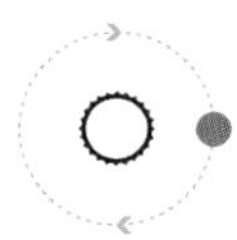

HEISSER NEPTUN
ein Gasriese mit einer ähnlichen Masse wie Uranus oder Neptun, der seinen Stern eng (meist innerhalb von 1 AE) umläuft

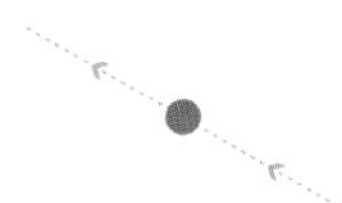

VAGABUNDIERENDER PLANET
Auch bekannt als freifliegender oder Einzelgänger-Planet. Gemeint sind Planeten, die aus ihrem Sternsystem herauskatapultiert wurden oder niemals gravitativ an einen Stern gebunden waren.

PLANETARE MIGRATION

Man vermutet, dass sich Gasriesen normalerweise in den äußeren Bezirken einer protoplanetaren Scheibe bilden; in bestimmten Fällen wandern sie allerdings nach innen, auf ihren Stern zu. Typischerweise passiert dies in einem frühen Entwicklungsstadium des Sternsystems durch Interaktionen mit anderen Körpern in der planetaren Scheibe, beispielsweise mit kleineren Planeten, die sich im Orbit des Gasriesen formten. Der kleine Körper wird durch die Schwerkraft des Riesenplaneten weg vom Stern und aus dem System herausgeschleudert, wohingegen der Riesenplanet gemäß Newtons drittem Gesetz einen Schub Richtung Stern erfährt. So gelangt er auf den Weg ins Innere des Sonnensystems, der sich durch weitere Interaktionen fortsetzen könnte.

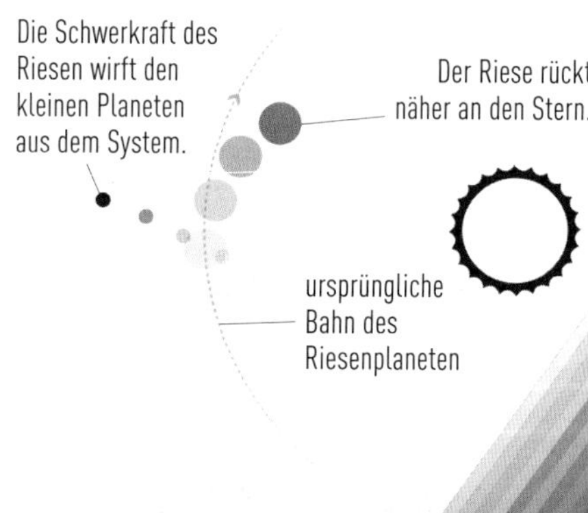

UNSER SONNENSYSTEM

Die Planeten in unserem Sonnensystem teilen sich offenbar in zwei Gruppen: die kleinen Gesteinswelten innen und die weit entfernten Gasriesen außen. Ist das Zufall oder steckt ein Grund dahinter?

Als sich die Planeten im frühen Sonnensystem bildeten, waren diejenigen in der Nähe des neuen Protosterns viel höheren Temperaturen ausgesetzt als die weit entfernten. Die Hitze ließ alles eishaltige Material verdampfen, sodass nur felsige Substanzen zurückblieben. Wegen der geringen Masse dieser Planeten und ihrer hohen Anfangstemperatur konnten sie leichte Gase wie Wasserstoff und Helium aus dem umgebenden Nebel zudem nicht einfangen und halten.

Weiter von der Sonne entfernt, in kälteren Regionen, konnte eishaltiges Material mitsamt schwereren Substanzen kondensieren und die massereichen Kerne der äußeren Planeten ausbilden. Dadurch war es möglich, signifikante Mengen des umgebenden Wasserstoffs und Heliums einzufangen und zu den Gasriesen heranzuwachsen, die wir heute sehen.

In unserem Sonnensystem schmilzt eishaltiges Material durch die Sonnenhitze innerhalb von rund fünf Astronomischen Einheiten Abstand. Diese imaginäre Linie nennt man Frostgrenze, jenseits davon können Eise in festem Zustand existieren.

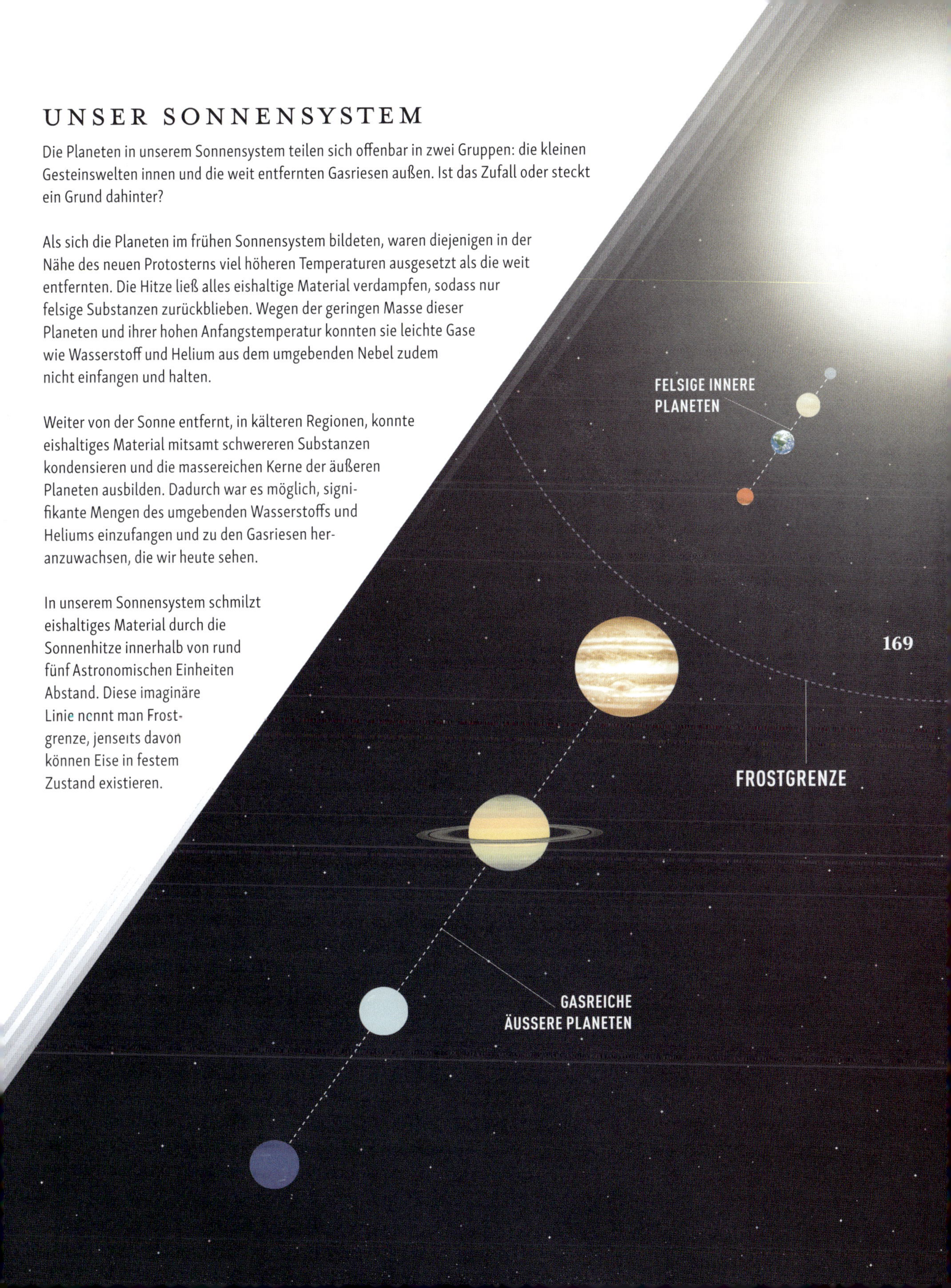

Exoplaneten entdecken

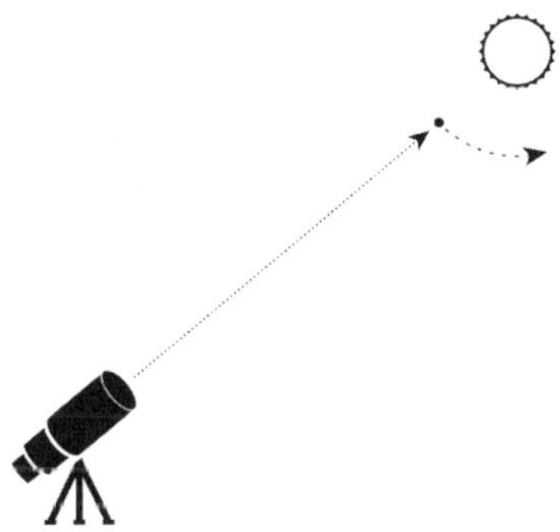

Die meisten Planeten in unserem Sonnensystem können wir schon mit bloßem Auge sehen. Genau wie Exoplaneten leuchten sie nur deswegen, weil sie das Licht ihres Sterns reflektieren, allerdings sind sie viele Male schwächer als die Sonne. Dass wir unsere planetaren Nachbarn überhaupt visuell entdecken können, liegt an ihrer großen Nähe zu uns. Selbst der größte Planet, Jupiter, strahlt eine Milliarde Mal schwächer als die Sonne und die Erde ist noch zehnmal schwächer als er. Es liegt also auf der Hand, dass Planeten, die Lichtjahre entfernt sind, nicht einfach auszumachen sind. Erschwerend kommt hinzu, dass die kleinen, leuchtschwachen Exoplaneten oft in der Helligkeit ihres Muttersterns versinken, was direkte Entdeckungen höchst unwahrscheinlich macht. Man benötigt also etwas Raffinesse, um Exoplaneten aufzustöbern.

Der erste Nachweis von Exoplaneten gelang den beiden Astronomen Aleksander Wolszczan und Dale Frail im Jahr 1992. Von einem Observatorium in Puerto Rico aus fanden sie einen bis dahin unentdeckten Pulsar mit fast 10.000 Umdrehungen pro Minute. Etwas an diesem Stern war außergewöhnlich: Bei seinen schnellen, regelmäßigen Radiowellenpulsen fehlte gelegentlich einer. Aus dem Muster dieser Pulsauslassungen schlossen die Forscher, dass sie zwei Planeten entdeckt hatten, die die Pulsarstrahlenbündel regelmäßig verdeckten. Jedesmal, wenn ein Puls fehlte, hatte ein Planet einen Umlauf absolviert und befand sich zwischen Erde und Pulsar. Die Astronomen konnten aus den Zeitmessungen sogar die ungefähre Masse der Exoplaneten bestimmen.

Seit dieser bedeutsamen Entdeckung wurden viele Techniken zum Aufspüren ferner Welten entwickelt. Obwohl es inzwischen gelungen ist, einige Exoplaneten direkt abzubilden, beruhen die meisten Nachweistechniken auf indirekten Methoden. Tausende haben wir schon gefunden und man könnte meinen, dass wir Exoplaneten jetzt kompetent ausfindig machen können – es gibt aber immer noch viele, die sich unseren Blicken entziehen. So fortgeschritten unsere Methoden heute auch sind, die „Verborgenheit" von Exoplaneten führt dazu, dass wir immer noch viel wahrscheinlicher die größeren, helleren und heißeren Planeten finden als kleinere oder solche, die ihren Stern sehr weit entfernt umlaufen und sich in der Dunkelheit verstecken.

Die Welten jenseits unseres eigenen Sternsystems haben auch zu einem verstärkten Interesse für außerirdisches Leben geführt. Bevor wir die Existenz von Exoplaneten bewiesen hatten, konnten wir nur darüber spekulieren, jetzt aber *wissen* wir, dass es sie gibt – und zwar haufenweise. Beobachtungen lassen vermuten, dass im Mittel jeder Stern mehr als einen Planeten hat, womit allein in unserer Galaxie mindestens 160 Milliarden Planeten vorhanden wären. Sollte nicht einer von ihnen irgendeine Art von Leben hervorgebracht haben? Bisher haben wir noch keinen Beweis dafür gefunden, doch die Chancen für eine Entdeckung erscheinen deutlich vielversprechender, seit wir wissen, wie weitverbreitet Planeten sind.

Entdeckungs-methoden

Astronomen nutzen heute vielfältige Methoden, oftmals auch in Kombination, um Exoplaneten zu suchen und ihre Existenz zu bestätigen. Im Folgenden werden einige der gängigsten Techniken beschrieben.

TRANSITMETHODE

Mit dieser Methode beobachten Astronomen die periodischen Helligkeitseinbrüche eines Sterns. Ein Planet, der vor dem Stern vorbeizieht, verursacht sehr kleine Lichteinbrüche, die Auskunft über seine Umlaufzeit geben und seinen Durchmesser abschätzen lassen. Leider funktioniert die Methode nur, wenn das Planetensystem von der Seite beobachtet wird und der Planet zwischen uns und dem Stern hindurchzieht.

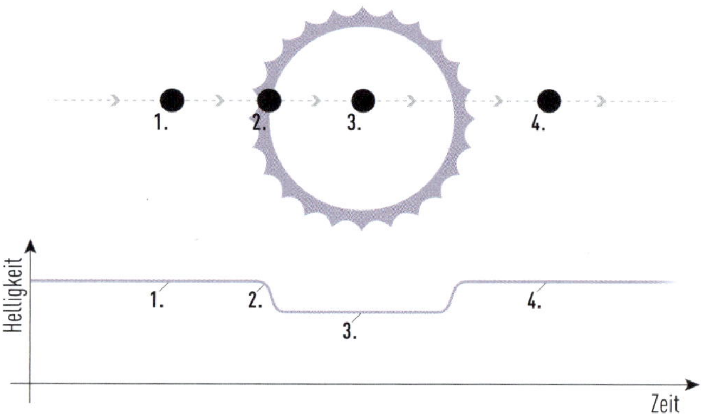

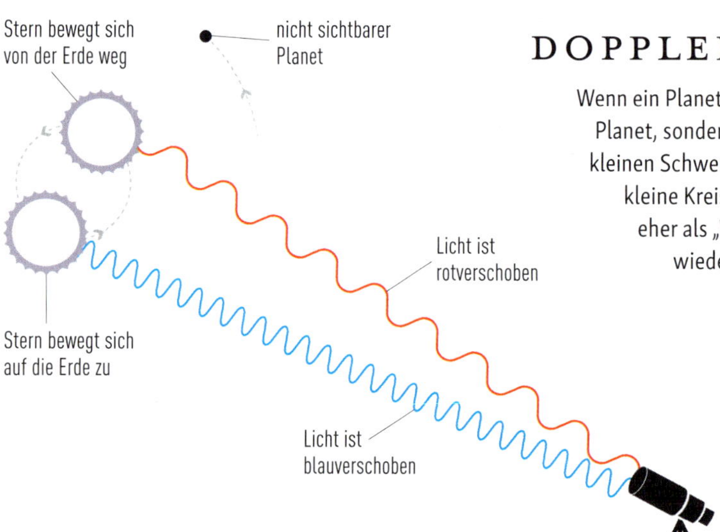

DOPPLER-SPEKTROSKOPIE

Wenn ein Planet einen Stern umrundet, bewegt sich nicht nur der Planet, sondern auch der Stern. Das Zerren der vergleichsweise kleinen Schwerkraft des Planeten bewirkt, dass der Stern selbst kleine Kreise beschreibt. Diese manifestieren sich allerdings eher als „Wackeln", durch das sich der Stern auf uns zu und wieder von uns weg bewegt. Kommt das Sternlicht auf uns zu, ist es blauverschoben (S. 103), bewegt es sich von uns weg, ist es rotverschoben, was mit extrem genauen Spektrografen gemessen werden kann. Mit der Frequenz und der Stärke der Rot- und Blauverschiebung kann die Umlaufperiode des Planeten berechnet und eine untere Grenze für seine Masse abgeleitet werden.

MICROLENSING-METHODE

Stehen zwei Sterne genau in einer Linie mit der Erde, wird das Licht des entfernteren Sterns durch die Schwerkraft des näheren so beeinflusst, dass es verstärkt erscheint. Befindet sich ein Planet um den näheren Stern (die *Gravitationslinse*), so beeinflusst auch er die Linsenwirkung. Diese Variationen können Astronomen messen und daraus seine Umlaufdistanz und andere Eigenschaften bestimmen.

Eine solche Aufreihung von Sternen bleibt nicht lange bestehen, vielleicht Tage oder Wochen, da sich sowohl die Sterne als auch die Erde relativ zueinander bewegen. Obwohl diese Methode also nur ein kurzes Anwendbarkeitsfenster aufweist, hat sie den Vorteil, dass man mit ihr auch Planeten geringerer Masse finden kann.

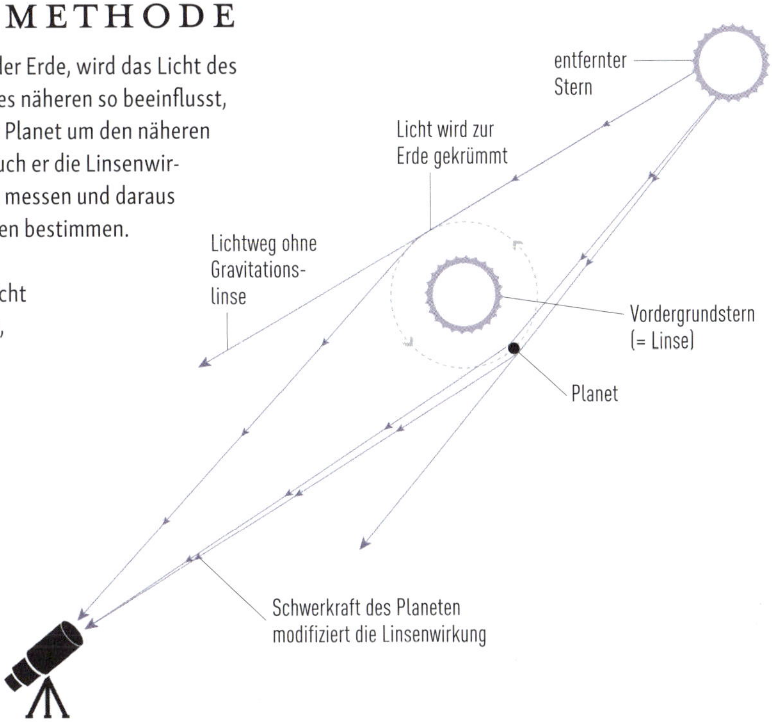

DIREKTE ABBILDUNG

Da Exoplaneten extrem schwach im Vergleich zu Sternen sind, ist es schwer, sie direkt zu beobachten. Oftmals lassen sie sich über ihre Infrarotstrahlung auffinden. Ein Planet ist also umso besser sichtbar, je heißer er ist. Auch größere Planeten sind einfacher zu entdecken sowie Planeten, die weit genug von ihrem Stern entfernt sind und nicht in seiner Helligkeit versinken. Eine direkte Abbildung gelingt nur bei nahegelegenen Sternsystemen. Aufgrund all dieser Einschränkungen konnte bisher nur ein Bruchteil von Exoplaneten direkt beobachtet werden.

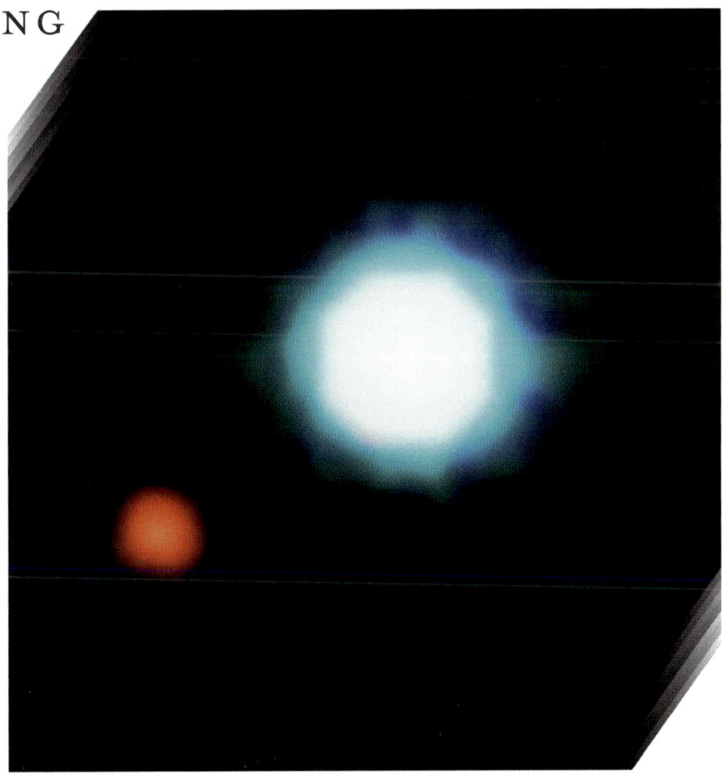

Dieses Bildkomposit, aufgenommen vom European Southern Observatory im Jahr 2004, ist das erste direkte Foto eines Exoplaneten. Der Stern in der Mitte ist ein Brauner Zwerg (hier in hellem Weiß) und das Objekt links unten ist ein Gasriese mit ungefähr achtfacher Jupitermasse. Durch gravitative Schrumpfung wurde der Planet erheblich aufgeheizt, seine Oberflächentemperatur erreicht 1300 Grad Celsius. „2M1207b“ umläuft seinen Stern in einer ähnlichen Entfernung, in der Pluto die Sonne umrundet.

Leben auf anderen Welten

Sind wir allein im Universum? Dies ist eine der größten Fragen, die uns Erdbewohner umtreibt. Bei fremden Planeten interessieren wir uns daher am meisten für diejenigen, die Leben beherbergen könnten ... und dafür, ob sie es tatsächlich tun.

Auf der Suche nach bewohnbaren Welten genügt in der Regel ein Blick auf die Gesteinsplaneten. Obwohl nicht ausgeschlossen ist, dass sich in den Wolken von Riesengasplaneten einfaches Leben entwickeln könnte, sind sie als Kandidaten unwahrscheinlich. Wissenschaftler bezweifeln, dass sich auf Planeten ohne eigentliche Oberfläche und mit großer Schwerkraft Leben etablieren kann. Hingegen wäre es potenziell möglich, dass sich auf Gesteinsmonden um Gasplaneten Leben entwickelt. So wird aktuell viel darüber spekuliert, ob das nicht vielleicht auf den Jupitermond Europa (S. 54) zutrifft. Er umläuft unseren größten Gasriesen, ist etwas kleiner als unser Mond und von einer festen Eiskruste bedeckt, unter der ein Ozean aus Wasser vermutet wird. Der Ozean bleibt in flüssigem Zustand, da er durch Gezeitenkräfte (S. 14) aufgeheizt wird, die in seinem Inneren Strömungen antreiben. Könnten hier unsere nächsten lebenden Nachbarn wohnen?

So weit wir wissen, erfordert Leben das Vorkommen von Wasser. Jedenfalls ist das hier auf der Erde so, was aber nicht heißt, dass außerirdische Lebensformen nicht eine andere Biochemie haben könnten. Bei der Suche nach bewohnbaren Planeten sollten wir dennoch bei dem bleiben, was wir kennen. Daher halten wir Ausschau nach einem Planeten mit – am besten flüssigem – Wasser. Dieser Planet müsste entsprechend eine geeignete Temperatur haben: nicht so heiß, dass Wasser verdampft, und nicht so kalt, dass es gefriert. Mithilfe der Spektroskopie und anderen Methoden können Astronomen feststellen, ob Wasser vorhanden ist und ob es in flüssiger Form vorliegt. Kreist ein Planet sehr eng um seinen Stern, wird er für flüssiges Wasser zu heiß sein, ist er zu weit weg, wird alles Wasser gefrieren. Es gibt für einen Planeten also eine ideale Entfernung zu seinem Stern, in der flüssiges Wasser existieren kann. Dieser Bereich, in dem die Bedingungen „gerade richtig" sind, wird *habitable Zone* genannt. Die Entfernung dieser Zone vom Stern hängt davon ab, wie heiß der Stern ist; bei heißeren Sternen ist die habitable Zone weiter entfernt.

Abgesehen von Wasser gibt es noch andere zu berücksichtigende Faktoren wie die Temperatur und ob es sich um einen erdähnlichen Planeten handelt oder nicht. So ist beispielsweise das Vorhandensein einer Atmosphäre wichtig, da Wasser ohne atmosphärischen Druck verdampft. Ein anderer problematischer Punkt sind Temperaturextreme: Sie sind für die Existenz von flüssigem Wasser und Leben nicht förderlich. Ein Negativbeispiel dafür ist ein Planet mit einer langgestreckten Bahn: Zeitweise wäre er seinem Stern sehr nah, zu anderen Zeiten sehr fern. Ein weiteres Beispiel ist ein Planet, der sich nur langsam dreht: Die dem Stern zugewandte Seite wird in der Hitze gebacken, während die andere in der Dunkelheit gefriert. Ein eigenes Magnetfeld ist ebenfalls von Vorteil, da es einen Schutz gegen potenziell lebensbedrohliche Strahlung bietet.

Ein möglicher Hinweis darauf, ob Planeten Leben tragen oder nicht, ist der Sauerstoffgehalt in ihren Atmosphären. Auf der Erde stieg dieser in den Ozeanen und der Atmosphäre vor rund 2,4 Milliarden Jahren plötzlich an, was als „Große Sauerstoffkatastrophe" bezeichnet wird. Sie wird auf das Auftreten primitiven Lebens zurückgeführt, das Sauerstoff produzierte. Wenngleich Sauerstoff in einigen Atmosphären natürlicherweise vorkommt, ist er aufgrund seiner Reaktionsfreudigkeit mit anderen Stoffen immer nur in kleinen Mengen vorhanden. Nur wenn es Leben gibt, wie hier auf der Erde, können wir hohe Sauerstoffkonzentrationen messen. Sie können also auch anderswo ein erstes Indiz für potenzielles Leben sein.

OBSERVATORIEN AUF DER ERDE

Vor dem Ende des 19. Jahrhunderts befanden sich astronomische Observatorien häufig in der Nähe von Städten und Bildungseinrichtungen, aus dem einfachen Grund der guten Erreichbarkeit. Als Licht- und Luftverschmutzung durch künstliche Beleuchtung und Industrialisierung zunahmen, suchten Astronomen nach entlegeneren Plätzen mit einem klaren, dunklen Himmel für ihre Observatorien und orientierten sich damit zwangsläufig Richtung Berge.

Standorte in großer Höhe sind ideal für die optische Astronomie, da sie sich oberhalb eines Großteils der Erdatmosphäre mit ihrem Wetter, ihrer Turbulenz und verminderten Durchsicht befinden. Orte, die die Kriterien für moderne Observatorien erfüllen, sind beispielsweise der Südwesten der USA, Hawaii, die Kanarischen Inseln, die Anden und hohe Berge in Mexiko.

- C KOSMISCHE STRAHLUNG
- G GAMMASTRAHLUNG
- X RÖNTGENSTRAHLUNG
- UV ULTRAVIOLETT
- SICHTBARES LICHT
- IR INFRAROT
- M MIKROWELLEN
- R RADIOWELLEN

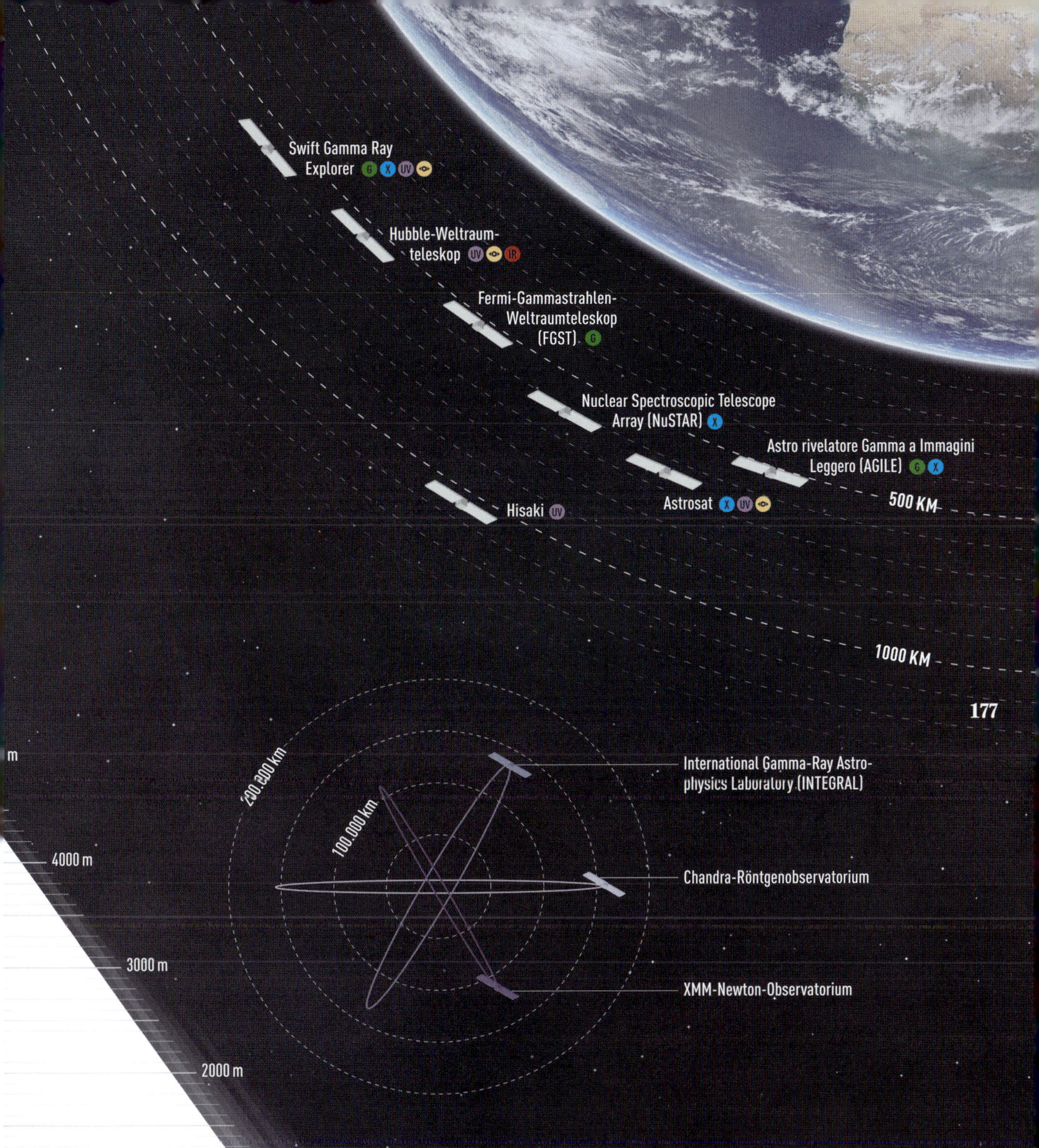

WELTRAUMTELESKOPE

Weltraumteleskope sind nicht mit der Lichtverschmutzung, der Luftunruhe und der Strahlungsabsorption im kurzwelligen Bereich konfrontiert wie erdgebundene Observatorien. Viele werden in einer Höhe von rund 1000 Kilometern oder weniger betrieben, einige befinden sich aber auch in deutlich größeren Entfernungen.

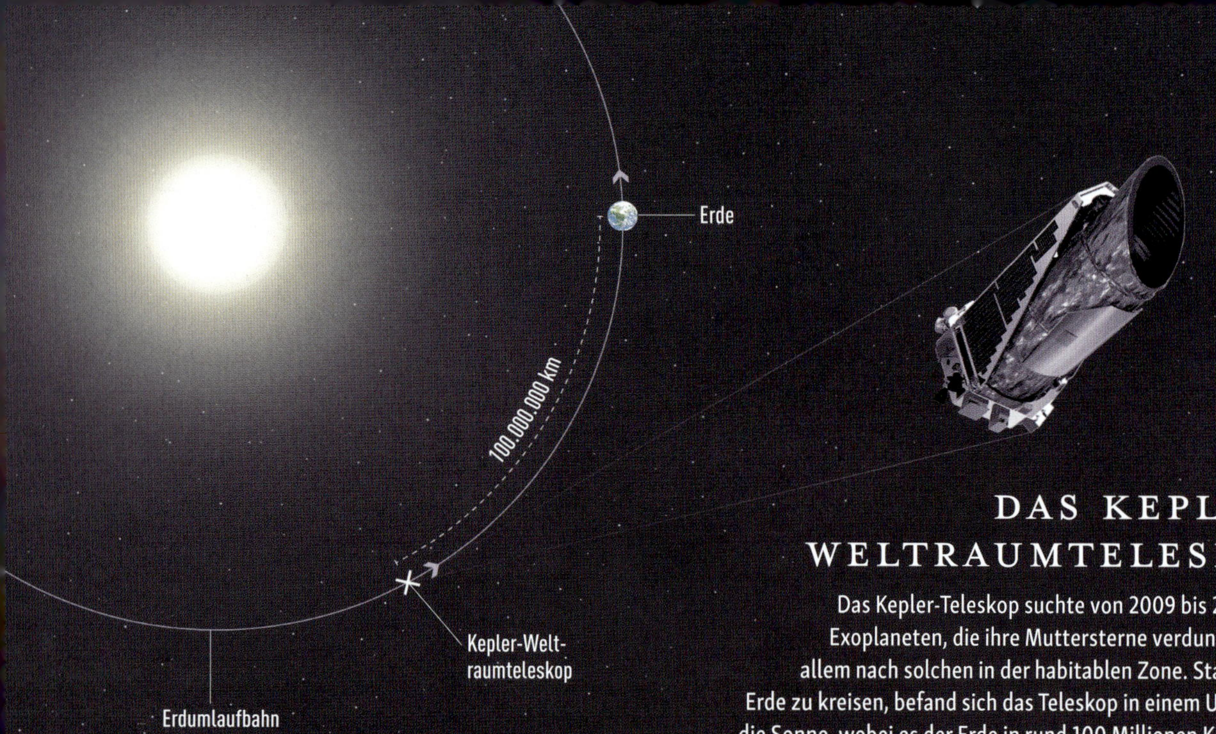

DAS KEPLER-WELTRAUMTELESKOP

Das Kepler-Teleskop suchte von 2009 bis 2018 nach Exoplaneten, die ihre Muttersterne verdunkeln – vor allem nach solchen in der habitablen Zone. Statt um die Erde zu kreisen, befand sich das Teleskop in einem Umlauf um die Sonne, wobei es der Erde in rund 100 Millionen Kilometern Entfernung folgte. So ließen sich sämtliche Störungen minimieren, die mit einer zu großen Nähe zu unserem Planeten einhergehen.

PLANETEN IN DER HABITABLEN ZONE

Von allen Planeten, die das Kepler-Weltraumteleskop entdeckt hat, sind vermutlich knapp die Hälfte erdähnliche Gesteinsplaneten oder Supererden. Von diesen liegen rund 50 in der habitablen Zone um ihren Stern.

KEPLER-438B

Etwas größer und massereicher als die Erde umläuft dieser Planet einen Roten Zwerg in rund 640 Lichtjahren Entfernung.

KEPLER-442B

Dieser Exoplanet besitzt ungefähr 2,3-fache Erdmasse. Er bewegt sich um einen Hauptreihenstern, 1200 Lichtjahre von uns entfernt.

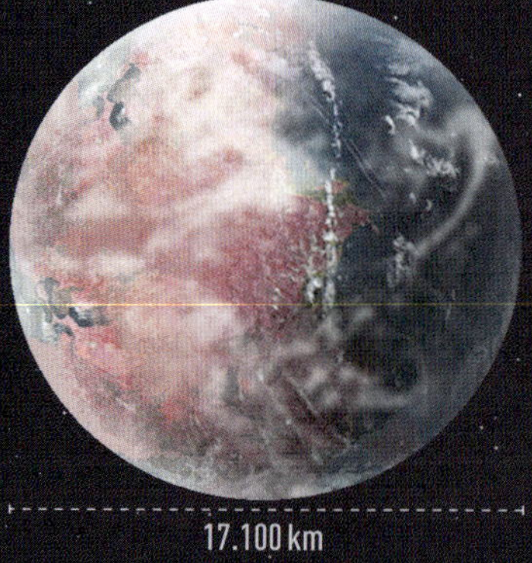

KEPLER-62F

Dieser Planet umkreist einen Hauptreihenstern in 990 Lichtjahren Entfernung und hat mindestens 2,8-fache Erdmasse.

ERDE

BEKANNTE PLANETEN

Im Rahmen seiner Mission beobachtete das Teleskop mehr als eine halbe Million Sterne und wies dabei die Existenz von 2662 Planeten nach.

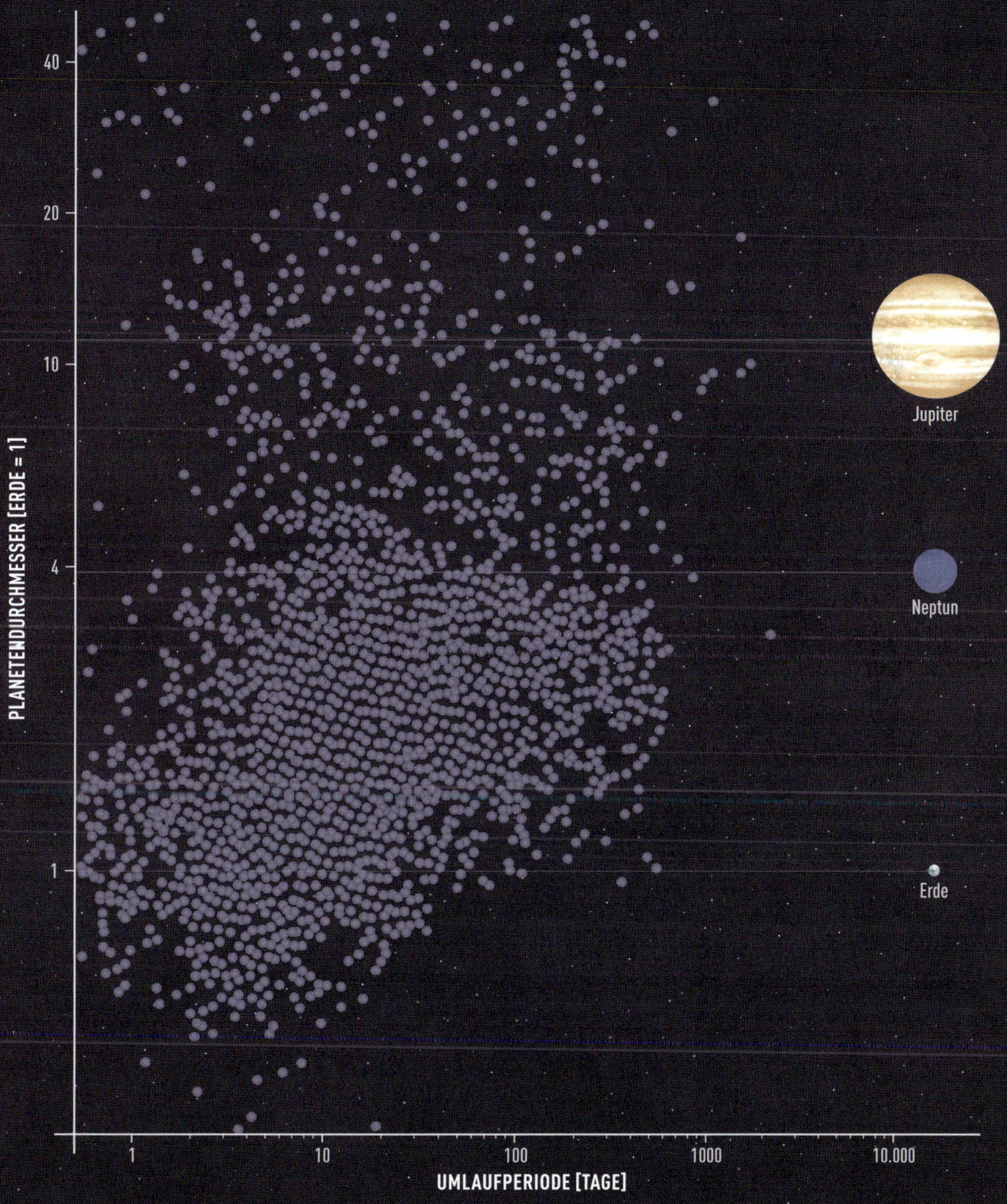

„Die Geschichte der Astronomie ist eine Geschichte sich erweiternder Horizonte.“

Edwin Hubble, 1889–1953

Galaxien

Wolken aus Sternen

Vor gut 100 Jahren hielt man die Milchstraße noch für das gesamte Universum und man vermutete, dass sich alles, was existierte, vollständig in unserer Galaxie abspiele. Als sich herausstellte, dass es auch andere Galaxien weit jenseits unserer eigenen gibt, wurde unsere Vorstellung vom Universum erneut auf den Kopf gestellt.

Der bedeutende Astronom Edwin Hubble lieferte 1925 den Beweis dafür, dass unsere Galaxie nicht die einzige ist. Was viele für Gas- und Staubwolken in den Randgebieten der Milchstraße gehalten hatten, konnte Hubble korrekterweise als weit entfernte „Inseluniversen" identifizieren. Nur einige Jahre später, 1929, versetzte Hubble die Welt erneut in Erstaunen, als seine Beobachtungen eine weitere sensationelle Entdeckung offenbarten: Das Universum expandiert. In weniger als einer Dekade war unsere vermeintlich einzigartige Galaxie zu einer von Milliarden geworden und die Grenzen unseres Daseins waren exponentiell nach außen verschoben worden.

Wir wissen heute, dass Galaxien Hunderte Billionen Sterne enthalten können, dass sie verschiedene Formen zeigen und zu unterschiedlichen Typen gehören –

je nach Entwicklungsgeschichte. Anhand der Untersuchungen dieser gigantischen Sternenstädte und ihrer Bewegungen im Kosmos vermuten wir, dass es mehr Materie im Universum gibt, als wir detektieren können. Messungen haben darüber hinaus eine mysteriöse Kraft offenbart, die das Universum immer schneller auseinandertreibt. Die Eigenschaften dieser Entdeckungen – der Dunklen Materie und der Dunklen Energie – sind bisher nicht verstanden, weshalb sie zu den besonders spannenden Forschungsgebieten der modernen Kosmologie zählen.

Die Entstehung von Galaxien

Die ersten Galaxien haben sich vermutlich im frühen Universum gebildet, möglicherweise schon 300 Millionen Jahre nach dem Urknall (S. 210). Wie dies genau vor sich ging, war allerdings Gegenstand zahlreicher Debatten unter Astronomen, die sich lange Zeit in zwei Lager teilten: Die einen sagten „von oben nach unten" (engl.: top-down), die anderen „von unten nach oben" (engl.: bottom-up).

In den Top-down-Szenarien sollten sich Galaxien aus gigantischen Gaswolken herausbilden, die unter dem Einfluss der Gravitation kollabieren. Wie bei der Bildung von Planetensystemen, beginnt die zusammenstürzende Materie zu rotieren und dabei zu einer Scheibe abzuflachen. Anfangs ist das heiße Gas dort gleichmäßig verteilt, aber sobald es abkühlt, kondensieren einzelne Bereiche zu kleineren Wolken, die später zu Sternen werden.

Bottom-up-Theorien vertreten hingegen den Standpunkt, dass sich Materie statt zu einer großen Gaswolke, die in kleinere Wolken zerfällt, zunächst zu kleineren Strukturen zusammenfindet, die anschließend verschmelzen und auf diese Weise Galaxien ausbilden. Diese Theorie erklärt ebenfalls die scheibenartige Form junger Galaxien und ihre Rotation, berücksichtigt aber auch viele der beobachteten „kleineren" Galaxien.

Beide Theorien haben sich aus unterschiedlichen Vorstellungen über das Verhalten der Dunklen Materie (S. 194) im frühen Universum entwickelt. Mit heißer Dunkler Materie, die sich schnell bewegt, würden sich Galaxien gemäß Top-down-Szenarien bilden. Wenn die Dunkle Materie damals aber kalt und langsam war, würde sie in lokalen Regionen zusammenklumpen und sichtbare Materie anziehen. Die gigantischen Gaswolken von Top-down-Szenarien könnten sich so nicht ausbilden. Computersimulationen deuten stark auf das Kalte-Dunkle-Materie-Modell (engl.: Cold Dark Matter, CDM) für das frühe Universum hin, daher gilt das Bottom-up-Modell heute als die weitgehend akzeptierte Theorie.

Wenn nun alle Galaxien anfangs scheibenförmig sind, warum sehen sie dann heute so unterschiedlich aus? Die Ursache dafür sind Galaxienverschmelzungen – das Ergebnis aus zwei (oder mehreren) Galaxien, deren Wege sich gekreuzt haben. Diese brachialen Ereignisse wirbeln die kollidierenden Partner so massiv durcheinander, dass die resultierende Galaxie keinerlei Ähnlichkeit mehr mit den ursprünglichen Galaxien hat. Es mag überraschend klingen, dass es dabei unter den Milliarden Sternen, die an solchen Verschmelzungen potenziell beteiligt sind, praktisch nie zu wirklichen Kollisionen kommt. Wo man Katastrophe und Zerstörung vermuten könnte, befindet sich stattdessen die Saat für etwas Neues: Durch den Zustrom von Gas und Materie aus den einzelnen Galaxien entstehen weitverbreitet neue Sterne.

Galaxientypen

Galaxien gibt es im ganzen Universum und sie haben alle möglichen Formen, Größen und Farben. Einige sind gewaltige, rotierende Räder mit Durchmessern von Millionen Lichtjahren, andere zeigen sich als kleine, unstrukturierte Wolken, nur einige Hundert Lichtjahre groß. Etliche leuchten durch das strahlend weiße und blaue Licht neugeborener Sterne, andere wiederum glimmen nur schwach und sind von alternden roten Sonnen bevölkert.

„Reguläre" Galaxien lassen sich je nach Form in drei Kategorien einteilen: spiralförmig, spiralförmig mit Balken oder elliptisch. Weitere Unterkategorien wurden von Edwin Hubble in der sogenannten Hubble-Sequenz ausgearbeitet, einem Klassifikationsschema, das noch heute verwendet wird.

SPIRALFÖRMIG
Spiralgalaxien haben einen dichten Zentralbereich, den „Bulge" (engl., Wulst), der meist ältere Sterne enthält und von einer Scheibe umgeben ist. Die Arme, die sich darin nach außen winden, sind dichter bevölkert mit jüngeren Sternen und Sternentstehungsregionen. Sie stellen mehr als 30 Prozent aller Galaxien.

SPIRALFÖRMIG MIT BALKEN
In vielen Spiralgalaxien erstreckt sich ein gerades, balkenförmiges Sternband über die Kernregion, das in eine Spiralstruktur übergeht. Die Sterndichte in den Balken ist durchweg recht hoch und sie sind aktive Sternentstehungsregionen. Rund 65 Prozent aller Spiralgalaxien besitzen einen Balken.

ELLIPTISCH
Elliptische Galaxien sehen wie unterschiedlich stark abgeflachte Kugeln aus. Man vermutet, dass viele von ihnen das Resultat von Kollisionen und des Verschmelzens von Galaxien sind, daher können sie auch viel größer werden als Spiralgalaxien.

LINSENFÖRMIG
Linsenförmige Galaxien liegen irgendwo zwischen Spiral- und elliptischen Galaxien; sie bestehen aus einer großen Scheibe mit einem zentralen Bulge, haben aber keine Spiralarme. Sie zeigen sehr wenig aktive Sternentstehung und beherbergen hauptsächlich alternde Sterne.

IRREGULÄR
Diese Galaxien haben keine ausgeprägte Form oder Struktur und passen in keine der regulären Kategorien der Hubble-Sequenz. Sie machen etwa 25 Prozent aller Galaxien aus.

ZWERG
Zwerggalaxien haben 100.000 bis einige Milliarden Mitgliedssterne und stellen den Großteil aller Galaxien im Universum. Auch sie können unterteilt werden in elliptisch, spiralförmig oder irregulär und können sich im Orbit um andere, viel größere Galaxien befinden. Unsere Galaxie hat rund 50 solcher Begleiter.

HUBBLE-SEQUENZ

Am linken Ende der Hubble-Sequenz befinden sich runde Galaxien, am rechten Spiralgalaxien. Bei den Spiralgalaxien teilt sich die Darstellung in zwei Äste, abhängig davon, ob die Galaxie einen zentralen Balken hat oder nicht.

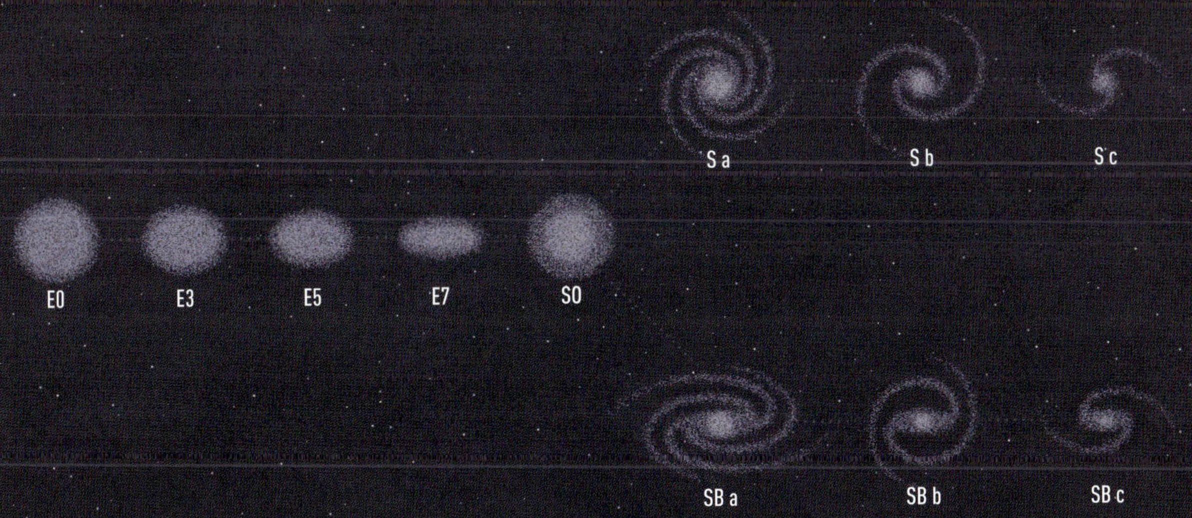

E – ELLIPTISCH (0 BIS 7)
„0" heißt nahezu kugelförmige Galaxie, „7" bedeutet stark abgeplattet

S0 – LINSENFÖRMIG
hat sowohl Eigenschaften einer Spiral- als auch einer elliptischen Galaxie

SPIRALFÖRMIG (A BIS C)
„a" besitzt eine große Kernregion und eng gewundene Arme, „c" eine kleine Kernregion und locker gewundene Arme

SB – WIE S, MIT BALKEN (A BIS C)
„a" besitzt eine große Kernregion und eng gewundene Arme, „c" eine kleine Kernregion und locker gewundene Arme

Die Milchstraße

Wenn es in einer klaren Nacht wirklich dunkel ist, lässt sich am Himmel ein schwach leuchtender Lichtstreifen erkennen. Dieses verschwommene Lichtband ist unsere Galaxie, die Heimat von mehr als 100 Milliarden Sternen. Von unserer darin gelegenen Position heraus sehen wir sie in Seitenansicht. Schon die alten Griechen haben darüber philosophiert, dass das schimmernde Lichtband von zahlreichen Sternen stammen könnte, die wir wegen ihrer großen Entfernung nicht einzeln ausmachen können. Der Beweis dafür konnte jedoch erst erbracht werden, als Galileo Galilei 1610 sein Teleskop auf den Himmel richtete, mit dem er tatsächlich Sterne inmitten des „Nebels" sehen konnte, die mit bloßem Auge nicht wahrnehmbar waren. Spätere Fortschritte bei der Teleskoptechnik ließen die Astronomen immer schwächere Sterne erkennen. Die schiere Anzahl an vorhandenen Sternen erklärt, warum wir mit bloßem Auge ein kontinuierliches Lichtband am Himmel sehen.

In der Mythologie gilt die Milchstraße häufig als Straße zum Paradies oder als Weg zum Reich der Götter. Ihr Name stammt von den alten Griechen und beruht auf einer ihrer Legenden. Demnach wurde Hera, die oberste Göttin, vom Gaunergott Hermes ausgetrickst, der ihr im Schlaf Herkules, ein fremdes Kind, an die Brust gelegt haben soll. Als Hera erwachte, war sie schockiert und riss das Kind von sich, wobei ihre Milch über den Himmel spritzte. Ebenso wie der Name „Milchstraße" kann auch das Wort „Galaxie" auf das antike Griechenland zurückgeführt werden, es stammt von „gala", dem griechischen Wort für Milch ab.

Nachdem klar war, dass die Milchstraße tatsächlich eine Galaxie mit außerordentlich vielen Sternen ist, machten sich Astronomen daran, sie zu vermessen und uns selbst darin zu platzieren. Unglücklicherweise funktioniert die Parallaxenmethode (S. 104) zur Bestimmung von Sternentfernungen bei großen Reichweiten nicht mehr, da die Winkel zu klein werden, um sie zuverlässig zu bestimmen. Zudem sind die entlegensten Regionen der Milchstraße so weit entfernt, dass die zunehmende Menge an interstellarem Staub in der Galaxie jegliches Licht von dort blockieren würde. Zur Vermessung der Galaxie war also eine völlig neue Technik erforderlich.

Veränderliche Sterne, die man Cepheiden nennt, kennt man seit dem 18. Jahrhundert. Sie sind unglaublich leuchtkräftig (bis zu 100.000-fache Sonnenleuchtkraft) und vier- bis 20-mal so massereich wie die Sonne. Derartig helle Sterne kann man auch in immensen Entfernungen noch sehen, mit modernen Instrumenten sogar in Galaxien, die 100 Millionen Lichtjahre weit weg sind! Eine weitere Eigenschaft dieser Sterne ist, dass sie pulsieren – und zwar in Größe und Leuchtkraft. Als die amerikanische Astronomin Henrietta Swan Leavitt 1908 erkannte, dass es einen Zusammenhang zwischen ihren Pulsationsperioden und ihrer Leuchtkraft gibt, war dies ein gewaltiger Durchbruch. Auf diese Weise konnte sie durch Messen der Pulsationsfrequenz die Leuchtkraft eines Sterns bestimmen sowie seine scheinbare Helligkeit durch Beobachtung des Sterns von der Erde aus (S. 102). Mit diesen beiden Größen – der scheinbaren Helligkeit und der tatsächlichen Leuchtkraft – sowie der Prämisse, dass etwas umso schwächer erscheint, je weiter es weg ist, konnte Swan Leavitt die Entfernung solcher Sterne berechnen.

Wie erwähnt, ist es aussichtslos, unsere Galaxie „durchblicken" zu wollen, da das Licht sie wegen des interstellaren Staubes nicht durchdringen kann. Jedoch können wir entfernte Objekte zu beiden Seiten der galaktischen Scheibe beobachten und dort auch Sternhaufen sehen, die Cepheiden enthalten und weit aus der Galaxie herausragen. Dank der von Swan Leavitt gefundenen Methode waren Astronomen in der Lage, die Form und Ausdehnung der Milchstraße zu bestimmen sowie unseren Platz darin.

Dieses hochaufgelöste Bild der Milchstraße, aufgenommen vom European Southern Observatory, entstand in 120 Stunden Belichtungszeit, verteilt über mehrere Wochen. Von unserer Perspektive hier auf der Erde aus erscheinen die Milliarden Sterne in unserer Galaxie wie ein verschwommener Lichtstreifen am Himmel.

Heute wissen wir, dass die Milchstraße durchaus beträchtliche Ausmaße für eine Galaxie hat. Mit über 150.000 Lichtjahren Durchmesser ist sie die zweitgrößte in der Lokalen Gruppe, dem Galaxienhaufen, zu dem wir gehören. Unsere massereiche Heimatgalaxie wird daher auch von Dutzenden Galaxien umkreist, die im Vergleich dazu winzig sind. Im Zentrum der Milchstraße befindet sich ein supermassereiches Schwarzes Loch (S. 196), Sagittarius A*, mit über vier Millionen Sonnenmassen.

DIE DIMENSIONEN DER MILCHSTRASSE

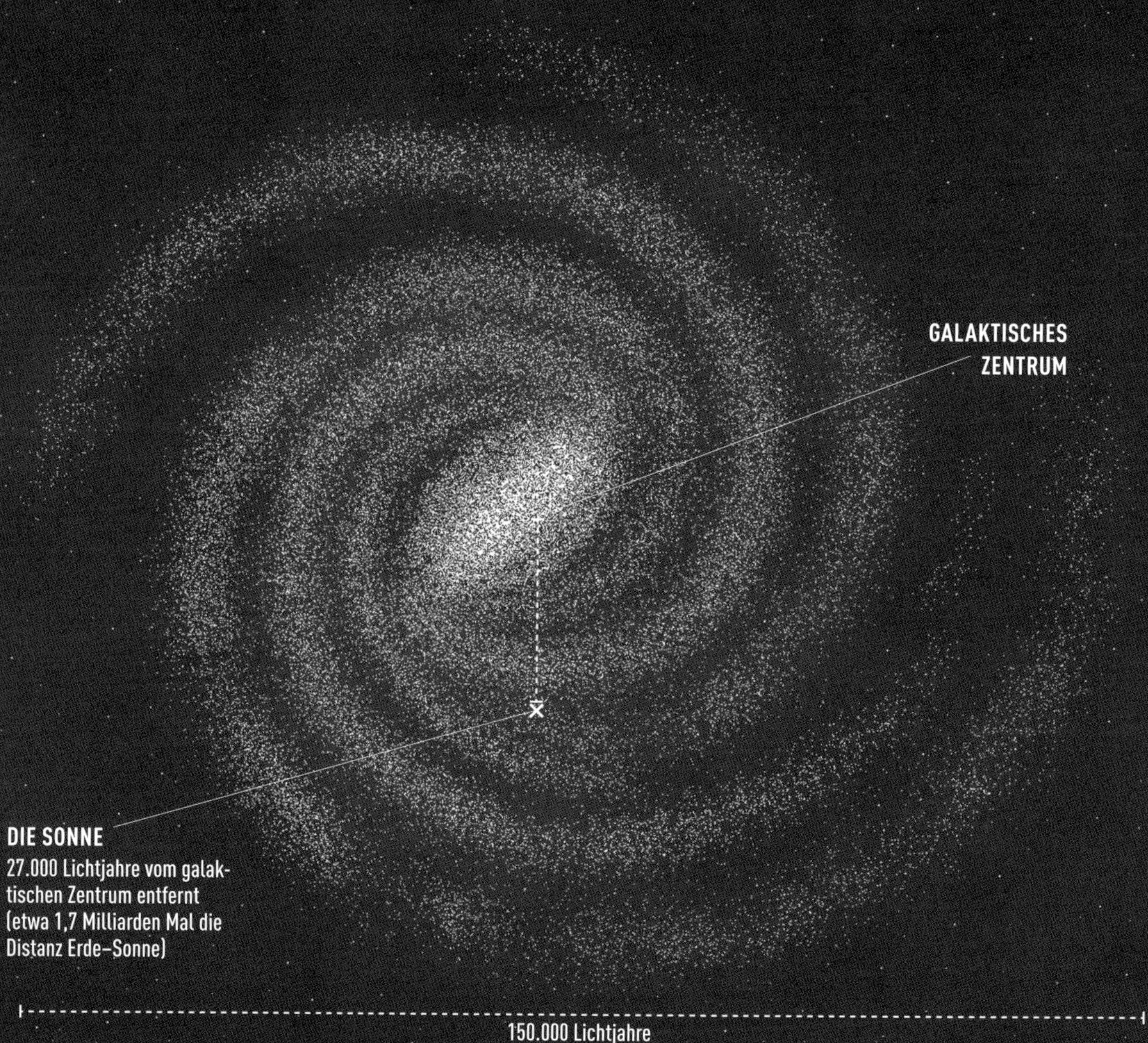

Durch Hochrechnung der Beobachtungsdaten von Tausenden Sternen wissen wir, dass die Milchstraße eine Balkenspiralgalaxie ist. Dieser Blick „von oben" zeigt uns am besten das feuerradähnliche Aussehen unserer Galaxie und ihre Spiralarme.

Dieser Blick „von der Seite" demonstriert, wie dünn die Milchstraße im Vergleich zu ihrem Durchmesser ist. Aus diesem Blickwinkel können wir den zentralen Bulge sehen – das kugelförmige Gebilde in der Mitte, das hauptsächlich aus älteren Sternen besteht.

ANDROMEDA-GALAXIE

Die erste dokumentierte Beobachtung der Andromeda-Galaxie stammt aus dem Jahr 964 vom persischen Astronomen Al-Sufi, lange bevor das Teleskop erfunden wurde. Was er als „kleine Wolke" beschrieb, kennen wir heute als unsere nächste große Nachbargalaxie. Man hielt sie zunächst für rund 50 Prozent massereicher als die Milchstraße, neuere Resultate legen allerdings nahe, dass der Unterschied nicht so groß ist. Der Durchmesser dieser Spiralgalaxie beträgt etwa 220.000 Lichtjahre. Damit ist sie die größte Welteninsel in der Lokalen Gruppe und hat – wie die Milchstraße – eine Schar kleinerer Galaxien im Schlepptau, während sie durch den Kosmos rast. Die Galaxie ist auf Kollisionskurs mit unserer, der Crash erfolgt allerdings erst in rund fünf Milliarden Jahren. Sehr wahrscheinlich werden die beiden Galaxien dann zu einer elliptischen Riesengalaxie verschmelzen.

GROSSE MAGELLANSCHE WOLKE

Die Große Magellansche Wolke hat einen Durchmesser von 14.000 Lichtjahren und besitzt nur rund ein Prozent der Masse unserer Galaxie. Mit einer Entfernung von etwa 163.000 Lichtjahren ist sie eine unserer nächsten Nachbargalaxien und befindet sich möglicherweise im Umlauf um die Milchstraße. Sie ist kategorisiert als Magellansche Spirale: eine Zwerggalaxie mit einem einzigen Spiralarm, irgendwo zwischen einer Zwergspiralgalaxie und einer irregulären Galaxie.

HOAGS OBJEKT

Hoags Objekt ist etwas Außergewöhnliches: Man bezeichnet es als Ringgalaxie. Ältere, weniger leuchtkräftige Sterne bevölkern den Kern, im äußeren Band befinden sich dagegen jüngere, heißere Sterne. Die Galaxie ist 600 Millionen Lichtjahre entfernt, und ihr nahezu perfekter Ring misst 120.000 Lichtjahre im Durchmesser. Ihre Masse beträgt knapp die Hälfte der Masse der Milchstraße.

Dunkle Materie

Je mehr die Wissenschaft entdeckt, umso unbedeutender scheinen wir zu werden. Einstmals vermuteten wir die Erde im Zentrum des Universums, inzwischen ist klar, dass sie wie viele andere Planeten um eine Sonne kreist, die wiederum eine von Hunderten Milliarden Sternen in einer Galaxie ist. Und unsere Galaxie, die wir früher für das Universum hielten, hat sich als eine von Hunderten Milliarden Galaxien entpuppt. Gleichzeitig lehrte uns die Wissenschaft entgegen unserer früheren Überzeugung auch, dass das, was wir mit bloßem Auge sehen, nicht alles ist, da das sichtbare Licht nur einen kleinen Teil des elektromagnetischen Spektrums ausmacht. Tatsächlich ist die ganze Wahrheit weit mehr als das, was wir mit unseren Augen bezeugen können.

Einer der neueren Paradigmenwechsel ist die Erkenntnis, dass ein großer Teil des Universums aus einer schwer fassbaren Substanz bestehen könnte, die wir nicht sehen, nicht direkt nachweisen und mit der wir nicht in Wechselwirkung treten können. Der einzige Beweis, den wir für ihre Existenz haben, ist ihr gravitativer Einfluss auf entfernte Objekte. Man vermutet, dass diese *Dunkle Materie* fünfmal häufiger vorkommt als normale Materie, daher ist sie zum Verständnis der Geschichte unseres Universums von besonderem Interesse.

ERWARTET

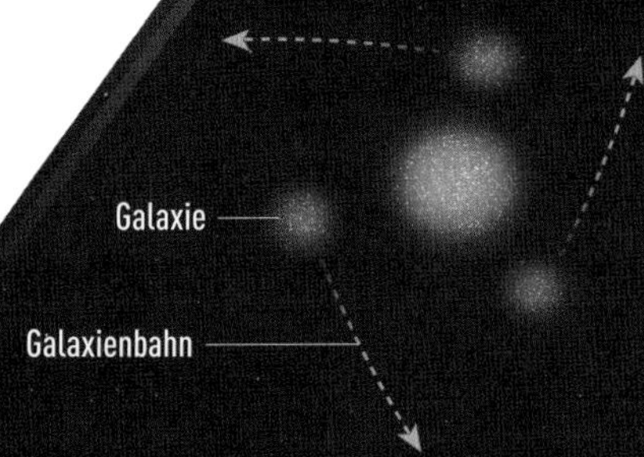

Bei den beobachteten hohen Geschwindigkeiten sollten die Galaxien auseinanderdriften.

BEOBACHTET

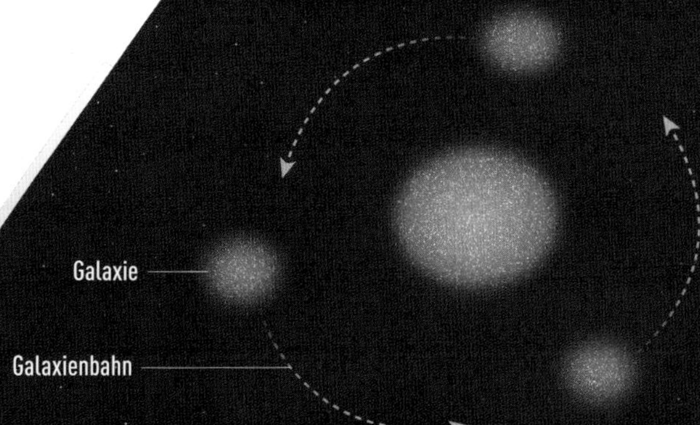

Zusätzliche Masse in Form von Dunkler Materie hält die Galaxien im Umlauf umeinander. Ihre Schwerkraft verhindert ein Auseinanderfliegen trotz ihrer Geschwindigkeiten.

GALAXIENHAUFEN

Ein Indiz für die Existenz von Dunkler Materie sind die Geschwindigkeiten, mit denen sich Galaxien durch den Raum bewegen. Bei der Beobachtung von Galaxienhaufen stellte sich heraus, dass die Bahngeschwindigkeiten der einzelnen Galaxien viel größer waren als erwartet. Mit derartigen Geschwindigkeiten hätten sie schon lange aus den Systemen herausgeschleudert worden sein müssen, wenn nur die sichtbare Materie vorhanden wäre. Es muss daher etwas Unsichtbares geben, das diese Systeme zusammenhält.

DIE ROTATION VON GALAXIEN

Untersuchungen von Spiralgalaxien in den 1960er- und 70er-Jahren offenbarten, dass sich Sterne an den Rändern dieser Galaxien genauso schnell, wenn nicht gar schneller bewegen, als Sterne näher am Kern. Erwartet hatte man hingegen, dass sie mit geringeren Geschwindigkeiten umlaufen und das Verhalten an den Tag legen, das auch die Planeten in unserem Sonnensystem zeigen: Der sonnennahe Merkur flitzt viel schneller um die Sonne als der ferne Neptun. Dies allerdings wurde nicht bestätigt.

Galaxienaufnahmen zeigen deutlich, dass sich die meisten Sterne in Zentrumsnähe drängen und die Verteilung nach außen dünner wird. Demnach wäre weit von den Galaxienkernen entfernt eigentlich nicht genügend Masse vorhanden, um diese hohen Umlaufgeschwindigkeiten an den Galaxienrändern begründen zu können. Es muss also etwas anderes vorhanden sein als Sterne, Gas und Staub. Etwas, das wir nicht entdecken können und das die Sternbewegungen beeinflusst. Mathematische Modelle legen nahe, dass diese Dunkle Materie vor allem in den Halos um die Galaxien liegt und die seltsame Rotation verursacht.

ERWARTET

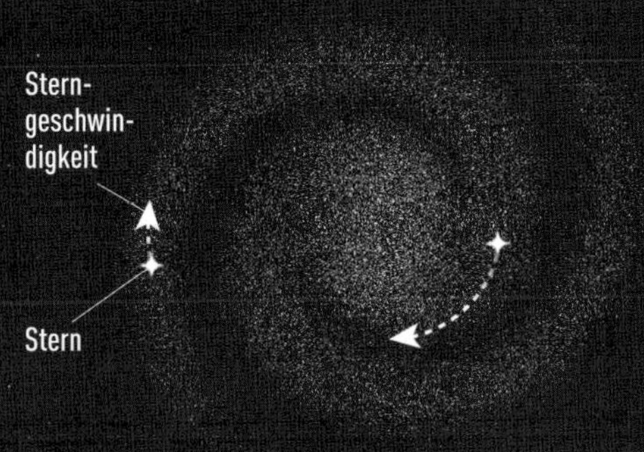

Man hatte vermutet, dass Sterne am Rand einer Galaxie viel langsamer umlaufen als solche in der Nähe des Zentrums.

BEOBACHTET

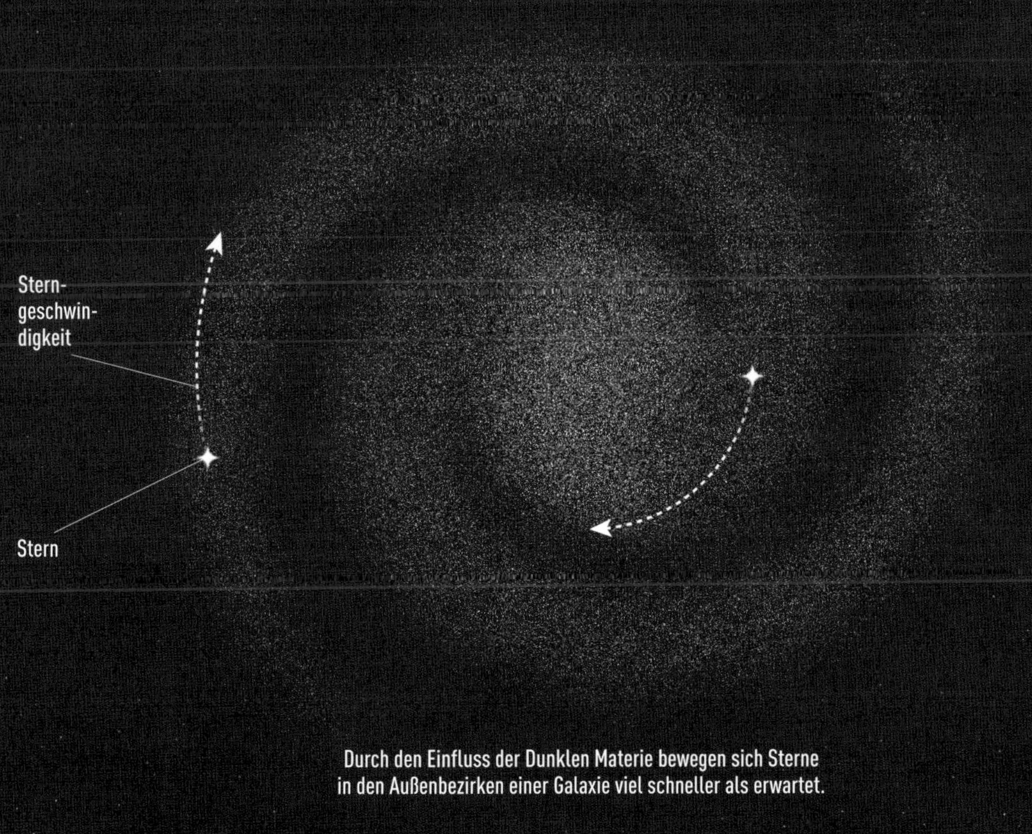

Durch den Einfluss der Dunklen Materie bewegen sich Sterne in den Außenbezirken einer Galaxie viel schneller als erwartet.

Supermassereiche Schwarze Löcher

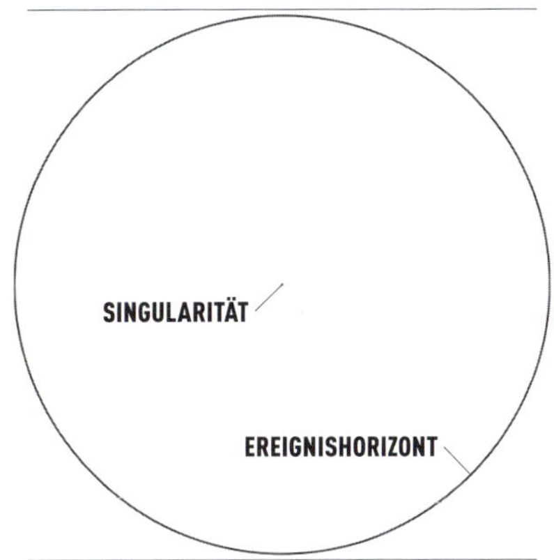

Im Zentrum nahezu jeder großen Galaxie befindet sich ein supermassereiches Schwarzes Loch mit Millionen oder gar Milliarden Sonnenmassen. Wie stellare Schwarze Löcher (S. 142) können sie nicht direkt beobachtet werden, doch die Bewegungen benachbarter Sterne und die Art, wie das Licht um sie herum verzerrt wird, verraten uns ihre Anwesenheit. Ihre gewaltige Masse, potenziell milliardenfach mehr als irgendein sterbender Stern, stellt uns vor die Frage, wie sie so groß werden konnten.

Ein guter Hinweis auf die Existenz supermassereicher Schwarzer Löcher in Galaxien sind die Geschwindigkeiten umlaufender Sterne. Sind sie in unmittelbarer Nähe zum Galaxienzentrum viel größer als erwartet, wird die Ursache ein supermassereiches Schwarzes Loch sein. Ohne seine immense Masse und Schwerkraft würden diese rasend schnellen Sterne aus der Galaxie herausfliegen. Durch Messung ihrer Geschwindigkeiten können Astronomen die Masse des zentralen Schwarzen Lochs bestimmen. Beobachtungen legen nahe, dass größere Galaxien massereichere Schwarze Löcher in ihren Zentren besitzen – wenngleich wir gelegentlich auch Abweichungen davon sehen. Beispielsweise enthält die Zwerggalaxie M60-UCD1 weniger als fünf Tausendstel der Masse der Milchstraße, dennoch hat ihr supermassereiches Schwarzes Loch die fünffache Masse von unserem. Ein anderer Ausreißer ist die Galaxie A2261-BCG, die zehnmal so groß und 1000-mal so massereich wie die Milchstraße ist und damit eine der größten bekannten Galaxien überhaupt – ein Schwarzes Loch wurde in ihrem Zentrum jedoch nicht entdeckt. Diese Funde deuten an, dass wir möglicherweise noch grundlegenden Fehleinschätzungen über die Natur dieser massereichen Objekte unterliegen.

Bei der Erklärung, wie supermassereiche Schwarze Löcher zu solch unfassbaren Größen heranwachsen konnten, ist die schwierigste Frage, warum so viel Masse in so kleinen Raumbereichen des Kosmos vorhanden war. Gemeinhin geht man davon aus, dass Schwarze Löcher, sobald sie im Kern einer Galaxie vorhanden sind, durch Akkretion von Materie und Verschlucken anderer Schwarzer Löcher fortlaufend wachsen. Wie sie entstanden sind, ist weniger klar. Eine Möglichkeit wäre, dass sie aus einer „normalen" Supernova hervorgegangen und durch das Einverleiben von Materie über Milliarden von Jahren kontinuierlich größer geworden sind. Vielleicht haben sie sich aber auch früher gebildet, noch vor dem Aufleuchten der ersten Sterne. In diesem dunklen Zeitalter könnten sie aus gewaltigen Gaswolken entstanden sein, die möglicherweise ohne eine Supernova-Explosion zu Schwarzen Löchern kollabiert sind und daher nicht den Großteil ihrer Materie ausgestoßen haben. Es könnte sogar sein, dass sie schon wenige Momente nach dem Urknall aus Regionen mit extrem hoher Teilchen- und Energiedichte ins Dasein getreten sind. Diese Exemplare kennt man unter dem Namen „primordiale Schwarze Löcher", sie hätten mehr Zeit zur Verfügung gehabt, zu supermassereichen Schwarzen Löchern heranzuwachsen als andere Schwarze Löcher.

SCHWARZE LÖCHER: „DICHTE“

Eine interessante Eigenart von Schwarzen Löchern ist, dass ihre Masse direkt proportional zum Abstand zwischen der Singularität im Zentrum und dem Ereignishorizont am äußeren „Rand“ ist. Das bedeutet, wenn man die Masse eines Schwarzen Lochs verdoppelt, verdoppelt sich auch sein Radius. Das Volumen einer Kugel allerdings wächst mit der dritten Potenz des Radius; verdoppelt man den Kugelradius, resultiert daraus ein viel größerer Raumzuwachs. Wenn also die Masse eines Schwarzen Lochs zunimmt, nimmt sein Radius gleichermaßen zu, sein Volumen wächst hingegen deutlich schneller an. Daraus ergibt sich, dass die Dichte von Schwarzen Löchern immer geringer wird, je massereicher sie sind.

STELLARE SCHWARZE LÖCHER

3 SONNENMASSEN

6 SONNENMASSEN

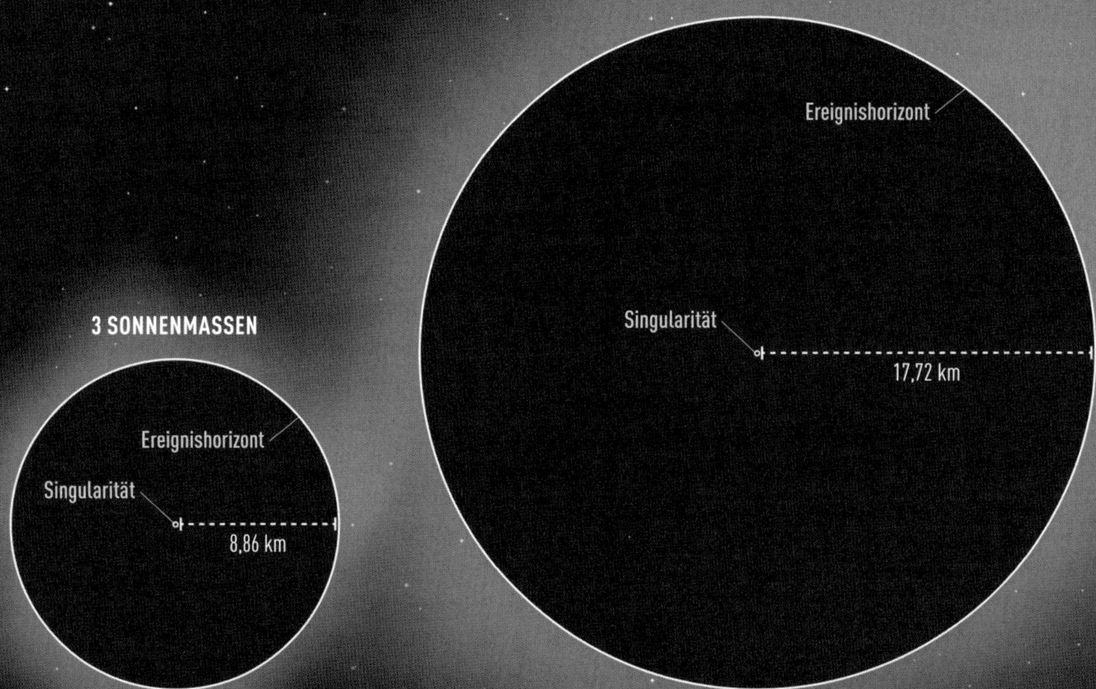

VOLUMEN: 2915,3 km³

DICHTE: 2,047 × 10¹⁸ kg/m³

Dieses stellare Schwarze Loch hat die dreifache Sonnenmasse. Sein Ereignishorizont ist nur knapp 9 km von der Singularität entfernt, es ist daher sehr dicht.

VOLUMEN: 23.322,4 km³

DICHTE: 5,177 × 10¹⁷ kg/m³

Dieses Schwarze Loch hat die doppelte Masse des vorigen, daher ist sein Ereignishorizont doppelt so weit von der Singularität entfernt. Das Volumen hat sich bei doppeltem Radius aber verachtfacht – die resultierende Dichte beträgt daher nur ein Viertel der vorigen.

SUPERMASSEREICHES SCHWARZES LOCH

2.954.000.000 km

1 MILLIARDE SONNENMASSEN

VOLUMEN: 1,08 × 10^{29} km³
DICHTE: 18,42 kg/m³

Dieses supermassereiche Schwarze Loch hat die Masse von einer Milliarde Sonnen. Der Durchmesser seines Ereignishorizonts ist fast 40-mal so groß wie die Strecke Erde–Sonne. Das immense Volumen dieses Schwarzen Lochs führt dazu, dass seine mittlere Dichte innerhalb des Ereignishorizonts winzig ist im Vergleich zu derjenigen von stellaren Schwarzen Löchern.

Ereignishorizont

nicht maßstabsgerecht

Wir stellen also fest, dass die größten Schwarzen Löcher Dichten haben, die weit unter der Dichte von Wasser liegen (1000 Kilogramm pro Kubikmeter). Die hier dargestellten Dichten repräsentieren aber jeweils nur die mittlere Dichte innerhalb des Ereignishorizonts, sie geben nicht an, wie die Masse jenseits dieser Grenze verteilt ist. Soweit wir wissen, steckt die gesamte Masse eines Schwarzen Lochs in der Singularität im Zentrum.

Quasare

In den 1960er-Jahren wurde ein seltsames Objekt entdeckt, das zunächst für einen typischen blauen Stern gehalten wurde. Bei der Beobachtung mit Radioteleskopen zeigte sich jedoch, dass dieses Objekt Unmengen an Strahlung emittierte. Sterne senden üblicherweise nicht viel Radiostrahlung aus, weshalb 3C273 – so der Name des Objekts – ein Mysterium zu sein schien. Mit der Analyse seines Lichtspektrums spitzte sich die Sache weiter zu, denn es stellte sich heraus, dass es sich nicht um *einen* Stern handelte, sondern um eine ganze Galaxie. Zudem war diese Galaxie extrem weit entfernt – rund zwei Milliarden Lichtjahre –, was ebenfalls darauf hinwies, dass 3C273 kein Allerweltsobjekt war, sondern tatsächlich das leuchtkräftigste Gebilde, das bis dahin im Universum entdeckt worden war.

3C273 strahlt über vier Billionen Mal mehr Energie aus als unsere Sonne. Wegen seiner großen Entfernung ist jedoch alles, was wir sehen, ein kleiner Lichtpunkt wie bei einem Stern. Daher wurde das Objekt als „quasistellare Radioquelle" kategorisiert, was später zu der griffigeren Bezeichnung „Quasar" verkürzt wurde. Bald darauf wurden weitere Quasare identifiziert, da die Astronomen nun wussten, wonach sie Ausschau halten mussten. Das Aufkommen von Röntgenteleskopen in Orbits über der Erdatmosphäre führte dazu, dass noch weitere Strahlungsquellen gefunden werden konnten. Schließlich wurden sogar Galaxien entdeckt, die Gammastrahlen aussenden. Diese hochenergetischen Strahlungsquellen erfordern immense Mengen an Energie, daher stellte sich die Frage, wo diese Energie eigentlich herkommt.

Im Zentrum der meisten großen Galaxien befindet sich ein supermassereiches Schwarzes Loch (S. 196) mit einer enormen Schwerkraft. In manchen Galaxien ist das Schwarze Loch umgeben von Materie, die um es herumwirbelt und sich dabei tendenziell zu einer Scheibe abflacht. Während sie sich in der Nähe des Schwarzen Lochs deutlich schneller bewegt als in weiter entfernten Bereichen, reiben die unterschiedlich schnellen Gas- und Staubteilchen aneinander. Da sich die Umlaufgeschwindigkeiten in der Umgebung von Schwarzen Löchern der Lichtgeschwindigkeit annähern, wird einfallende Materie auf Millionen Grad erhitzt – heiß genug, um Strahlung aus allen Bereichen des elektromagnetischen Spektrums herauszupusten. Solche Galaxien nennt man *aktive Galaxien*; sie können so hell sein, dass man sie quer durchs Universum sehen kann.

Alle bekannten Quasare sind unglaublich weit weg, häufig Milliarden Lichtjahre – wir sehen sie daher, wie sie in früheren Zeiten aussahen. Dies untermauert die Theorie, dass Quasare eine Phase in der Entwicklung junger Galaxien sind und im frühen Universum viel häufiger vorkamen. Im Zentrum junger Galaxien ist viel Materie vorhanden, die diesen Bereich in chaotischer Weise umläuft. Das dort sitzende Schwarze Loch wird kontinuierlich mit einfallendem Staub, Gas und Sternen gefüttert, sodass seine Umgebung immer leerer wird. Sterne in sicherer Entfernung bleiben hingegen unbehelligt auf ihren stabilen Umlaufbahnen, während sich die Galaxie weiterentwickelt.

Ein kleiner Teil der Quasare zeigt *Jets*, Strahlenbündel aus Materie und Energie, die von den Polen ihrer zentralen Schwarzen Löcher abgefeuert werden. Verursacht durch extreme Magnetfelder und die rasante Rotation der Akkretionsscheibe können diese Jets das intergalaktische Medium zwischen den Galaxien Tausende Lichtjahre weit durchdringen. Aufgrund ihres Aufbaus können Quasare sehr unterschiedlich erscheinen; je nachdem, unter welchem Winkel wir sie sehen. Schauen wir von der Seite, blockt die Akkretionsscheibe einen Großteil der hochenergetischen Strahlung ab; sie heizt jedoch benachbarte Gaswolken auf, die dann im Infraroten strahlen. Je mehr wir die Akkretionsscheibe „von oben" sehen, umso mehr hochenergetische Strahlung empfangen wir und wenn die Jets genau in unsere Richtung zeigen, bekommen wir die gesamte Ladung an Röntgen- und Gammastrahlung ab. Sind Quasare so ausgerichtet, dass ihre Jets direkt auf die Erde weisen, bezeichnet man sie als *Blazare*.

JET

Messier 87

Eine der massereichsten Galaxien im lokalen Universum, Messier 87 oder kurz M 87, zeigt einen vom Kern ausgehenden Plasmajet – sie ist jedoch kein Quasar. Obwohl die Galaxie Röntgen- und Gammastrahlen emittiert, strahlt sie am kräftigsten bei Radiowellenlängen und gehört daher zu einer Klasse von aktiven Galaxien, die man Radiogalaxien nennt. Der französische Astronom Charles Messier katalogisierte sie ursprünglich als Nebel, heute wissen wir jedoch, dass es sich um eine elliptische Riesengalaxie handelt, die 53 Millionen Lichtjahre von der Erde entfernt ist. Mit einem Durchmesser von rund 120.000 Lichtjahren ist sie ähnlich groß wie die Milchstraße, durch ihre ellipsoide Form – im Unterschied zur flachen Scheibe unserer Heimatgalaxie – jedoch rund 200-mal massereicher. Das Foto rechts wurde vom Hubble-Weltraumteleskop aufgenommen und zeigt deutlich den aus dem Galaxienkern schießenden Plasmajet, der 5000 Lichtjahre in den intergalaktischen Raum vordringt.

Dieses Bild von M 87 ist aus Röntgen- und Radioaufnahmen zusammengesetzt: Röntgenstrahlung von stark erhitzter Materie ist blau dargestellt, orange/rot sind Radioquellen. Beim Vergleich mit der Abbildung rechts, die im infraroten und sichtbaren Bereich aufgenommen wurde, zeigt sich, dass die Galaxie weit ausgedehnter ist, als es auf den ersten Blick scheint.

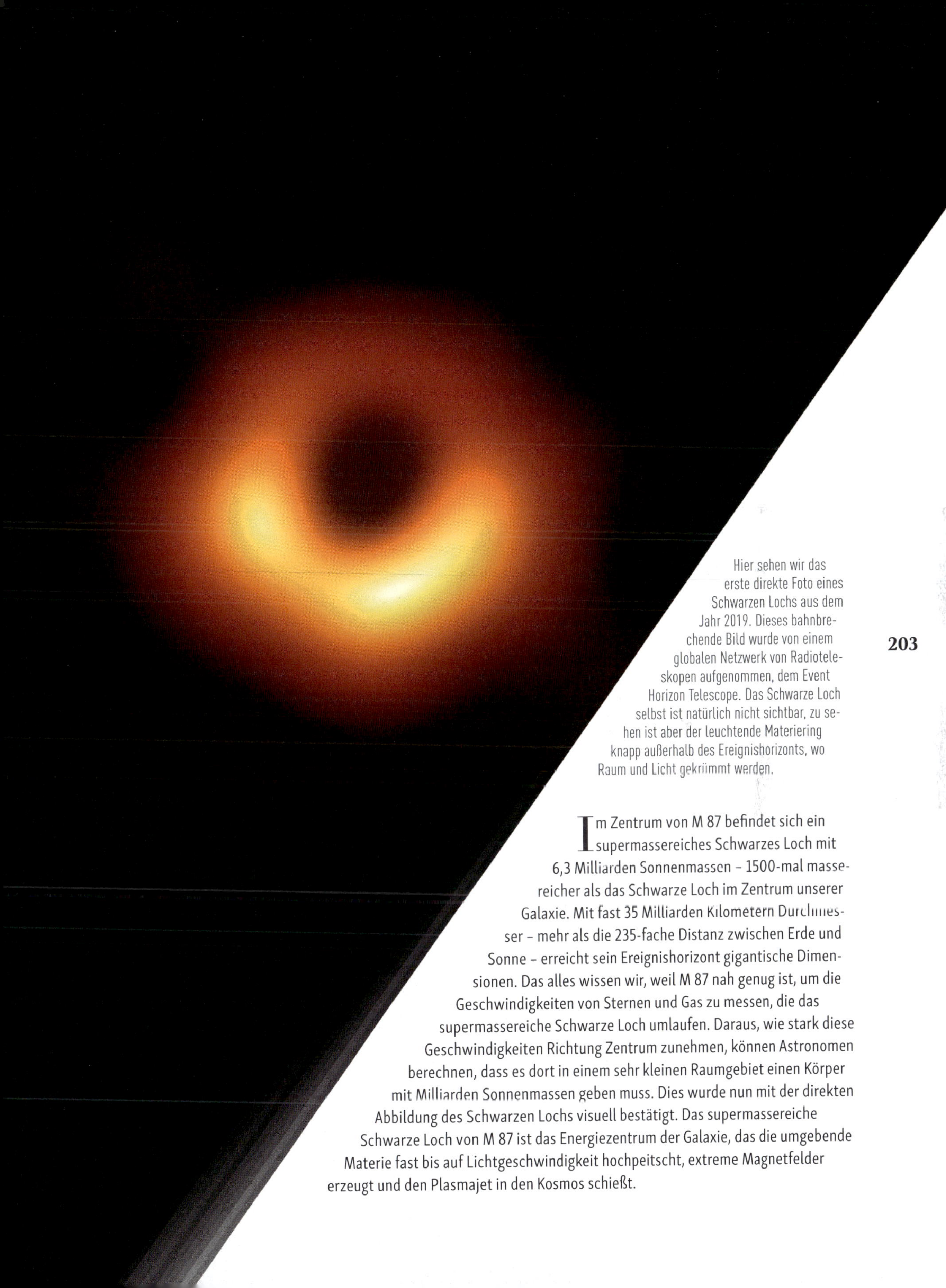

Hier sehen wir das erste direkte Foto eines Schwarzen Lochs aus dem Jahr 2019. Dieses bahnbrechende Bild wurde von einem globalen Netzwerk von Radioteleskopen aufgenommen, dem Event Horizon Telescope. Das Schwarze Loch selbst ist natürlich nicht sichtbar, zu sehen ist aber der leuchtende Materiering knapp außerhalb des Ereignishorizonts, wo Raum und Licht gekrümmt werden.

Im Zentrum von M 87 befindet sich ein supermassereiches Schwarzes Loch mit 6,3 Milliarden Sonnenmassen – 1500-mal massereicher als das Schwarze Loch im Zentrum unserer Galaxie. Mit fast 35 Milliarden Kilometern Durchmesser – mehr als die 235-fache Distanz zwischen Erde und Sonne – erreicht sein Ereignishorizont gigantische Dimensionen. Das alles wissen wir, weil M 87 nah genug ist, um die Geschwindigkeiten von Sternen und Gas zu messen, die das supermassereiche Schwarze Loch umlaufen. Daraus, wie stark diese Geschwindigkeiten Richtung Zentrum zunehmen, können Astronomen berechnen, dass es dort in einem sehr kleinen Raumgebiet einen Körper mit Milliarden Sonnenmassen geben muss. Dies wurde nun mit der direkten Abbildung des Schwarzen Lochs visuell bestätigt. Das supermassereiche Schwarze Loch von M 87 ist das Energiezentrum der Galaxie, das die umgebende Materie fast bis auf Lichtgeschwindigkeit hochpeitscht, extreme Magnetfelder erzeugt und den Plasmajet in den Kosmos schießt.

Die Expansion des Universums

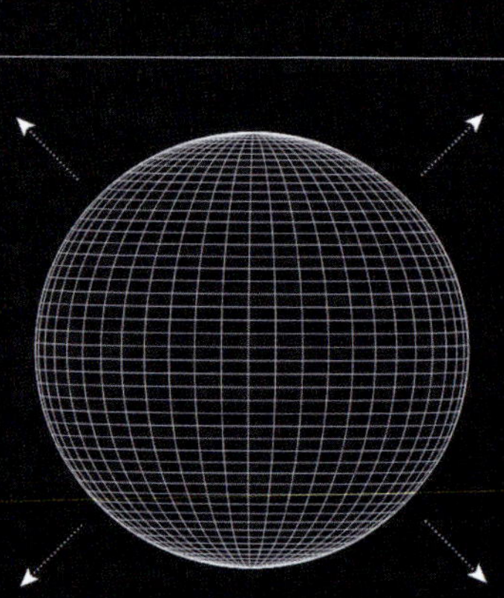

Die ersten Hinweise darauf, dass wir in einem expandierenden Universum leben, kamen 1912 aus dem Lowell Observatorium in Arizona, USA. Dort hatte der wohlhabende Percival Lowell ein Observatorium errichtet, um seiner Begeisterung für den Planeten Mars nachzugehen, vor allem in Bezug auf vermeintliche „Kanäle", die sich über seine Oberfläche erstrecken sollten. Lowell interessierte sich aber auch für Spiralnebel, die er für Planetensysteme in frühen Entwicklungsstadien hielt. Damals war nicht bekannt, dass es sich um Galaxien handelte, die Millionen Lichtjahre außerhalb unserer eigenen liegen. Lowell beauftragte seinen Angestellten Vesto Slipher, diese Objekte zu beobachten und ihre Rotation zu untersuchen, in der Hoffnung, mehr über die Entstehung unseres eigenen Sonnensystems zu erfahren. Bei seinen Messungen stellte Slipher fest, dass sich die Nebel mit wenigen Ausnahmen von uns fortbewegten und zwar wahnsinnig schnell. Die schier unglaublichen Geschwindigkeiten konnte er über ihre Rotverschiebung bestimmen: Einige rasten mit mehr als 1000 Kilometern pro Sekunde davon! Sollten die ermittelten Geschwindigkeiten stimmen, könnte selbst die Schwerkraft aller Milliarden Sterne in der Milchstraße sie nicht festhalten – sie müssten sich längst „losgerissen" haben.

Das Problem wurde etliche Jahre später von Edwin Hubble unter Einsatz des damals neuen, weltgrößten Hooker-Teleskops gelöst. Mit der Auflösung dieses Instruments konnte Hubble in den wegstrebenden Nebeln Cepheiden-Veränderliche (S. 188) erfassen und so ihre Entfernung bestimmen. Seine Beobachtungen ließen keinen Zweifel daran, dass diese Nebel viel zu weit entfernt waren, um Teil der Milchstraße zu sein, und dass es sich tatsächlich um Galaxien in großen Distanzen handelte. Schon diese Tatsache allein änderte unsere Sicht auf das Universum grundlegend, doch das sollte noch nicht alles gewesen sein. Im Jahr 1929, als Hubble seine gemessenen Entfernungen mit Sliphers und weiteren Rotverschiebungsdaten von Galaxien verglich, fand er eine interessante Korrelation: Je weiter eine Galaxie entfernt ist, umso schneller bewegt sie sich von uns fort. Es ist, als würden alle Galaxien im Universum von uns wegstreben. Heute wissen wir, dass das nicht wirklich der Fall ist, vielmehr dehnt sich der Raum selbst aus. Man kann sich als Analogie das Aufblasen eines gepunkteten Luftballons vorstellen: Wenn der Ballon wächst, bewegen sich die Punkte auseinander. Von jedem Punkt aus sieht man das Gleiche und je weiter andere Punkte entfernt sind, umso schneller scheinen sie sich fortzubewegen – genau wie die Galaxien, die im immer größer werdenden Raum eingebettet sind.

Zweifellos verdienen diese Beobachtungen Anerkennung, doch es gab auch andere Menschen, die – obwohl sie einige bahnbrechende Überlegungen zu diesem Sachverhalt anstellten –, oft im Schatten von Hubbles historischer Entdeckung stehen. So zum Beispiel der belgische Astronom Georges Lemaître, der, ausgehend von Einsteins Allgemeiner Relativitätstheorie, die Idee eines expandierenden Universums herleitete. Inzwischen wird das „Hubble-Gesetz", das besagt, dass die Entfernung von Körpern im Raum proportional zu ihrer Fluchtgeschwindigkeit ist, daher immer häufiger als Hubble-Lemaître-Gesetz bezeichnet. Als Lemaître seine radikale neue Theorie 1927 veröffentlichte, lieferte er auf der Grundlage von Beobachtungsdaten sogar eine erste Schätzung der Expansionsrate, einer Größe, die heute als Hubble-Konstante bezeichnet wird. Um eine Vorstellung zu bekommen: Bei der heutigen Expansionsrate des Universums wächst eine Strecke von einer Million Lichtjahren pro Sekunde um 22 Kilometer.

Dunkle Energie

Nachdem klar war, dass unser Universum expandiert, waren die Kosmologen davon überzeugt, dass die Expansionsrate durch Schwerkrafteinflüsse abnehmen müsse. Logischerweise sollte die Masse aller Sterne, Planeten, Gesteinsbrocken und Gase der Milliarden Galaxien einander anziehen und das Wachstum des Universums abbremsen. In den späten 1990er-Jahren zeigten Forschungsergebnisse jedoch, dass das Gegenteil der Fall ist: Die Expansion beschleunigt sich!

Im Jahr 1998 versuchten die amerikanischen Astronomen Saul Perlmutter und Adam G. Riess sowie der Australier Brian P. Schmidt zunächst zu bestimmen, wie stark sich die Expansion des Universums verlangsamt. Dazu untersuchten sie das Licht explodierender Sterne, sogenannter Typ-Ia-Supernovae (S. 136), in weit entfernten Galaxien. Diese Supernovae sind unglaublich leuchtkräftig, wir können sie daher selbst noch in Galaxien in großer Distanz sehen. Hinzu kommt, dass ihre Maximalhelligkeit immer gleich ist, sie können also als „Standardkerzen" dienen, aus deren scheinbarer Helligkeit wir ihre Entfernung bestimmen können. Ein Vergleich der Supernova-Helligkeit mit der Rotverschiebung ihres Lichts zeigt dann, ob sich eine Supernova dort befindet, wo wir sie aufgrund ihrer Fluchtgeschwindigkeit erwarten.

Mithilfe des damals neuen Hubble-Weltraumteleskops konnten die Wissenschaftler viel weiter entfernte Galaxien erfassen als Edwin Hubble zu seiner Zeit und ihre Resultate waren absolut überraschend. Die entferntesten, älteren Supernovae waren schwächer als erwartet, was bedeutete, dass sie weiter weg waren, als ihre Rotverschiebung vermuten ließ. Die Expansion muss daher beschleunigt verlaufen; eine geheimnisvolle Kraft treibt die Dinge weiter auseinander.

Vor der Entdeckung der beschleunigten Expansion des Universums waren die einzig bekannten Materie-Energie-Formen normale Materie, Dunkle Materie und Strahlung; keine davon konnte die Ursache für die immer größere Geschwindigkeit sein, mit der sich der Kosmos aufbläht. Ohne die Einführung einer völlig neuen Energieform konnte man ein solches Phänomen nicht erklären. Die Wissenschaftler nannten sie Dunkle Energie, da sie uns so lange entgangen ist und wir immer noch wenig über sie wissen – abgesehen von ihren Auswirkungen auf den Raum insgesamt. Man vermutet, dass die Dichte der Dunklen Energie sehr gering ist, viel geringer als die Dichte von normaler Materie und Dunkler Materie in Galaxien. Galaxien nehmen allerdings nur einen winzigen Teil des Raums ein und so ist die Dunkle Energie, von der man annimmt, dass sie gleichmäßig über alles im Universum verteilt ist, die vorherrschende Kraft. Da sich die Materie in einem größer werdenden Universum immer weiter verteilt, verringert sich ihre Gesamtdichte und der beständige Druck der Dunklen Energie wird immer dominanter.

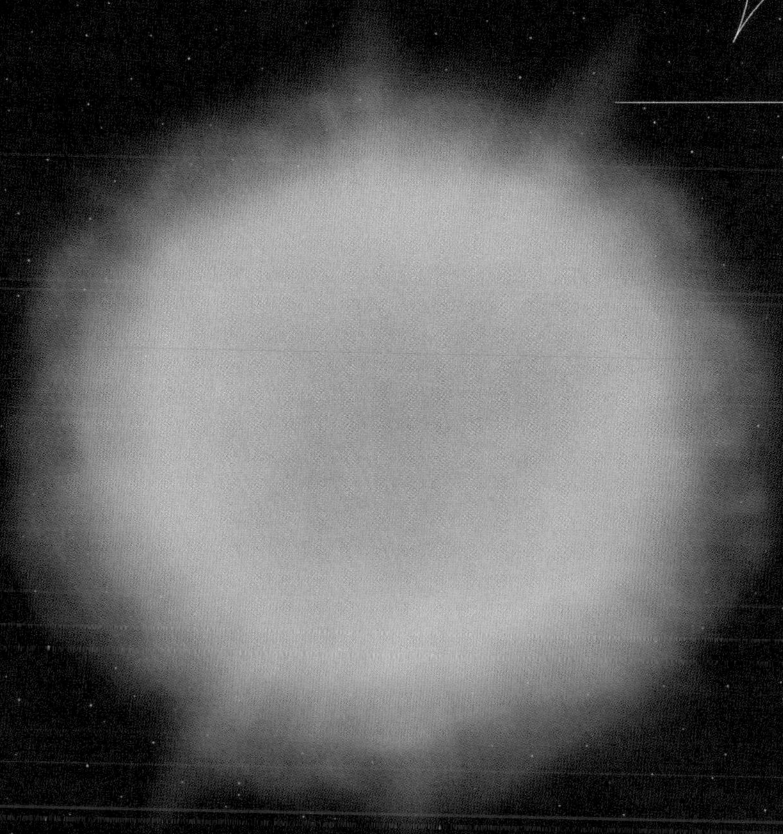

"

Nichts kann nicht für immer existieren.

"

Stephen Hawking, 1942–2018

Der Urknall

Die Geburt des Universums

Nachdem wir Planeten, Asteroiden, Sterne, Nebel, Schwarze Löcher und weitere Objekte im Kosmos behandelt haben, fehlt noch eine Antwort auf die Frage: Wo kam das bloß alles her?

Die allgemein akzeptierte Theorie zum Ursprung des Universums ist der Urknall. Sie besagt, dass einst der gesamte Kosmos in einem unendlich kleinen und dichten Punkt vereint war, in einer Singularität, die sich plötzlich aufblähte und dabei Materie und Energie verteilte. Diese Idee begann an Boden zu gewinnen, nachdem Georges Lemaître geschlussfolgert hatte, dass wir in einem expandierenden Universum leben. Die logische Konsequenz daraus, dass alles im Universum voneinander wegstrebt, war für Lemaître, dass irgendwann in der fernen Vergangenheit alles vom gleichen Punkt ausgegangen sein musste. Diesen unvorstellbar kleinen dichten Punkt nannte er das „Ur-Atom".

Der Urknall ist nicht nur die Quelle aller Materie und Energie, sondern auch verantwortlich für die Kräfte, die das Universum regieren. In seinen allerfrühesten Augenblicken schon traten die fundamentalen Kräfte der Physik in Erscheinung. Ohne diese hätte sich die uns bekannte Materie nicht bilden können und es gäbe keine Planeten oder Sterne, ja, überhaupt kein Universum –

zumindest keines, in dem wir existieren könnten.

Gemäß unserer genauesten Berechnungen ereignete sich der Urknall vor 13,8 Milliarden Jahren. Und wann war er vorbei? Tatsächlich gibt es kein wirkliches „Ende“ des Urknalls, vielmehr leben wir damit. Auf unserer wasserreichen Gesteinskugel rasen wir durch den Weltraum und sehen, wie sich zahllose andere Objekte voneinander entfernen, um einen immer größeren Kosmos zu füllen – Objekte, die wie unser Planet aus der gleichen Singularität hervorgegangen sind.

Der frühesteste Anfang

Der allererste Zeitpunkt in der Geschichte unseres Universums, den wir nach den aktuellen Theorien erforschen können, liegt 10^{-43} Sekunden nach dem Moment seiner Entstehung. Es lohnt sich, diese Zahl einmal auszuschreiben, denn sie ist unfassbar klein: 0,0000000000000000000000000000000000000000001 Sekunden. Diese unvorstellbar kurze Zeitspanne wird als Planck-Ära bezeichnet; über sie wissen wir nichts, obwohl es Spekulationen gibt. Wissenschaftler glauben, dass Teilchen und Energie in diesem unglaublich kurzen Augenblick nicht getrennt existierten, sondern völlig austauschbar waren. Man vermutet, dass sich am Ende der Planck-Ära die Gravitationskraft von den anderen Naturkräften abspaltete und damit die sogenannte GUT-Ära einläutete (GUT, Abk. für: Grand Unified Theory, große vereinheitlichte Theorie). Am Ende dieser „Epoche" begannen sich die anderen drei Naturkräfte voneinander zu trennen, womit wir bei 10^{-36} Sekunden nach dem Urknall sind. Nur eine billionstel Sekunde nach dem Urknall waren bereits alle vier Kräfte entstanden.

Da Gase bei Kompression heißer werden und bei Expansion kälter, muss das Universum in seinen frühen, extrem kompakten Phasen ungemein heiß gewesen sein. Während der GUT-Ära herrschten Temperaturen von mehr als 10^{27} Grad – Materie konnte nicht existieren und Begriffe wie Masse und Ladung waren bedeutungslos.

10^{-43} Sekunden
10^{32} Grad

URKRAFT
(einzige, vereinigte Kraft)

GRAVITATIONSKRAFT

Die Gravitation wirkt auf alles, das Masse oder Energie besitzt – sie ist die einzige Fundamentalkraft, bei der das so ist. Jegliche Materie erzeugt Gravitation, die stets eine anziehende Kraft ist. Sie hat unendliche Reichweite und ist verantwortlich für die großskaligen Strukturen im Universum wie Planeten, Sterne und Galaxien.

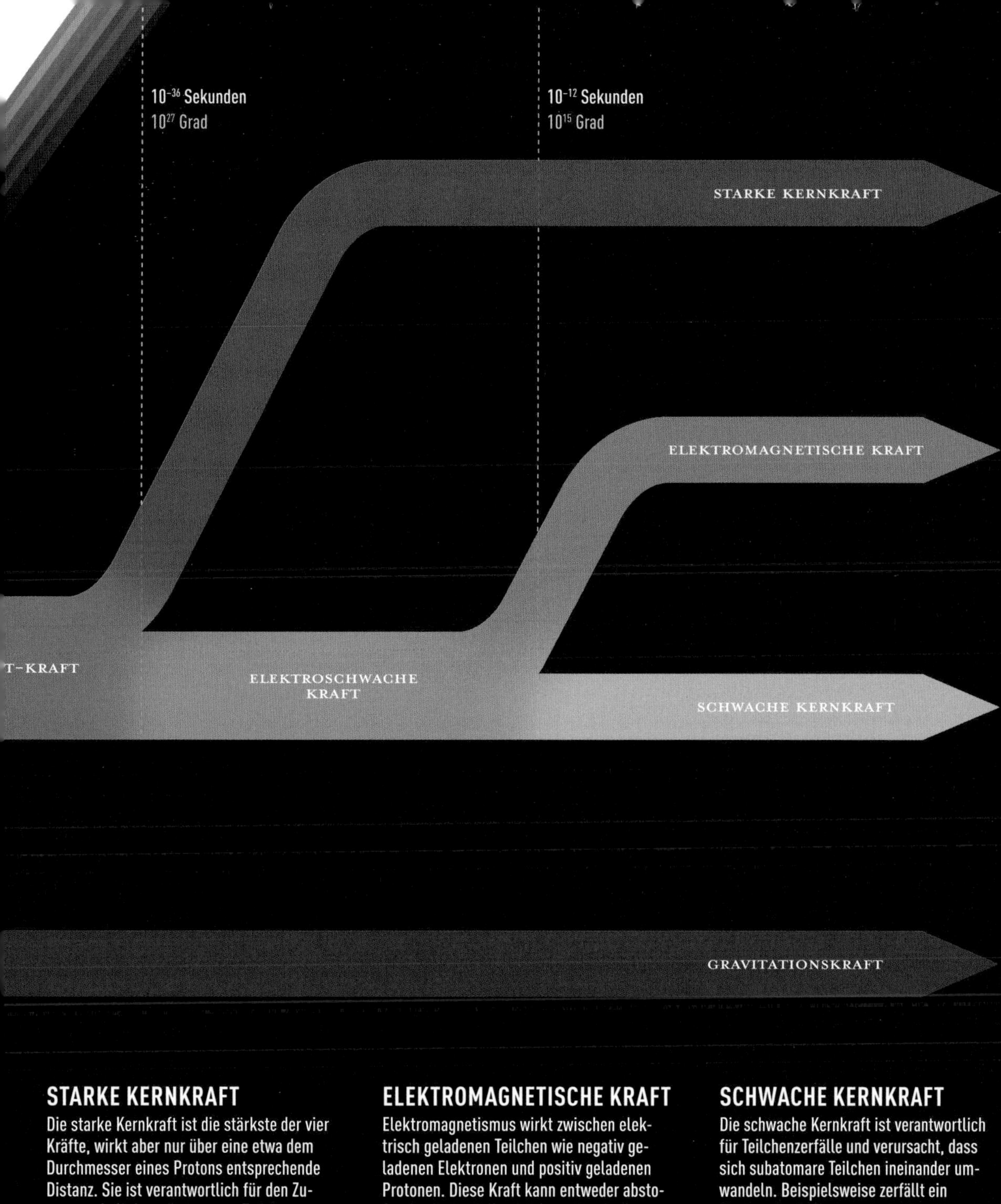

STARKE KERNKRAFT

Die starke Kernkraft ist die stärkste der vier Kräfte, wirkt aber nur über eine etwa dem Durchmesser eines Protons entsprechende Distanz. Sie ist verantwortlich für den Zusammenhalt der subatomaren Teilchen (Quarks), aus denen Protonen und Neutronen bestehen. Sie hält auch die Protonen und Neutronen in Atomkernen zusammen.

ELEKTROMAGNETISCHE KRAFT

Elektromagnetismus wirkt zwischen elektrisch geladenen Teilchen wie negativ geladenen Elektronen und positiv geladenen Protonen. Diese Kraft kann entweder abstoßend sein, im Falle gleichnamiger Ladungen, oder anziehend bei ungleichnamigen Ladungen. Wie bei der Gravitation ist ihre Reichweite unendlich.

SCHWACHE KERNKRAFT

Die schwache Kernkraft ist verantwortlich für Teilchenzerfälle und verursacht, dass sich subatomare Teilchen ineinander umwandeln. Beispielsweise zerfällt ein Neutron in ein Proton, ein Antineutrino und ein Elektron. Wie die starke Kernkraft hat sie eine sehr kurze Reichweite, weniger als der Durchmesser eines Protons.

Die erste Sekunde

In der Abbildung rechts ist die erste Sekunde unseres Universums mit ihren Entwicklungsabschnitten dargestellt. Ungeachtet der Kürze jeder dieser Phasen bezeichnet man sie als Ära oder Epoche. Mit Ablauf der ersten Sekunde hatte sich unser beobachtbares Universum (S. 225) von einem unvorstellbar kleinen Punkt in einen Raum mit 200.000 Milliarden Kilometern Durchmesser verwandelt. Obwohl die brodelnde Teilchensuppe, die sich am Ende dieser Zeitspanne gebildet hatte, noch immer unglaublich heiß war, hatte sich der Kosmos bereits um das rund Hunderttausendbillionenfache abgekühlt.

In der Abbildung gibt es einen gewissen Überlapp mit der Zeitachse der vorhergehenden Seiten, die schwerpunktmäßig die Herausbildung der vier Kräfte darstellen. Die Seiten hier behandeln nun die physikalischen Eigenschaften des jungen Universums.

DIE KOSMISCHE INFLATION

Die Inflationsepoche bezeichnet eine plötzliche, exponentielle Ausdehnung des Raumes. In dieser Zeitspanne vergrößert sich das beobachtbare Universum von milliardenfach kleiner als ein Proton auf die Größe einer Grapefruit. Danach expandiert das Universum mit einer langsameren Rate. Durch die Ausdehnung während der Inflation kühlt es um das Hunderttausendfache ab.

DIE ELEKTROSCHWACHE ÄRA

Diese Ära beginnt zum gleichen Zeitpunkt wie die Inflation, setzt sich danach aber noch fort. Einige der kleinsten subatomaren Teilchen, sogenannte Quarks, existieren nun in Form eines Plasmas. Zusammenstöße sind so häufig und energiereich, dass sich die Quarks fast augenblicklich vernichten, wobei weitere „exotische" Teilchen erzeugt werden.

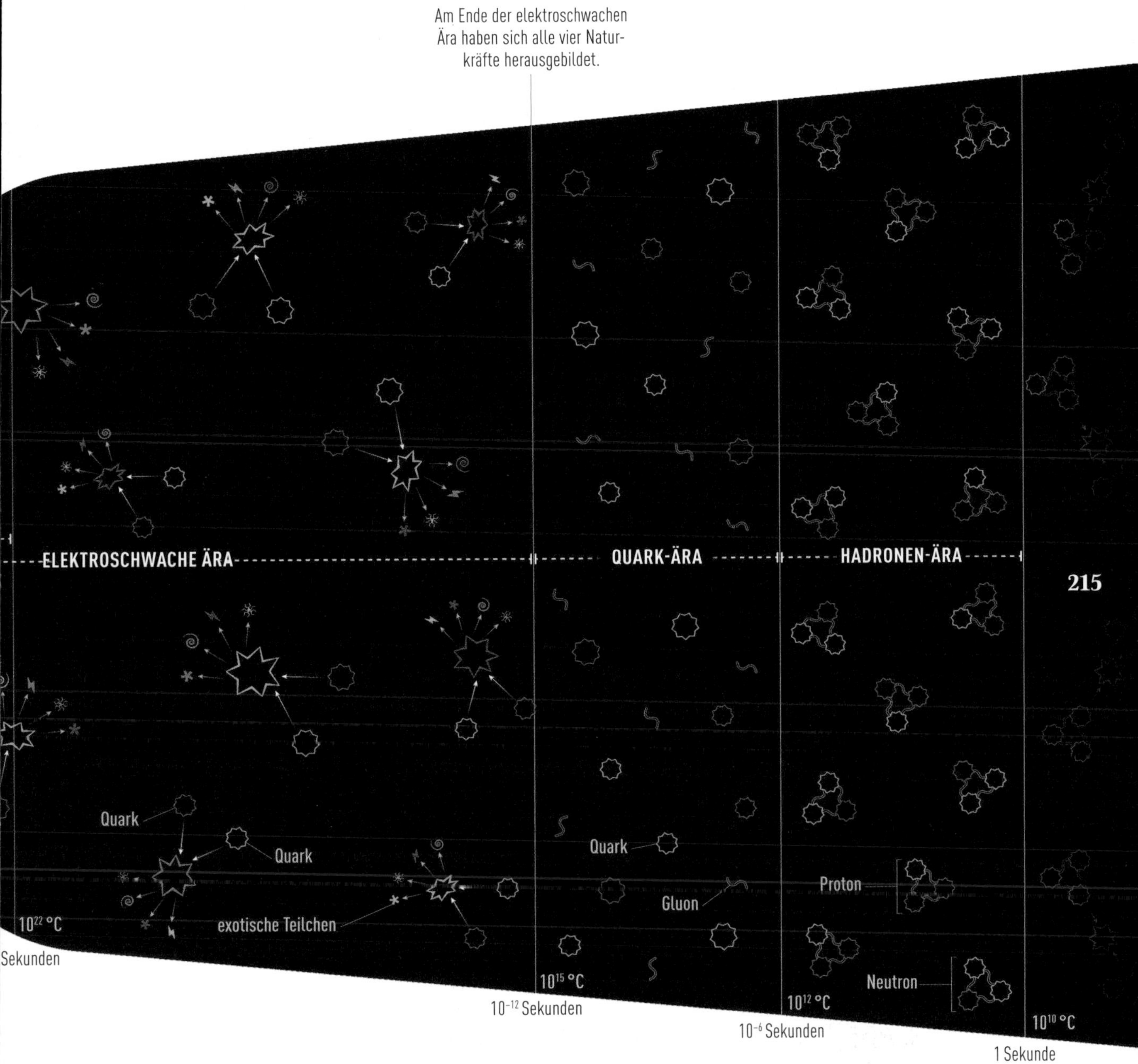

DIE QUARK-ÄRA

Es ist noch zu heiß für die Bildung von Materie, aber die geringeren Temperaturen erlauben die Existenz von Quarks ohne gegenseitige Auslöschung. Sogenannte Gluonen treten ebenfalls im Plasma auf.

DIE HADRONEN-ÄRA

Bei tieferen Temperaturen kann die starke Kernkraft durch Gluonen Quarks miteinander verbinden. Die entstehenden Teilchen heißen Hadronen, es sind subatomare Teilchen, die aus zwei oder mehr Quarks bestehen. Sowohl Protonen als auch Neutronen gehören dazu, sie enthalten jeweils drei Quarks. In dieser Ära dominieren Hadronen die Masse des Universums.

Materie entsteht

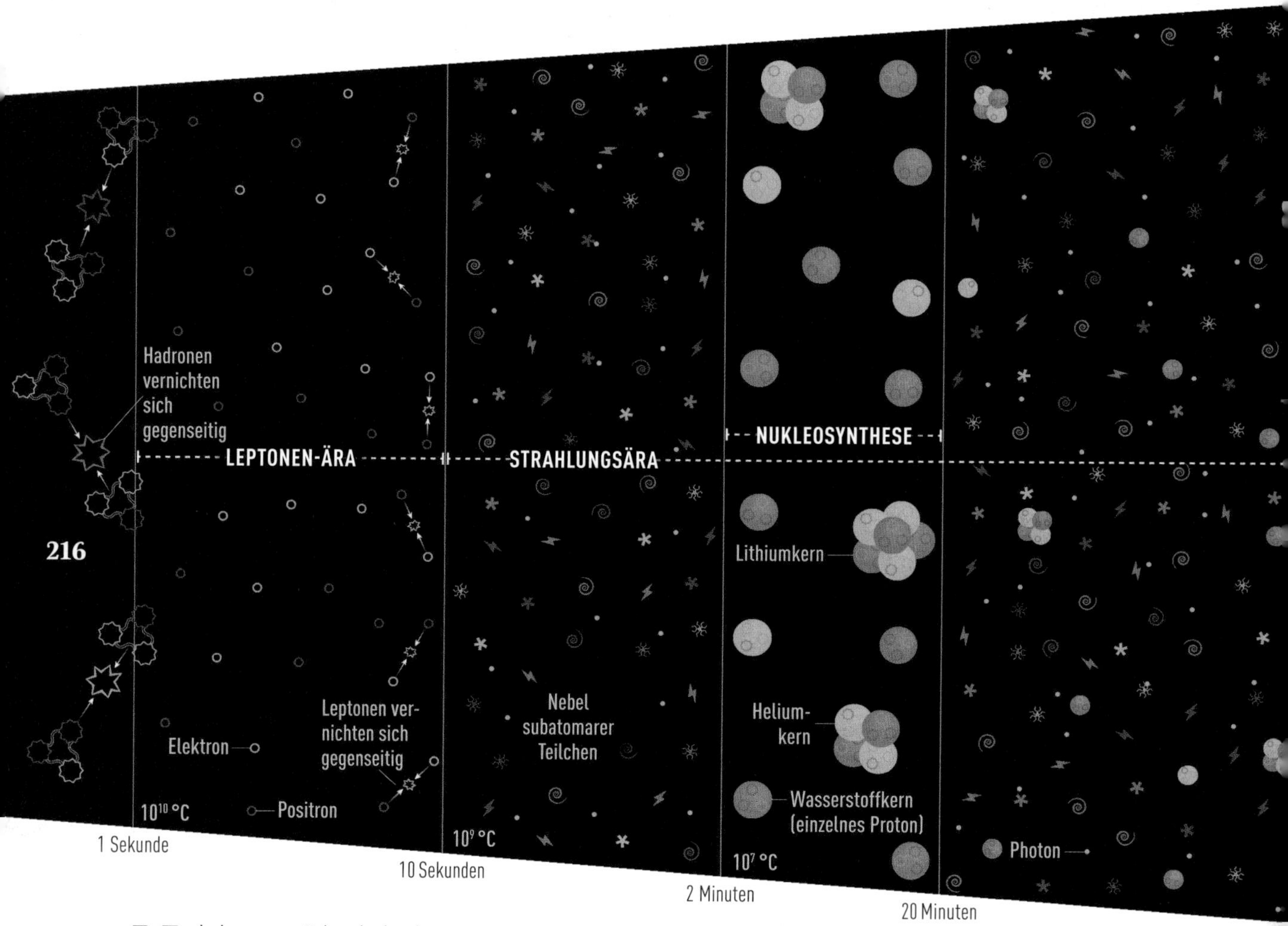

Nach der ersten Sekunde durchqueren wir die ersten Jahrhunderttausende des Universums mit Riesenschritten, da die wesentlichen Meilensteine seiner Entstehungsgeschichte nun viel weiter auseinanderliegen. Das Ende des Zeitstrahls markiert den Zeitpunkt, an dem die ersten vollständigen Atome auftauchen.

DIE LEPTONEN-ÄRA

Am Ende der Hadronen-Ära haben sich die meisten Hadronen und Antihadronen ausgelöscht – allerdings nicht alle. Leptonen wurden zum dominierenden Massenanteil im Universum; Elementarteilchen, von denen das bekannteste das Elektron ist. Am Ende dieser Ära verschwindet auch die Mehrzahl der Leptonen durch Zerstrahlung mit Antileptonen, zum Beispiel bei der Kollision von Elektronen und Positronen.

DIE STRAHLUNGSÄRA

Während dieser Ära besteht das Universum aus einem Nebel von subatomaren Teilchen und Strahlung. Der Großteil seines Masse-Energie-Gehalts* liegt in Form von Photonen vor, die Dichte ist jedoch zu hoch, als dass sie das Universum durchqueren könnten. In dieser Phase ist der Kosmos undurchsichtig, das Licht kann ihn nicht durchdringen.

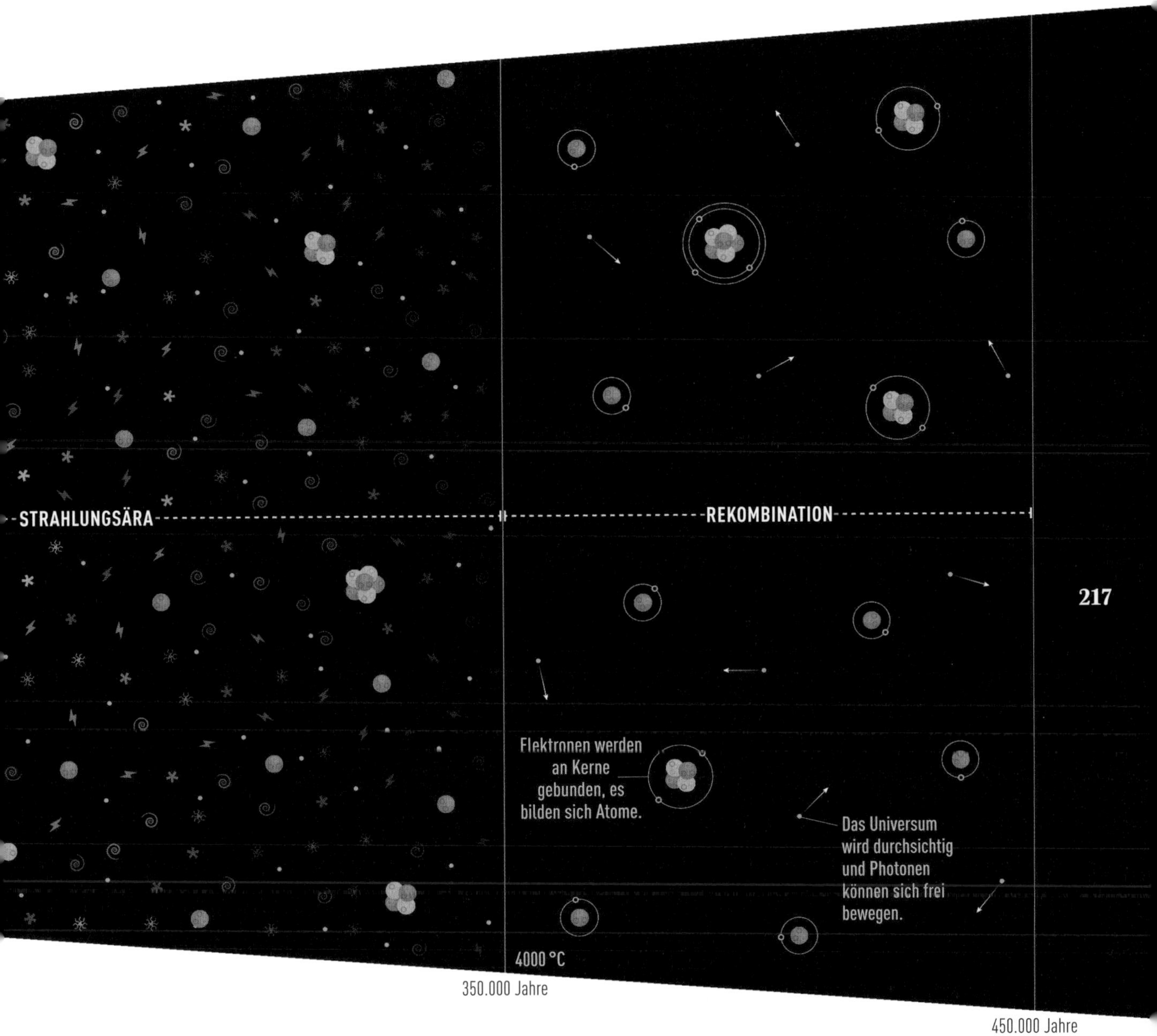

PRIMORDIALE NUKLEOSYNTHESE

Die Temperatur des Universums ist jetzt so weit gesunken, dass Atomkerne entstehen können. Durch Kernfusion vereinigen sich Protonen und Neutronen und bilden die Kerne der leichtesten Elemente Helium und Lithium (Wasserstoffkerne, die nur ein Proton besitzen, existieren bereits). Diese frühe Nukleosynthese endet, wenn Temperatur und Dichte des Universums so weit abgefallen sind, dass keine Fusion mehr stattfinden kann.

DIE REKOMBINATIONSEPOCHE

Sobald das Universum eine Temperatur von etwa 4000 °C erreicht hat (etwas weniger als die Temperatur der Sonne), können elektrisch geladene Atomkerne Elektronen einfangen und zu neutralen Atomen werden. Dadurch wird das Universum allmählich durchsichtig für Strahlung, obwohl es zu diesem Zeitpunkt dunkel ist, da es noch keine leuchtenden Sterne gibt.

* Masse-Energie-Äquivalenz: Jede Masse entspricht einer bestimmten Menge an Energie und umgekehrt, wie Einstein in seiner berühmten Gleichung $E = mc^2$ demonstriert. Kosmologen werfen die beiden Begriffe daher manchmal in einen Topf.

Die Verteilung der Materie

Mit dem Auftreten von Atomen begann die Herausbildung des uns vertrauten Universums. Die Schwerkraft zog die Teilchen unaufhaltsam zusammen und so entstanden in der Dunkelheit nach und nach große Strukturen. Eines Tages sollten diese Gaswolken das Universum mit Sternen übersäen, sie waren also der Bauplan für die künftige Struktur des Kosmos.

Im Jahr 1964 machten zwei Mitarbeiter der Bell Telephone Laboratories eine wichtige Entdeckung, als sie versuchten, die Stärke weit entfernter, extragalaktischer Radioquellen zu messen. Mit einer großen Hornantenne stellten die beiden Radioastronomen Arno Penzias und Robert Wilson fest, dass, in welche Richtung auch immer die Antenne zeigte, sie das Rauschen einer elektromagnetischen Strahlungsquelle bei einer Wellenlänge von rund 7,35 Zentimetern auffingen. Die beiden nahmen an, dass diese Störung irdische Ursachen haben müsse und unterzogen ihr Equipment einer gründlichen Prüfung, wobei sie auch Fledermaus- und Vogelkot herauskratzten, der sich im großen Hornempfänger gesammelt hatte. Aber es nützte nichts – das Rauschen blieb Tag und Nacht. Schließlich kamen sie zu dem Schluss, dass diese lästige Mikrowellenstrahlung nicht durch Fehler im System erzeugt wurde, sondern tatsächlich extragalaktischen Ursprungs sei. Die Bedeutung ihrer Entdeckung dämmerte ihnen allerdings erst, als sie hörten, dass eine Gruppe von Astrophysikern der Princeton-Universität ebenfalls den Himmel im Bereich der Mikrowellen absuchen wollte.

Das Team aus Princeton stand gerade am Beginn seiner Suche nach Strahlung aus den ersten Augenblicken des Universums. Die Wissenschaftler waren davon überzeugt, dass jegliche Strahlung aus der Entstehungszeit des Universums durch die Expansion stark rotverschoben sein musste und daher sicherlich nicht im optischen Teil des Spektrums zu finden sei. Sie musste aus allen Richtungen kommen und nach ihrer Rechnung im Mikrowellenbereich messbar sein – und zwar in dem Teil des Spektrums, in dem die Bell-Techniker fündig geworden waren. Nachdem Penzias und Wilson das hörten, erkannten sie die Bedeutung ihrer Entdeckung: Sie hatten die Überreste des Urknalls gefunden! Die Strahlung wurde bekannt unter dem Namen kosmische (Mikrowellen-) Hintergundstrahlung (engl.: Cosmic Microwave Background (Radiation), Abk.: CMB) und ihre Entdeckung brachte Penzias und Wilson 1978 den Nobelpreis für Physik ein. Der CMB ist seither eine der stärksten Stützen des Urknallmodells zur Entstehung des Universums.

Der CMB stammt aus einer Zeit – etwa 380.000 Jahre nach dem Urknall –, in der das Universum erstmals durchsichtig wurde. So weit können unsere Instrumente also zurückschauen; davor war der Kosmos ein dicker Nebel aus Energie und subatomaren Teilchen, den Licht nicht durchdringen konnte. Damals bildeten sich die ersten Atome und so können wir durch die Untersuchung des CMB erfahren, wie Energie und Masse in diesem frühen Stadium verteilt waren. Penzias' und Wilsons Messungen hatten ergeben, dass der CMB überall gleich war, genauere Untersuchungen in den 1990er-Jahren zeigten jedoch geringfügige Dichteschwankungen, die ebenfalls die Theorien über die frühe Entwicklung des Universums untermauern. Würde der CMB in allen Richtungen exakt die gleiche Stärke aufweisen, wären Energie und Teilchen durch den Urknall perfekt gleichmäßig verteilt worden. Ein solches Universum würde während der gesamten Expansion eine stets gleichmäßige Dichte behalten, da jedes Teilchen an einem anderen mit der gleichen Kraft zerren und so nichts zusammenwachsen würde. Nur aufgrund winzigster Unregelmäßigkeiten im CMB wissen wir, dass das Universum nicht vollkommen gleichmäßig war und dass diese winzigen Fluktuationen dazu führten, dass Regionen größerer Dichte mehr Masse anzogen und Bereiche geringerer Dichte größer wurden, da Materie von dort abgezogen wurde. Ohne diese dem Urknall eigenen „Unvollkommenheiten" hätte sich nirgends im Kosmos auch nur irgendein Körper gebildet. Die Strahlung aus der Entstehungszeit des Universums findet sich selbst noch im hintersten Winkel des Weltraums, jeder Kubikmeter enthält rund 500 Millionen CMB-Photonen.

Die ersten Sterne

Die ersten Sterne leuchteten auf, als unser Universum etwa 100 Millionen Jahre alt war. Damals begannen kollabierende Gaswolken durch extreme Kompression in ihrem Inneren Atomkerne zu verschmelzen, wobei sie Strahlung aussandten und auf diese Weise Sterne hervorbrachten. Schließlich erleuchteten Aberbillionen von Sternen den Kosmos, der lange Zeit dunkel gewesen war. Da die Gravitation die Materie weiterhin zusammenzog, wuchsen diese weißglühenden Gaskugeln zu Sternhaufen zusammen. Rund 300 Millionen Jahre nach dem Urknall hatten sich die Haufen massenweise zusammengefunden und bildeten die ersten Galaxien im Universum aus.

Das einzige Material, das zu Beginn des Universums vorhanden war, war dasjenige aus dem Urknall. Die ersten Sterne bestanden daher zu etwa drei Vierteln aus Wasserstoff, einem Viertel Helium sowie einer Spur Lithium. Die Mehrzahl der Sterne der ersten Generation war vermutlich 100- bis 1000-mal so massereich wie die Sonne; sie brannten in wenigen Millionen Jahren aus, weshalb es heute keine Sterne aus diesem frühen Entwicklungsstadium mehr gibt. Diese Sterne waren die ersten, die dem Universum neue Elemente zuführten, da sie im Laufe ihres Lebens schwerere Atomkerne aus leichteren fusioniert hatten. Die meisten frühen Sterne beendeten ihr Leben wegen ihrer großen Massen mit einer Supernova-Explosion, bei der auch schwerere Elemente erzeugt und in den Weltraum geschleudert wurden. Die zarten Gas- und Staubwolken, die von diesen Supernovae übrigblieben, wurden anschließend in die nächste, etwas vielfältigere Sterngeneration des Universums integriert. Dank der ersten Sterne wurde die nächste Generation auch begleitet von felsigen Objekten: Planeten, Monden und Asteroiden – Körpern, die etwas Abwechslung in den Kosmos brachten.

100 Millionen Jahre sind für uns Menschen ein gewaltiger Zeitraum; für die Bildung von etwas so Riesenhaftem wie einem Stern praktisch aus dem *Nichts* ist er jedoch kurz. Tatsächlich so kurz, dass Astronomen glauben, dass Dunkle Materie eine große Rolle in der frühen Entwicklung des Universums gespielt hat. Hätte nach dem Urknall nur normale Materie existiert, wäre die Gravitation nicht in der Lage gewesen, die rasche Expansion des Universums zu überwinden. Alles wäre so schnell auseinandergerissen worden, dass sich keine Sterne hätten bilden oder Galaxien hätten entwickeln können. Das Vorhandensein von Dunkler Materie, die fünfmal so häufig vorkommt wie normale Materie, sorgte dafür, dass sich das Material nicht zu weit zerstreute und zu Himmelskörpern zusammenwachsen konnte.

DIE STRUKTUR DES UNIVERSUMS

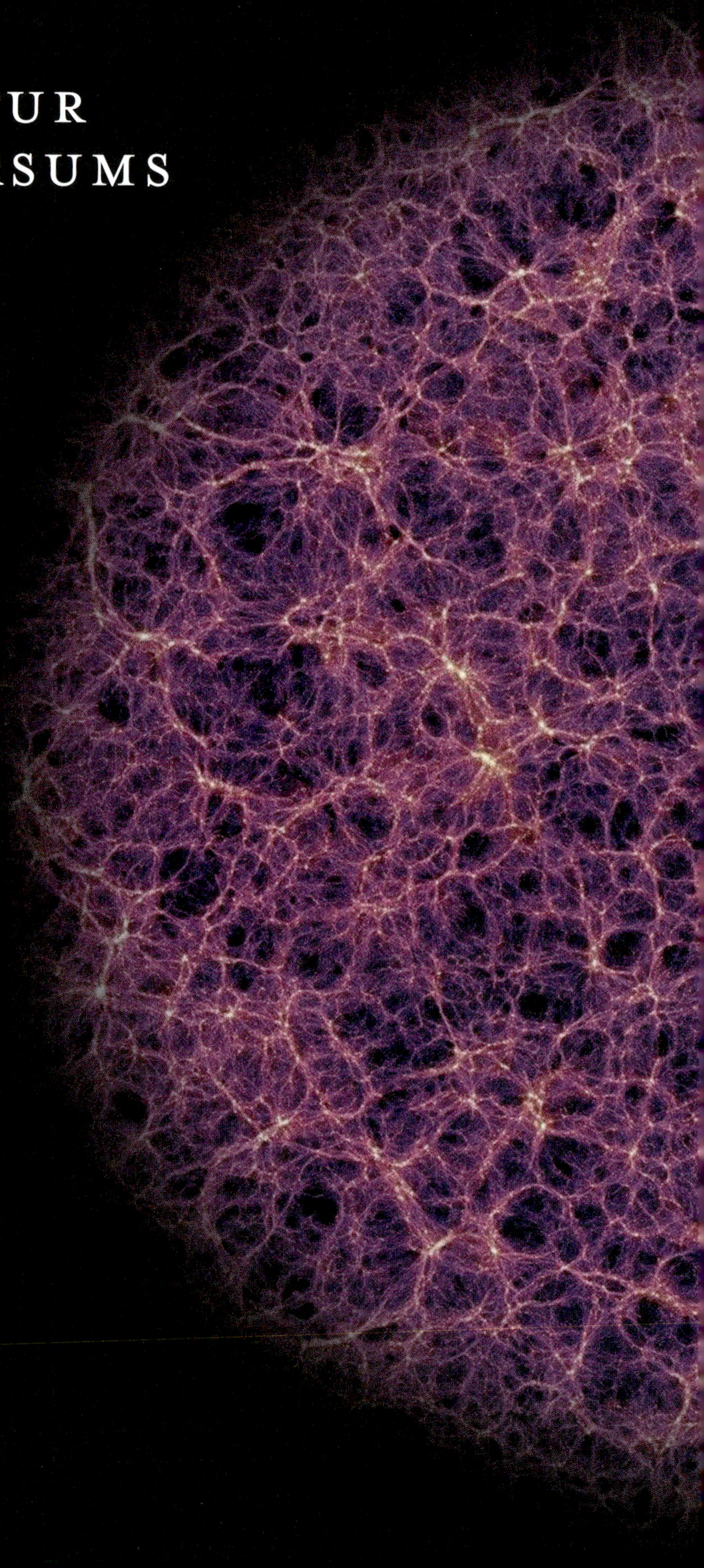

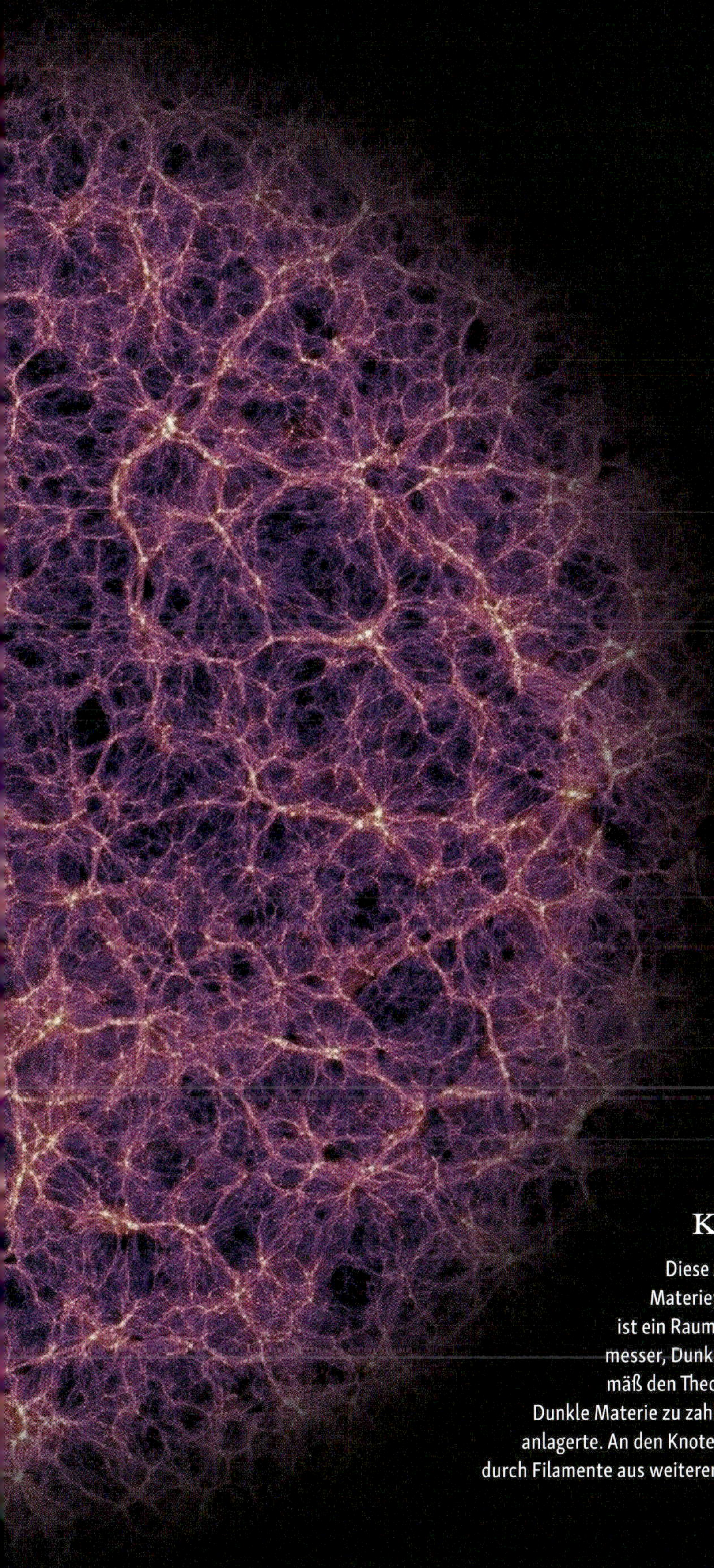

KOSMISCHES NETZ

Diese Abbildung zeigt eine Computer-Simulation der Materieverteilung im heutigen Universum. Dargestellt ist ein Raumbereich von einer Milliarde Lichtjahren Durchmesser, Dunkle Materie ist gelb, sichtbare Materie pink. Gemäß den Theorien zur kosmischen Evolution verschmolz die Dunkle Materie zu zahlreichen Klumpen, an die sich normale Materie anlagerte. An den Knotenpunkten sammelten sich Galaxienhaufen, die durch Filamente aus weiteren Galaxienhaufen miteinander verbunden sind.

DIE GRÖSSE DES UNIVERSUMS

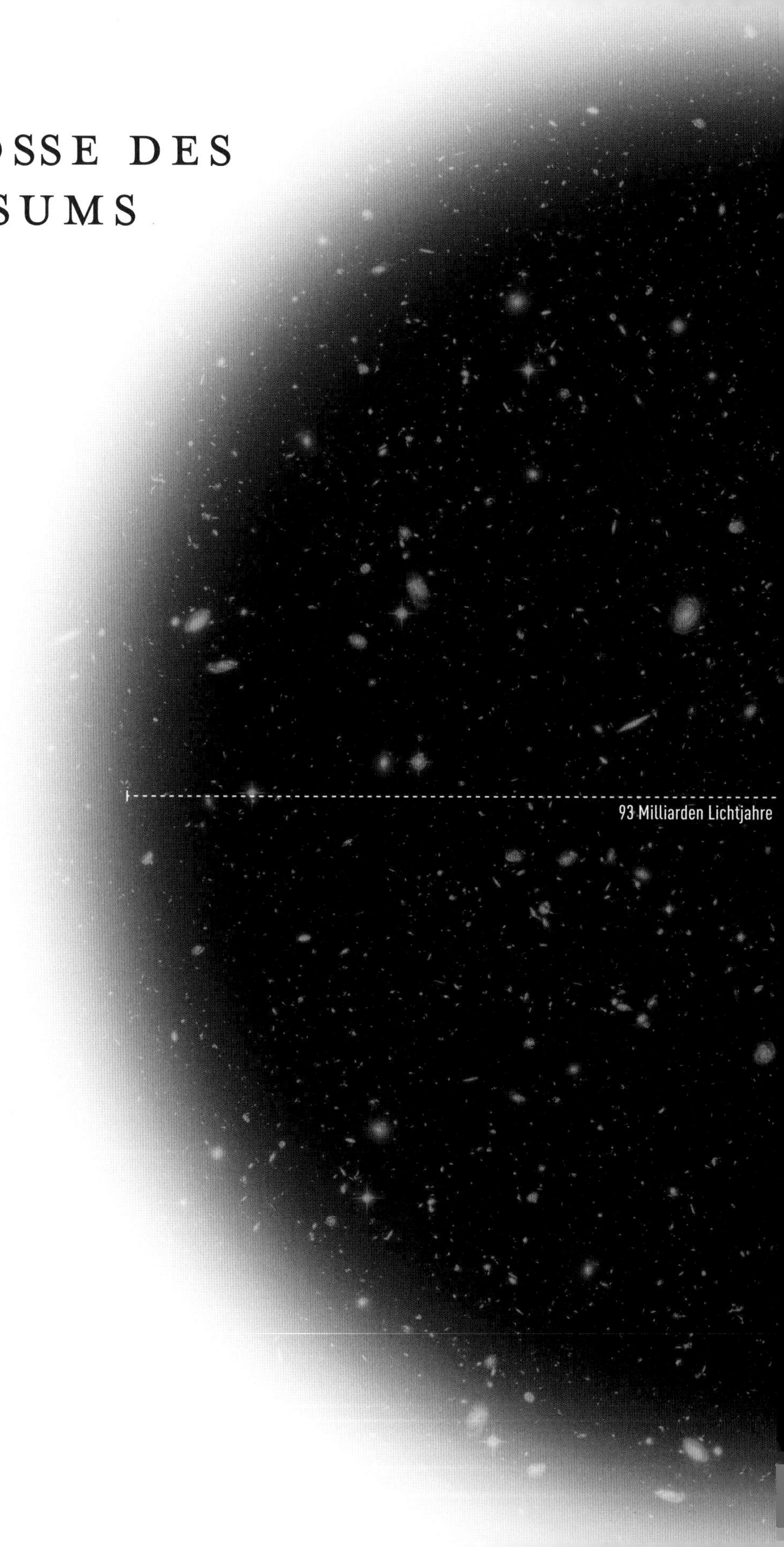

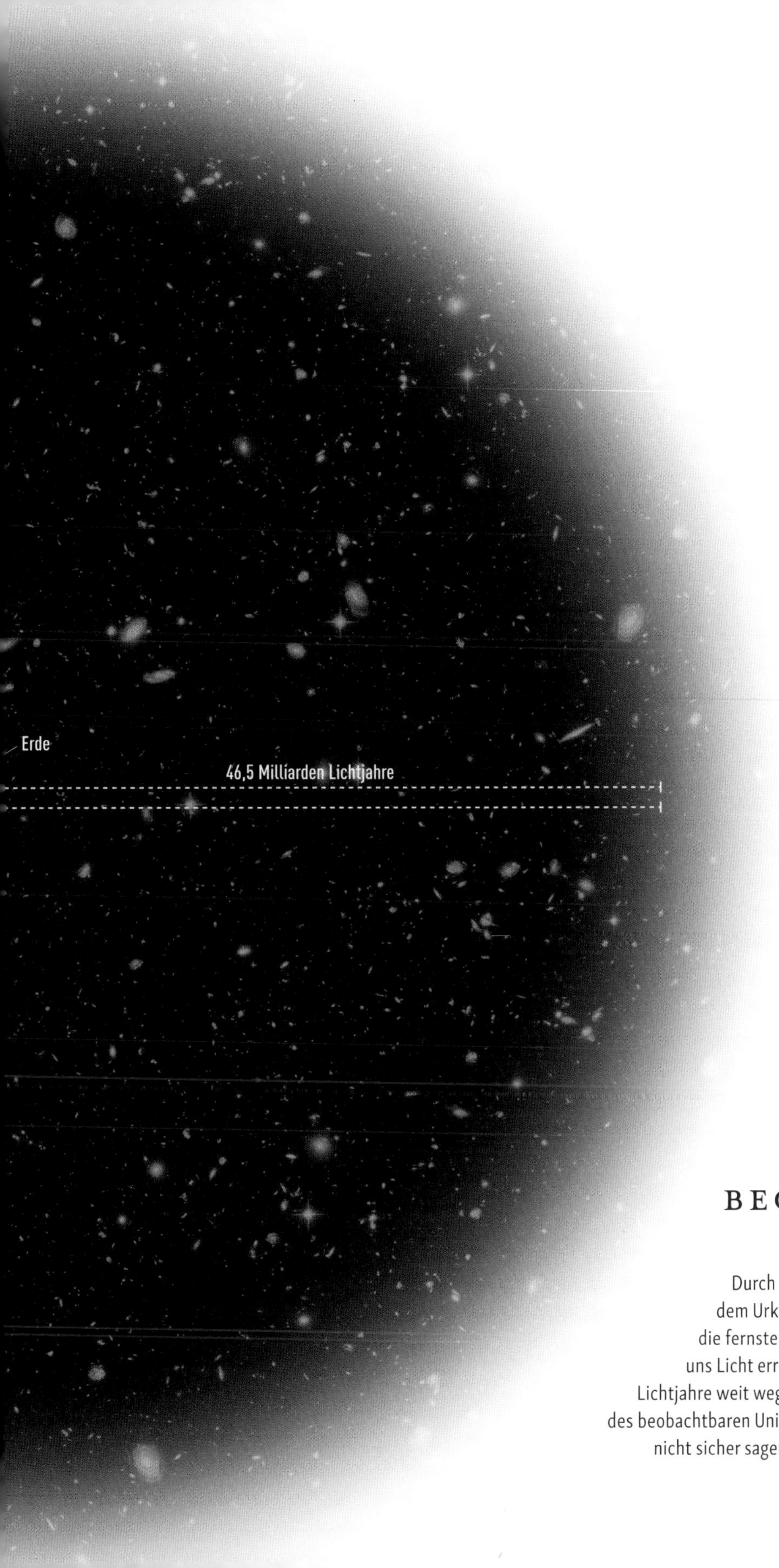

DAS BEOBACHTBARE UNIVERSUM

Durch die Expansion des Universums seit dem Urknall vor 13,8 Milliarden Jahren sind die fernsten Bereiche des Weltalls, aus denen uns Licht erreichen kann, heute 46,5 Milliarden Lichtjahre weit weg. Da wir nicht in Regionen jenseits des beobachtbaren Universums blicken können, lässt sich nicht sicher sagen, ob es endlich oder unendlich ist.

"

Auf einem erkalteten Stück Asche stehend sehen wir das allmähliche Verglühen der Sonnen und versuchen, uns den verschwundenen Glanz des Weltursprungs in Erinnerung zu rufen.

"

Georges Lemaître, 1894–1966

Das Ende des Universums

Die Lichter gehen aus

Im stellaren Lebenszyklus entstehen ständig neue Sterne, sie altern, sterben und hinterlassen Materie, die eines Tages in einer künftigen Sterngeneration aufgeht. Das wird aber nicht immer so weitergehen. Da Sterne nicht ihre gesamte Masse auf diese Weise recyceln, ist dieser Prozess endlich und eines Tages entstehen keine neuen Sterne mehr.

Vielleicht erscheint es sinnlos, über etwas nachzudenken, das – wie das Ende unseres Universums – unvorstellbar weit in der Zukunft liegt. Unsere Spezies ist bis dahin vermutlich längst ausgestorben. Trotzdem beschäftigt uns diese Endgültigkeit, denn das Ende des Universums bedeutet das Ende *von allem* – und dieses Szenario ist sehr düster. Die Schöpfung, so scheint es, wird nicht eingerahmt durch erhabene Momente mit dem Urknall am Anfang und einem kolossalen Hurra am Ende. Nein, dem Universum steht ein quälend langsamer Tod bevor.

Nachdem es scheinbar eine Ewigkeit lang im Sternlicht gebadet hat, wird es eines Tages dunkel werden, wenn die letzten Sterne verglühen. Doch trotz der Billionen Jahre, die der Kosmos erleuchtet war, liegt der größte Teil seiner Geschichte noch vor ihm. Die Kerne der letzten verbleibenden Sterne werden über Billionen Jahre auskühlen und Galaxien

irgendwann die Kontrolle über sie verlieren. Einige werden von Schwarzen Löchern verschluckt, andere kurzerhand in die Leere des Raums geschleudert. Da sich das Universum immer weiter ausdehnt, wird es immer kälter und Wechselwirkungen jeglicher Art werden immer seltener. Schließlich verschwinden die weit verteilten Körper, da sich die Teilchen, aus denen ihre Atome bestehen, nach und nach in Strahlung auflösen. Die Einzigen, denen dieses Schicksal erspart bleibt, sind die Schwarzen Löcher. Sie werden noch viele Zeitalter überdauern, nachdem alles andere vergangen ist. Aber selbst sie werden dem Schicksal nicht entkommen.

Mögliche Schicksale

BIG CRUNCH

Vor einiger Zeit glaubte man, dass die Gravitation die Expansionsgeschwindigkeit des Universums verlangsamen würde. Bevor bekannt war, dass die Expansion schneller wird, hielt man einen einzigen Faktor für die Zukunft des Universums für entscheidend: seine Materie-Strahlungsdichte. Sollte sie eine kritische Größe überschreiten, wäre das Schicksal des Kosmos der Big Crunch (engl., das große Zusammenkrachen). Die Gravitation würde die Expansion immer weiter verlangsamen und schließlich umkehren. Alles würde wieder zusammenstürzen und kleiner und heißer werden, bis es erneut nur noch eine Singularität gibt – wie zu Beginn des Universums. Was danach passieren würde, ist unbekannt; nach der sogenannten Big-Bounce-Theorie könnte dies einen weiteren Urknall auslösen. Dann leben wir potenziell in einem zyklischen Universum, das immer wieder explodiert und kollabiert. Obwohl der Big Crunch von den Astronomen nicht favorisiert wird, ist er nicht ausgeschlossen. Wir wissen wenig über die Dunkle Energie, die die Expansion antreibt; sie könnte im frühen Universum auch andere Eigenschaften besessen haben. Woher sollen wir also wissen, wie sie sich in ferner Zukunft verhält?

BIG FREEZE

Die verbreitetste Theorie zum Ende des Universums ist der Big Freeze (engl., das große Einfrieren), bei dem sich die Expansion weiter beschleunigt. Schon bevor die letzten Sterne verlöschen, driften die Galaxien durch die rasante Expansion so schnell auseinander, dass sie sich aus dem Blick verlieren. Schließlich werden keine neuen Sterne mehr geboren, die alten sterben aus und übrig bleiben ausgebrannte Weiße Zwerge, Neutronensterne und Schwarze Löcher. Die unaufhaltsame Expansion des Universums führt auch zu seiner Abkühlung; im gesamten Kosmos bewegen sich die Temperaturen auf den absoluten Nullpunkt zu, ohne ihn je ganz zu erreichen. In einer sehr fernen Zukunft wird sämtliche Materie außerhalb von Schwarzen Löchern zerfallen und sich in Energie auflösen. In einer sehr, sehr fernen Zukunft werden sogar Schwarze Löcher zerstört, da auch sie ganz allmählich letztendlich zu Strahlung verdampfen.

Die Sterne verlöschen

In etwa fünf Milliarden Jahren nähert sich unsere Sonne dem Ende ihres aktiven Lebens. Dann wird sie einen großen Teil ihrer Masse in den Weltraum abwerfen und schließlich einen Weißen Zwerg als ausgebrannten Kern hinterlassen. Wenn größere Sterne ihrem Untergang entgegengehen, ist das Ergebnis ähnlich, auch wenn dort viel mehr Energie im Spiel ist: Sie explodieren als Supernova, werfen Materie aus und lassen Neutronensterne oder Schwarze Löcher zurück. Gas und Staub, die beim Sterbeprozess in den Kosmos geschleudert werden, vermischen sich mit dem interstellaren Medium und die dichtesten Bereiche davon kondensieren zu Nebeln. Aus ihnen bilden sich neue Sterne und so wiederholt sich das Schema. Aber endlos kann dies nicht so weitergehen, denn – auch wenn jeweils einiges Material in den Weltraum zurückgegeben und recycelt wird – ein Teil der Masse wird bei jedem Sterntod im zurückbleibenden Kern eingeschlossen.

Man vermutet, dass sich Sterne noch mindestens eine Billion Jahre lang bilden, die Rate nimmt allerdings immer weiter ab. Da Galaxien ihre Gas- und Staubvorräte verbrauchen, dauert es mit der Zeit länger, bis Nebel entstehen und neue Sterne werden seltener. Wenn gar keine Sterne mehr entstehen, versinkt das Universum langsam in Dunkelheit, da die vorhandenen Exemplare ihren Brennstoff verbrauchen und einer nach dem anderen in der Schwärze verschwindet. Die letzten verglühenden Sterne werden Rote Zwerge sein, deren Lebensspannen bis zu 10^{13} (zehn Billionen) Jahre betragen. Wenn auch sie schließlich verlöschen, wird es im gesamten Kosmos nur noch dunkle Sternreste geben: Weiße Zwerge, die langsam zu Schwarzen Zwergen auskühlen, sowie Neutronensterne und Schwarze Löcher, die die massereicheren Sterne hinterlassen haben.

Im weiteren Verlauf dieses trostlosen Untergangs – so prophezeien es mathematische Modelle – lösen sich bei einem Universumsalter von etwa 10^{19} Jahren die Galaxien auf. Die Vorhersagen gehen dahin, dass 90 bis 99 Prozent der Galaxienmasse im intergalaktischen Raum verschwindet, während der Rest in den zentralen, supermassereichen Schwarzen Löchern landet.

Man nimmt an, dass schließlich – nach rund 10^{33} Jahren – die Materie selbst aufhört zu existieren, da Protonen und Neutronen in subatomare Teilchen und Strahlung zerfallen. Alles außerhalb von Schwarzen Löchern löst sich auf und verschwindet im Nichts. Die letzten vorhandenen Objekte im gesamten Universum sind nun Schwarze Löcher selbst, doch die Hawking-Strahlung macht auch ihnen schließlich den Garaus. Die kleineren Schwarzen Löcher beginnen ab 10^{66} Jahren zu verschwinden, die größten werden nach 10^{100} Jahren vergangen sein. Dann ist das Universum leer …, wenngleich vielleicht nicht ganz. Photonen, Neutrinos, Elektronen und Positronen schwirren herum, treffen jedoch so gut wie nie aufeinander. Das ist das endgültige Schicksal unseres Universums.

233

Zeitleiste des Universums

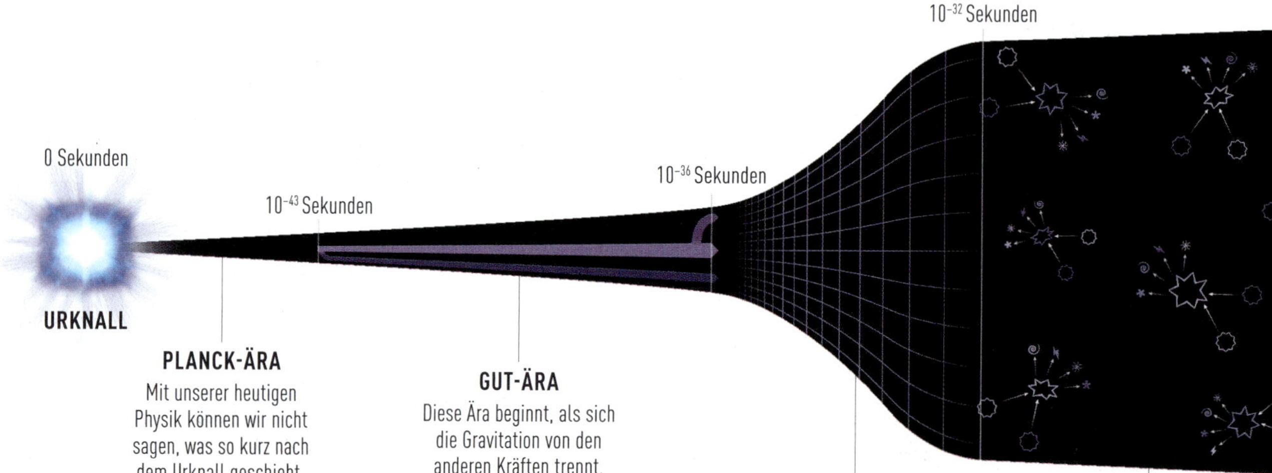

URKNALL

PLANCK-ÄRA
Mit unserer heutigen Physik können wir nicht sagen, was so kurz nach dem Urknall geschieht.

GUT-ÄRA
Diese Ära beginnt, als sich die Gravitation von den anderen Kräften trennt, und endet, als die starke Kernkraft hervortritt.

KOSMISCHE INFLATION
Eine plötzliche und exponentielle Ausdehnung des Raumes.

ELEKTROSCHWACHE ÄRA
Diese Ära beginnt zum gleichen Zeitpunkt wie die Inflation. Quarks tauchen auf und vernichten sich gegenseitig bei ständigen Kollisionen.

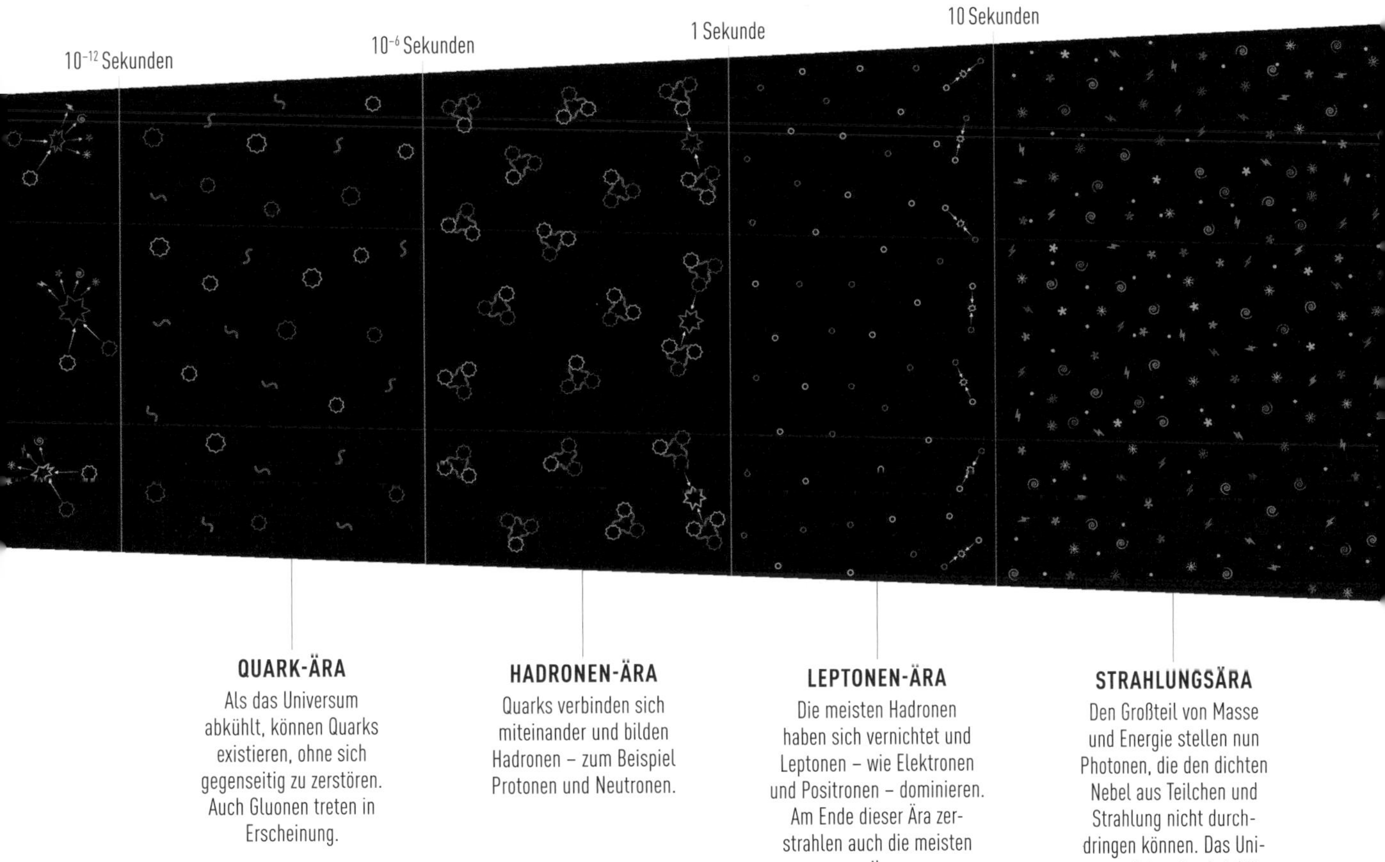

QUARK-ÄRA
Als das Universum abkühlt, können Quarks existieren, ohne sich gegenseitig zu zerstören. Auch Gluonen treten in Erscheinung.

HADRONEN-ÄRA
Quarks verbinden sich miteinander und bilden Hadronen – zum Beispiel Protonen und Neutronen.

LEPTONEN-ÄRA
Die meisten Hadronen haben sich vernichtet und Leptonen – wie Elektronen und Positronen – dominieren. Am Ende dieser Ära zerstrahlen auch die meisten von ihnen.

STRAHLUNGSÄRA
Den Großteil von Masse und Energie stellen nun Photonen, die den dichten Nebel aus Teilchen und Strahlung nicht durchdringen können. Das Universum ist undurchsichtig.

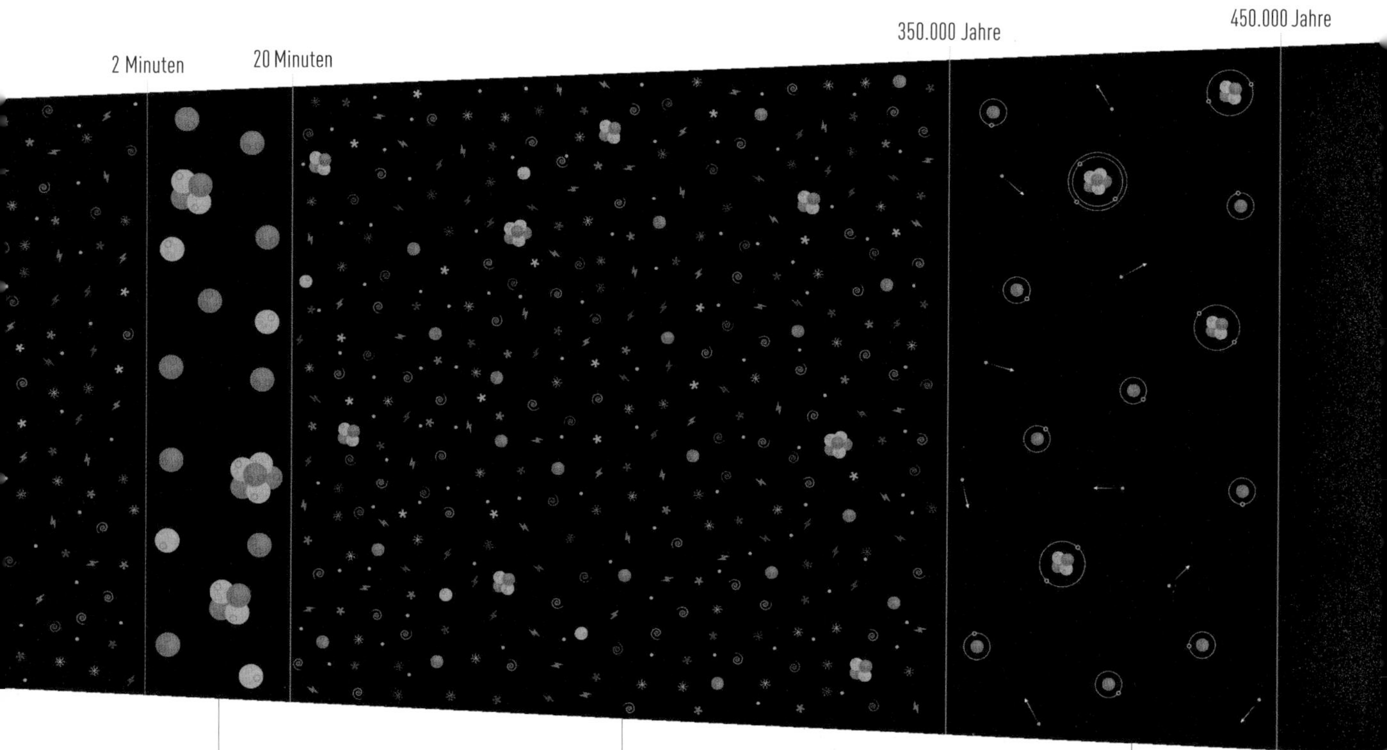

PRIMORDIALE NUKLEOSYNTHESE
Atomkerne entstehen.

STRAHLUNGSÄRA
Den Großteil von Masse und Energie stellen Photonen, die den dichten Nebel aus Teilchen und Strahlung nicht durchdringen können. Das Universum ist undurchsichtig.

REKOMBINATIONSEPOCHE
Das Universum kühlt ab und so können Atomkerne Elektronen einfangen und die ersten Atome bilden. Photonen können sich frei bewegen, das Universum wird durchsichtig.

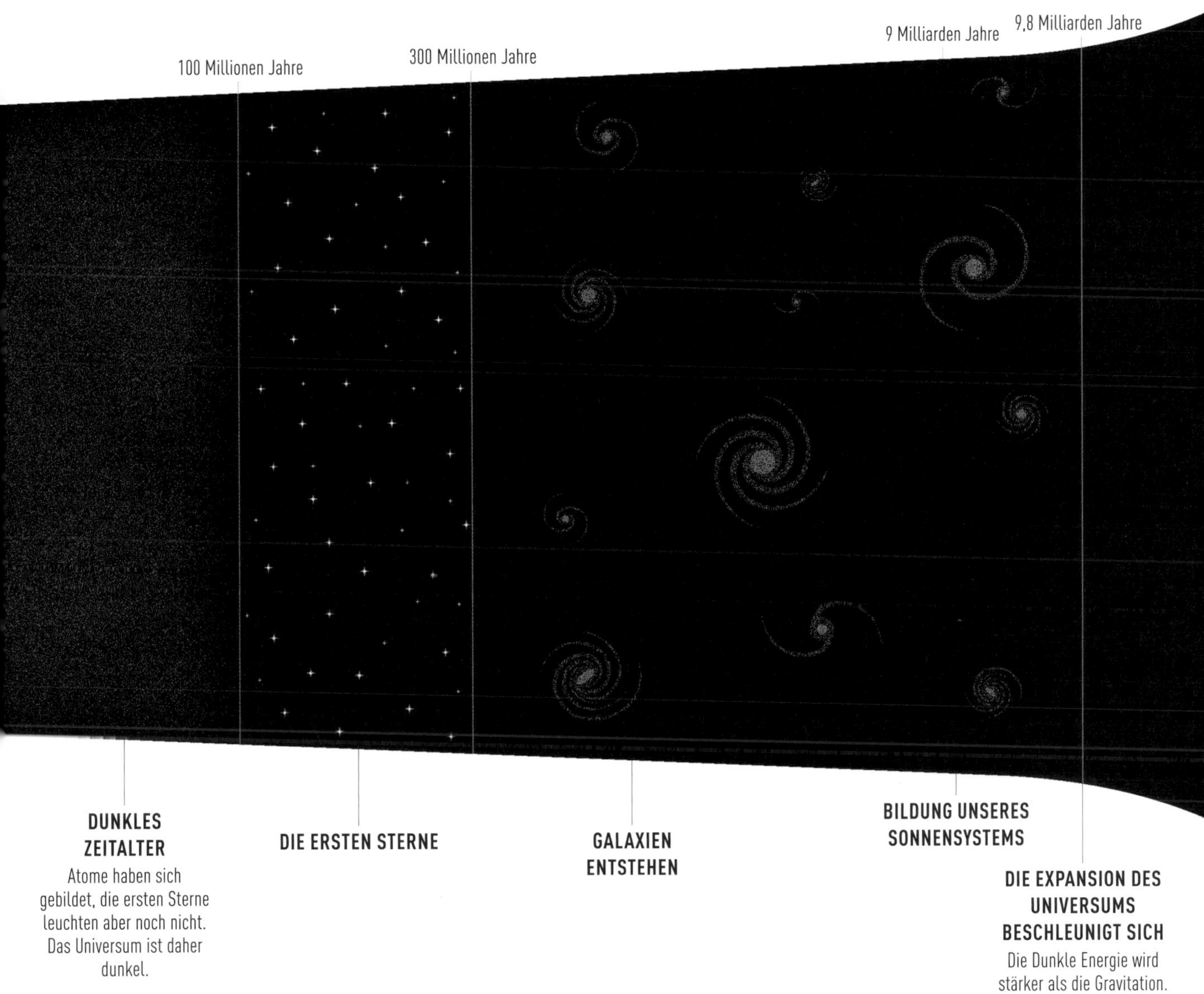
100 Millionen Jahre
300 Millionen Jahre
9 Milliarden Jahre
9,8 Milliarden Jahre
DUNKLES ZEITALTER
Atome haben sich gebildet, die ersten Sterne leuchten aber noch nicht. Das Universum ist daher dunkel.
DIE ERSTEN STERNE
GALAXIEN ENTSTEHEN
BILDUNG UNSERES SONNENSYSTEMS
DIE EXPANSION DES UNIVERSUMS BESCHLEUNIGT SICH
Die Dunkle Energie wird stärker als die Gravitation.

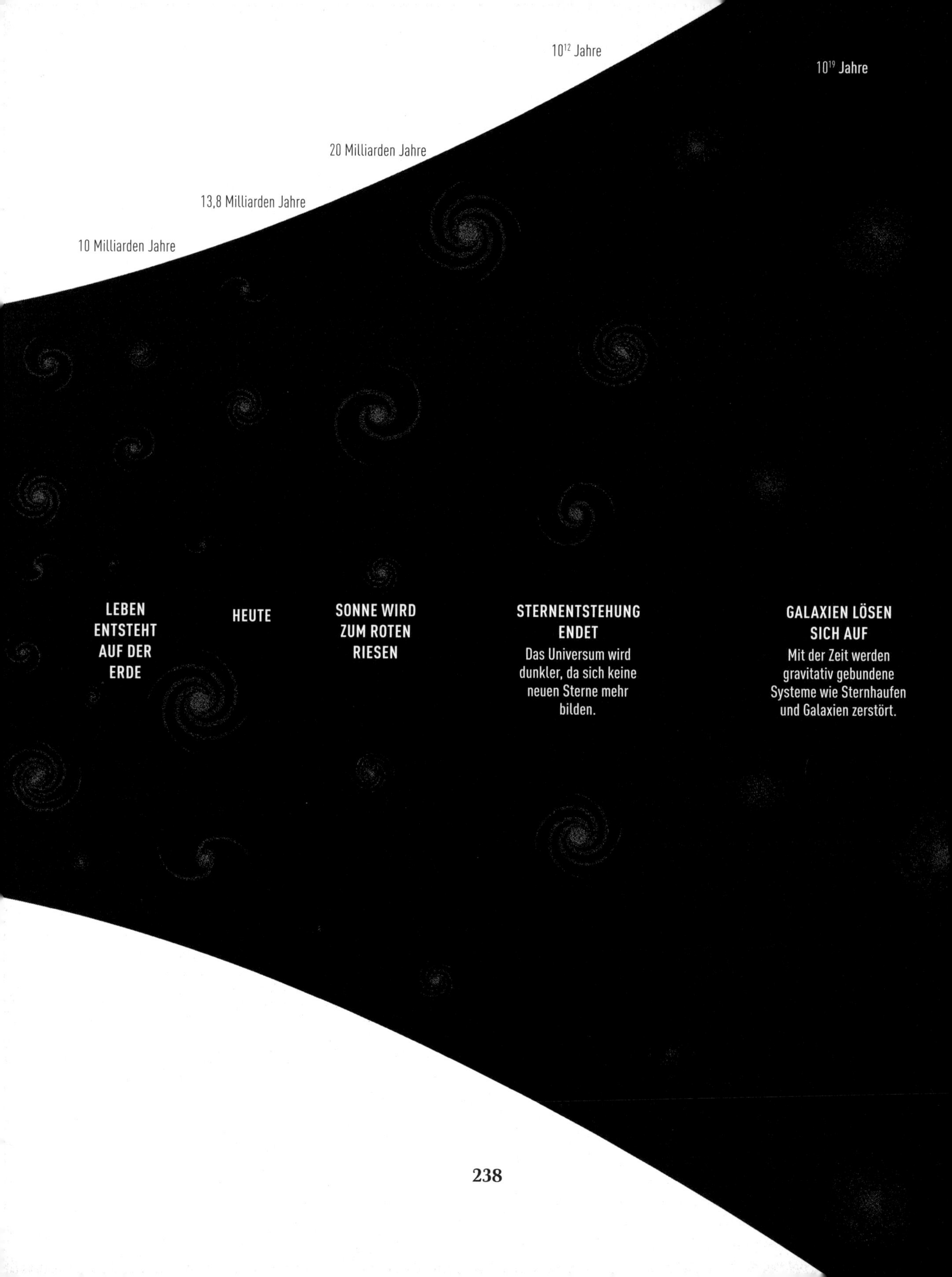

10 Milliarden Jahre
13,8 Milliarden Jahre
20 Milliarden Jahre
10^{12} Jahre
10^{19} Jahre
LEBEN ENTSTEHT AUF DER ERDE
HEUTE
SONNE WIRD ZUM ROTEN RIESEN
STERNENTSTEHUNG ENDET
Das Universum wird dunkler, da sich keine neuen Sterne mehr bilden.
GALAXIEN LÖSEN SICH AUF
Mit der Zeit werden gravitativ gebundene Systeme wie Sternhaufen und Galaxien zerstört.

10^{33} Jahre

PROTONEN ZERFALLEN

Außerhalb von Schwarzen Löchern lösen sich Protonen und Neutronen in subatomare Teilchen und Strahlung auf.

10^{40} Jahre

ÄRA DER SCHWARZEN LÖCHER

Die einzigen verbliebenen Körper im Universum sind Schwarze Löcher, die aufgrund der Hawking-Strahlung langsam verdampfen.

10^{100} Jahre

ENDGÜLTIGES SCHICKSAL

Nachdem die letzten Schwarzen Löcher verschwunden sind, gibt es nur noch Elementarteilchen, die durch ein riesiges Universum treiben und kaum jemals miteinander wechselwirken.

ENDE

QUELLEN

Stephen Hawking: **Eine kurze Geschichte der Zeit**
Klett-Cotta, 2023.

Bill Bryson: **Eine kurze Geschichte von fast allem**
Goldmann, 2005.

Lawrence M. Krauss: **Ein Universum aus dem Nichts**
Penguin, 2018.

Stuart Lowe und Chris North: **Cosmos: The Infographic Book of Space**
Aurum Press Ltd, 2015.

Carl Sagan: **Cosmos: The Story of Cosmic Evolution, Science and Civilisation**
Sphere, 1996.

Terence Dickinson: **Hubble's Universe: Greatest Discoveries and Latest Images**
Firefly Books Ltd, 2017.

James Trefil: **Space Atlas: Mapping the Universe and Beyond**
National Geographic, 2018.

Stephen Hawking und Leonard Mlodinow: **Der große Entwurf**
Rowohlt Taschenbuch, 2011.

Kenneth R. Lang: **The Life and Death of Stars**
Cambridge University Press, 2013.

Maggie Aderin-Pocock: **The Planets**
Dorling Kindersley Limited, 2014.

Brian Cox und Andrew Cohen: **The Planets**
William Collins, 2020.

Paul Murdin: **The Secret Lives of Planets**
Hodder & Stoughton, 2019.

Christophe Galfard: **Das Universum in deiner Hand**
C. H. Beck, 2019.

Martin Rees: **Universum: Die große Bild-Enzyklopädie**
Dorling Kindersley Limited, 2021.

Neil deGrasse Tyson, Michael A. Strauss und J. Richard Gott: **Herzlich willkommen im Universum**
FinanzBuch, 2024.

Brian Cox und Andrew Cohen: **Wonders of the Universe**
HarperCollins Publishers, 2011.

BILDNACHWEIS

o = oben, u = unten, M = Mitte, r = rechts, l = links

18ol: NASA/SDO; **31ol:** ESA/NASA/STScl; **35M:** NASA; **35u:** Wikipedia/Tsaiproject; **38ul:** NASA; **40–41:** 123rf.com/1xpert; **45M:** ESA; **46–47u:** NASA/JPL-Caltech; **47or:** NASA/JPL-Caltech/University of Arizona; **47Mr:** NASA/JPL-Caltech/University of Arizona; **47ur (beide):** ESA/NASA/STSci; **51o (5x):** NASA/JPL-Caltech; **54 (alle):** NASA/JPL-Caltech; **55o:** ESA/NASA/STScl; **55ur:** NASA/JPL-Caltech/SwRI/MSSS; **56u:** NASA/JPL/Space Science Institute; **58ul:** NASA/JPL/Space Science Institute; **62or (2x):** NASA/JPL; **63ol (3x):** NASA/JPL; **63Mr:** NASA/JPL; **66ul:** NASA/JPL; **67or:** NASA/JPL; **71o (5x):** NASA/JPL; **71or:** 123rf.com/1xpert; **75 (6x):** NASA; **85ur:** NASA; **86or:** NASA/GSFC; **88o:** NASA/SDO; **89or:** NASA/SDO; **98–99:** Shutterstock/Mopic; **107:** NASA/CXC/SAO; **109or:** NASA/JPL-Caltech; **109ul:** ESA/NASA/STScl; **120ur:** ESA/NASA/STScl; **125or:** ESO/Digitized Sky Survey 2/Davide De Martin.; **137:** NASA/CXC/SAO; **143:** Shutterstock/Joshua Resnick; **146l:** NASA/JPL-Caltech; **156–157 und 158–159:** 123rf.com/bengus; **155ul:** ESA/NASA/STScl; **173ur:** ESO; **182–183:** 123rf.com/Vadim Sadovski; **184–185:** 123rf.com/alexmstudio; **186 (3x):** ESA/NASA/STScl; **187o (3x):** ESA/NASA/STScl; **189:** ESO/Serge Brunier; **192:** NASA/JPL-Caltech; **193or:** ESA/NASA/JPL-Caltech/STScl; **193ul:** ESA/NASA/STScl; **196:** Shutterstock/Joshua Resnick; **201:** 123rf.com/Iulia Bycheva; **202l:** X-ray: NASA/CXC/KIPAC/N. Werner et al.; Radio: NSF/NRAO/AUI/W. Cotton; **202M:** ESA/NASA/STScl; **203:** EHT Collaboration; **222–223:** Springel et al.

Alle anderen, nicht aufgelisteten Abbildungen sind das Werk des Autors.

IMPRESSUM

Aus dem Englischen übersetzt von Justina Engelmann

Titel der Originalausgabe: „Across the Universe", © Zack Scott. Dieses Werk wurde vermittelt durch die Literarische Agentur Johnson & Alcock Ltd.

Umschlaggestaltung von Isabelle Fischer unter Verwendung einer Illustration der Originalausgabe

Mit 59 Farb- und Schwarzweißfotos und 205 Illustrationen

Unser gesamtes Programm finden Sie unter **kosmos.de**
Über Neuigkeiten informieren Sie regelmäßig unsere Newsletter,
einfach anmelden unter **kosmos.de/newsletter**

MIX
Papier | Fördert gute Waldnutzung
FSC® C011124

Gedruckt auf chlorfrei gebleichtem Papier

Für die deutschsprachige Ausgabe:

Pfizerstraße 5–7, 70184 Stuttgart
kosmos.de/servicecenter

ISBN 978-3-440-17844-7
Projektleitung: Sven Melchert
Redaktion: Susanne Richter, Jena
Satz: typopoint GbR, Ostfildern
Produktion: Ralf Paucke
Druck und Bindung: Mohn Media Mohndruck GmbH, Gütersloh
Printed in Germany / Imprimé en Allemagne